MATERIA OSCURA

Últimos títulos publicados en esta colección:

T. Aivelo, *Parásitos sin fin*
H. Gardner, *Una mente sintética*
G. Parisi, *En un vuelo de estorninos*
V. E. Frankl, *En el principio era el sentido*
S. Žižek, *Hegel y el cerebro conectado*
J. Sellars, *Estoicismo*
D. García Bello, *La química de lo bello*
b. hooks, *Comunión*
R. Dunbar, *Amigos*
N. deGrasse Tyson, *Mensajero de las estrellas*
I. Gaspari, *Pequeño manual filosófico para personas emotivas*
S. Black, *Todo lo que queda*
M. Schwartz, *La sabiduría del viejo profesor*
H. Sauer, *La invención del bien y del mal*
J. Baggini, *El Evangelio sin Dios*
Confucio, *Los cuatro libros*
T. Papakostas, *Cómo meter toda la Antigua Grecia en un ascensor*
A. Rutherford y H. Fry, *La guía completa de absolutamente todo*
N. Krishnan, *Una aventura terriblemente seria*
U. Özkırımlı, *Cancelados*
L. Shiner, *La invención del arte*
N. N. Taleb, *Antifrágil*
B. Delaney, *Cómo dejar de preocuparte*
M. Gawdat, *La inteligencia que asusta*
M. Wittig, *El pensamiento heterosexual*
J. Eichler, *El eco del tiempo*
S. Žižek, *El plus de goce*
S. Zweig, *Correspondencia*
M. Onfray, *Ánima*
J. Martín-Fernández, *Dime qué sientes*
R. Peckham, *Miedo*
N. N. Taleb, *El cisne negro*
A. Zafirakaou, *Lecciones de vida*
N. deGrasse Tyson, *Cartas de un astrofísico*
S. Ghose, *Su espacio, su tiempo*
O. Laing, *El viaje a Echo Spring*
R. Yuste Rojas, *El cerebro, el teatro del mundo*
D. J. Siegel, *Viaje al centro de la mente*
P. Bringley, *Toda la belleza del mundo*
C. López-Otín, *La levedad de las libélulas*
M. Jay, *Psiconautas*
K. Kitagawa y T. Revell, *La vida secreta de los números*
S. Magsamen y I. Ross, *Tu cerebro quiere arte*
D. Darling, *¡Buuum!*
A. Comte-Sponville, *Sobre el cuerpo*
J. Kinross, *Materia oscura*

DR. JAMES KINROSS

MATERIA OSCURA

La nueva ciencia del microbioma

Traducción de Montserrat Asensio

PAIDÓS Contextos

Título original: *Dark Matter. The New Science of the Microbiome*, del doctor James Kinross
Publicado originariamente en 2023 por Penguin Life. Penguin Life forma parte del grupo Penguin Random House.

1ª edición, enero de 2025

Paidós es un sello editorial de Editorial Planeta, S. A.
Avda. Diagonal, 662-664
08034 Barcelona, España
www.paidos.com
www.planetadelibros.com

ISBN: 978-84-493-4320-9
Depósito legal: B. 21.438-2024
Impresión y encuadernación en Rotoprint by Domingo, S. L.
Impreso en España – *Printed in Spain*

A Sophie, Jacomo y Liberty

SUMARIO

Tercera parte
EL METAHUMANO

PRÓLOGO

Desinfección prequirúrgica

12:46 GMT del 11 de septiembre de 2001: acababa de terminar mi primera apendicectomía en solitario en el quirófano número tres del St. Mary's Hospital de Londres y estaba eufórico. Tras seis largos años estudiando medicina, por fin hacía algo útil de verdad. Por aquel entonces, aún no sabía que, durante los siguientes veinte años, pasaría muchas noches en vela escudriñando los oscuros recovecos del abdomen de mis pacientes, en busca del escurridizo origen de su dolor. Por aquel entonces, aún no sabía que me acabaría obsesionando con las bacterias que habitan en el intestino y con la importancia vital que tienen para el funcionamiento de nuestros frágiles cuerpos. Y tampoco sabía aún que en cierto punto de la carrera de todo cirujano, este llega a la conclusión de que sería mucho mejor para todos los implicados que los cirujanos dejásemos de ser necesarios.

Es posible que usted tampoco tenga apéndice, extirpado por un cirujano como yo. Y es probable que le explicaran que el apéndice es un órgano que carece de función, poco más que un vestigio evolutivo olvidado. Sin embargo, y aunque es cierto que se puede vivir muy bien sin apéndice, no es en absoluto correcto decir que no hace nada. Todos los órganos del cuerpo, por ridículos que sean su aspecto, los sonidos que emiten o la sensación que producen, han evolucionado y se han conservado por algo. No es casualidad ni mera mala suerte que las personas a quienes se les extirpó el apéndice durante la infancia presenten un riesgo mayor de desarrollar enfermedades inflamatorias intestinales, infecciones por *Clostridium difficile*, cáncer colorrectal e incluso síndrome del colon irritable (SCI).[1] Si hemos llegado a la absurda conclusión de que el apéndice no tiene propósito alguno es solo porque no hemos sido capaces de definir cuál es. Lo que sucede es que el humilde apéndice contiene multitud de formas de vida microscópicas que, hasta hace muy poco, nos eran completamente desconocidas. Su descubrimiento puede llevar a que este misterio clásico de la ciencia moderna deje de serlo en breve.

Ese martes de 2001, salí del quirófano a las 13:03 y me dirigí hacia la cafetería de la cuarta planta. Llegué justo cuando el segundo avión se estrellaba contra la Torre Sur del World Trade Center de Nueva York. El mundo se detuvo y observó en silencio cómo 2.996 personas morían asesinadas. El hospital está en la ruta aérea al aeropuerto de Heathrow. Luego, esa misma noche, me quedé mirando por la ventana del pabellón para admirar el cielo vacío y sentí el temor que sobrecogía a toda la ciudad. Nadie se habría podido imaginar lo sangrienta que sería la venganza por esa atrocidad. La guerra contra el terrorismo costó 900.000 vidas y 8 billones de dólares estadounidenses, y desplazó a treinta y ocho millones de personas, junto con sus microbios, por todo el globo.[2] La cultura digital de comida preparada y de tamaño XXL con ofertas dos por uno y entrega inmediata que se subió al tren de la ofensiva militar global homogeneizó la alimentación y la vida de personas que no lo deseaban. Fue una aceleración perjudicial de un modo de vida globalizado que hunde sus raíces en la Segunda Guerra Mundial y que ha dejado un caos microbiológico tras de sí.

Si un cirujano de principios del siglo XIX tuviera que practicar una intervención quirúrgica en mi quirófano, se quedaría atónito al ver los cambios en la cultura y en la tecnología, así como por el aumento del índice de supervivencia de los pacientes. Aun así, reconocería los fundamentos básicos de la operación, porque gran parte de la práctica del siglo XXI se basa en principios científicos del siglo XIX. Durante varios miles de años, la infección fue (y sigue siendo) la primera causa de mortalidad quirúrgica. Sin embargo, los importantes avances y mejoras en la asepsia y en los antibióticos que tuvieron lugar durante los siglos XIX y XX han transformado por completo los resultados de las intervenciones quirúrgicas. En mi profesión, la «desinfección prequirúrgica» continúa siendo un rito de paso que se ha convertido prácticamente en una forma de arte. Proporciona tiempo para pensar, para ensayar mentalmente y, en ocasiones, para asustarse. Es uno de los elementos más importantes de la cirugía: las bacterias son el enemigo, y este coreografiado baile las elimina de las manos. Gran parte de mi práctica clínica ha consistido en librar esta guerra contra los microorganismos y, en conjunto, los profesionales de la medicina hemos prescrito tantos antibióticos y de manera tan descontrolada que, ahora, las bacterias se han vuelto resistentes a estos fármacos tan vitales. Y lo que da miedo de verdad es que carecemos de medicamentos nuevos con que sustituirlos.

Durante este mismo periodo de tiempo, la humanidad ha hecho avances extraordinarios en todos los aspectos de la atención sanitaria; por ejemplo, durante los últimos cincuenta años, la probabilidad de sobrevivir a un cáncer ha aumentado en un 50 por ciento. Sin embargo, estas mejoras distan mucho de haber resuelto todos nuestros problemas y, en la actualidad, nuestra sociedad se enfrenta a un sorprendente aumento de enfermedades y trastornos del progreso, muchos de los cuales comienzan por la letra «A», como el asma,[3] las alergias,[4] las enfermedades autoinmunes[5] e incluso el autismo.[6] Las pautas de crecimiento de estos trastornos en distintas poblaciones varían en función de factores como el código postal, el nivel de riqueza o el acceso a estrategias de detección cada vez más sofisticadas. Aun así, ni la variación genética ni el cambio en los criterios diagnósticos pueden explicar el constante e innegable aumento de la prevalencia de estas enfermedades en todo el mundo. Muchos de estos trastornos afectan de manera desproporcionada a las personas jóvenes y a las que están en los extremos de edad: se estima que, en 2019, 38,2 millones de niños menores de cinco años tenían sobrepeso u obesidad, y esa cifra no ha hecho más que ascender, lo cual significa que, cuando lleguen a la edad adulta, soportarán una carga desproporcionada de diabetes y de enfermedades cardiovasculares, que son la primera causa de muerte en todo el mundo.[7] La generación Z también puede contar con un riesgo de cáncer de colon cuatro veces superior al de las personas nacidas en la década de 1960.[8] La prevalencia del alzhéimer y de otras demencias está aumentando tan rápidamente en una población cada vez más envejecida que en 2050 unos 151 millones de personas en todo el mundo serán incapaces de reconocer a sus familiares.[9]

Lo más inquietante es que la mayoría de los fármacos de que disponemos para tratar estas enfermedades no funcionan en la mayoría de las personas, y la investigación farmacéutica que se supone que ha de desarrollar tratamientos nuevos para nuestros cuerpos doloridos está siendo peligrosamente estéril. Por lo tanto, mi profesión se ha tenido que adaptar. No solo hemos creado procedimientos nuevos, sino que hemos desarrollado nuevas especialidades quirúrgicas. Por ejemplo, la cirugía bariátrica para la pérdida de peso no existía como subespecialidad cuando yo estudiaba. Ahora, cada año se practican más de 250.000 intervenciones de reducción de estómago anuales solo en Estados Unidos.

La vida del siglo XXI hace que las vías respiratorias se estrechen, la piel se descame, las articulaciones se inflamen, el intestino sangre, las arterias se obstruyan y el cerebro se infarte. La pandemia global de enfermedades no infecciosas supone para la humanidad una amenaza mayor que cualquier enfermedad infecciosa. Los sistemas de atención sanitaria que tratan estas enfermedades son cada vez más insostenibles. Si queremos entender cómo y por qué hemos llegado a esta crisis (y cómo resolverla), tenemos que reevaluar urgentemente cómo nos relacionamos con los microbios.

A medida que he avanzado en mi carrera como cirujano y como científico clínico, hay una pregunta que me ha ido despertando cada vez más interés: si los microbios que habitan en nuestro interior son tan perjudiciales para nosotros, ¿por qué están ahí? ¿Por qué tantos de ellos nos han elegido como huéspedes y por qué les hemos abierto la puerta con tanta facilidad?

Si bien es posible que algunos de estos microbios nos hagan daño o incluso nos maten, ¿qué sucede con el resto? ¿Podría ser que nos ayuden a curarnos y a crecer o incluso a pensar y a sentir? ¿Podría ser que entablen conversaciones con nuestro sistema inmunitario y que eso explique por qué cada vez hay más enfermedades autoinmunes? ¿O por qué contraemos cáncer, qué hace el apéndice o incluso por qué hay fármacos que funcionan y otros que no? Durante casi veinte años y en mi búsqueda de respuestas a estas preguntas, he analizado el microbioma de pacientes generosos que se han sometido a intervenciones quirúrgicas en el quirófano número tres. También he seguido el trabajo de colegas de todo el mundo, con los que he compartido conclusiones e ideas. Las respuestas han sido sorprendentes, mucho más de lo que habríamos podido imaginar.

Hoy, estoy convencido de que el aumento del abanico de enfermedades crónicas incapacitantes ha sido consecuencia de la alteración radical que las colonias de microorganismos que viven en y junto a nosotros han sufrido a lo largo de poco más de ochenta años. Y de que, en nuestro afán de curar al mundo de las enfermedades infecciosas, hemos creado sin querer una nueva pandemia de enfermedades no infecciosas. Este libro es mi manera de compartir el viaje que me ha llevado a estas conclusiones, con la esperanza de iniciar una conversación sobre cómo podemos ofrecer una medicina de otro tipo. La verdadera promesa de la ciencia del microbioma está en la prevención de la enfermedad.

En marzo de 2020, estaba en ese mismo quirófano y observaba a pacientes jóvenes y hasta entonces sanos conectados a sistemas de respiración asistida después de haber contraído COVID-19, la enfermedad causada por el virus SARS-CoV-2. Los atendíamos en el quirófano porque nos habíamos quedado sin espacio en la unidad de cuidados intensivos y no teníamos otro sitio donde meterlos. La función del cirujano era ayudar a tender a los pacientes sobre el abdomen mientras permanecían en un estado de coma inducido, con el objetivo de redistribuir el fluido en los pulmones, para que pudieran respirar mejor. Era desolador. El hospital estaba sobrepasado y, durante las semanas siguientes, sudamos a través de los dolorosamente insuficientes EPI mientras más de 400 pacientes y compañeros de trabajo morían por el coronavirus. Miles de personas más sufrieron de forma innecesaria las penosas condiciones del confinamiento forzoso mientras el gobierno celebraba fiestas y bebía. En el momento en el que escribo, se ha informado de más de 670 millones de casos y de 6,8 millones de muertes por el patógeno SARS-CoV-2 en todo el mundo, lo que no ha hecho más que reforzar muchos de nuestros mayores temores respecto a la letalidad de los microbios. La pandemia avivó la guerra contra los microbios, una guerra que comenzó con la teoría de los gérmenes hace 150 años y que ha mutado en una misofobia (miedo irracional a los gérmenes y al contagio) tóxica.

Las vidas microscópicas de las que dependen nuestra salud y nuestro bienestar están cada vez más frustradas por el maltrato que les inflige la hiperglobalización, y nos hacen saber lo enojadas que están mediante su formidable arsenal molecular. El resultado es que, aunque vivimos más de lo que habíamos vivido nunca, no vivimos más felices. La medicina no tiene todas las respuestas a esta paradoja. Y, por eso, algunos de mis pacientes están recuperando estrategias antiguas para tratar males modernos...

INTRODUCCIÓN

De cuestiones escatológicas

Afortunados vosotros los ingleses, a los que el retrete tanto divierte. Para nosotros no es más que un objeto funcional. Vosotros habéis construido toda una cultura a su alrededor.

BARÓN VON RICHTHOFEN, *Blackadder Goes Forth*

Tras dos décadas de formación como cirujano, me especialicé en el tratamiento del cáncer de colon. Paso gran parte de mi jornada laboral hablando con mis pacientes acerca de sus hábitos intestinales y muchos de ellos no quieren hablar de otra cosa. Como país, los británicos estamos obsesionados con nuestra función gastrointestinal, en gran parte porque nunca ha funcionado peor que ahora. Además, hay otra fascinación más fundamental y profunda con el sistema digestivo: el colon es una fuente original de comedia y de chistes que nos ha ayudado a superar crisis tras crisis desde tiempos inmemoriales. *Shit* («mierda») es una palabra crucial y omnipresente que funciona como nombre, como verbo o como adjetivo y que apuntala toda la lengua inglesa. Es una palabra extraordinaria, que sirve tanto para insultar como para denotar algo de altísima calidad, y con la que aderezamos generosamente las conversaciones cotidianas. Incluso tiene cabida en mi quirófano: «¡Mierda! ¿Qué es esto?».

El asco que sentimos cuando nos encontramos ante un excremento humano (o incluso con solo pensar en ello) es, en parte, una respuesta a su aspecto y a su olor. El color marrón se debe a un pigmento, el estercobilinógeno, resultado del metabolismo de la sangre (en concreto del grupo hemo, la molécula con contenido en hierro que liga el oxígeno en la hemoglobina) por parte de las bacterias intestinales. El mal olor es consecuencia de los productos químicos resultado de la fermentación intestinal. Sin embargo, el asco que sentimos también es un reflejo psicológico, que se nos queda grabado durante todo el proceso de retirada del pañal y por el estigma social. Esta aversión es un mecanismo de seguridad muy importante: el lavado de manos y los sistemas de alcantarillado previenen la propagación de enfermedades que han matado a millones de personas.

Pero ¿y si le dijera que las heces son más que un residuo tóxico y esconden el secreto de la salud humana?

¿Se las comería si le fuera la vida en ello?

¿Y si les cambiáramos el nombre y las llamásemos trasplante de microbiota fecal (TMF) o, para ser más exactos, las transformáramos en un batido fecal administrado mediante un tubo que se introduce por la nariz y llega hasta el estómago? Incluso se podrían tomar en forma de cápsula.

Para persuadirlo de que quizás no sea una idea tan terrible, permítame que le cuente la historia de uno de mis pacientes. Raymond había conducido el autobús de la línea siete, entre Oxford Circus e East Acton, en Londres, desde que tenía veinte años y hasta que se jubiló, hacia los cuarenta y cinco. Cuando un infarto de miocardio mató a su hermano muy prematuramente, Ray descubrió que él también tenía problemas de corazón genéticos, según le dijeron. Renunció a su trabajo como conductor de autobús por orden del médico y decidió aprovechar la jubilación para aprender informática.

Como usted, como yo y como todos los habitantes de este planeta, Ray albergaba en su interior varios billones de microbios (el nombre con el que aludimos a todos los organismos vivos que solo podemos ver con ayuda de un microscopio). Los microbios nos acompañan en todo momento, desde que respiramos por primera vez y hasta nuestro último aliento (¡y más allá!). Aunque se instalan en varios lugares del cuerpo, son especialmente aficionados a (y abundantes en) las distintas cavidades y recovecos del intestino. Usamos el término «microbiota intestinal» para describir no solo la colección increíblemente diversa de microbios que viven allí, sino también lo que sucede cuando interactúan entre ellos y con nuestro cuerpo. En otras palabras, es un ecosistema compuesto por billones de formas de vida microbianas que van a lo suyo en nuestro interior, mientras nosotros vamos a lo nuestro. Durante las últimas dos décadas, científicos de todo el mundo han empezado a aplicar la nueva ciencia del microbioma para transformar cómo concebimos la salud humana.

El microbioma de Ray había cambiado con él a lo largo de su vida. Cuando era pequeño, contribuyó a su desarrollo cerebral, educó a su sistema inmunitario y lo mantuvo y lo nutrió hasta que llegó a la edad adulta. Pero, a medida que el tiempo pasaba, sus genes y su microbioma intestinal comenzaron a pelearse, lo que le provocó diversas enfermedades crónicas. La lista de fármacos que le recetaba su médico era cada vez más larga. Al final, Ray desarrolló un tipo de leucemia que lo dejó muy frágil. Dependía de su esposa, Heather, enfermera en el Great Ormond Street Hospital de Londres, que lo cuidaba.

Juntos, capearon como pudieron los distintos problemas de salud de Ray, hasta el día en que contrajo una neumonía. Se puso enfermo de gravedad y, cuando empezó a tener problemas para respirar, lo ingresaron en el St. Mary's Hospital de Paddington, donde le administraron medicamentos por vía intravenosa. Sin ellos habría muerto; gracias a ellos, la infección se resolvió y le dieron el alta en una semana. Sin embargo, a estas alturas, los antibióticos habían desatado una tormenta terrible en su intestino.

Imagine la peor diarrea concebible: ha de correr al lavabo más de diez veces al día, tiene náuseas que lo incapacitan y unos calambres dolorosísimos en el vientre que le impiden dormir. Ahora, imagine que está frágil, que el corazón le funciona al 40 por ciento de su capacidad habitual y que tiene los pulmones llenos de fluidos. No puede respirar. La artritis no le permite llegar al baño a tiempo. Tiene frío, está cubierto en sudor y profundamente deshidratado, pero no puede saciar la sed por mucha agua que beba. Está sucio, pero se siente morir y ya ni le importa.

Tres días después de haber vuelto a casa, su hijo llamó a una ambulancia. Lo volvieron a ingresar en el St. Mary's en estado crítico y no tardaron en diagnosticarle una infección por *Clostridium difficile* (ahora, el nombre de esta bacteria ha cambiado oficialmente a *Clostridiodes*). Se trata de una «infección hospitalaria», una complicación de la medicina del siglo XX y una consecuencia no esperada del descubrimiento de la penicilina (el primer antibiótico efectivo producido en cadena) en 1928 por parte de Alexander Fleming. Es un problema global que afecta a 500.000 personas cada año en Estados Unidos y mata a 29.000.[1]

El *C. diff* debilita al organismo huésped (el ser humano) generando dos toxinas (enterotoxina A y citotoxina B) que causan inflamación y destruyen la mucosa intestinal. La inspección del intestino con una cámara flexible que lo recorre revela una escena apocalíptica: la destrucción masiva de la arquitectura colónica, que ha quedado descarnada y sangrando. La cepa de *C. diff* que había invadido el intestino de Raymond había emprendido una agresiva campaña de guerra molecular. Su colección de microbioma intestinal personal, que se había desarrollado con esmero y específicamente para él desde que nació y a la que había alimentado durante los almuerzos en el autobús número siete, había desaparecido. Su intestino se colapsaba y él se moría.

Los médicos del St. Mary diagnosticaron rápidamente el problema al buscar en sus heces las toxinas producidas por el *C. diff* y, al encontrarlas, le recetaron aún más antibióticos. Por contraintuitivo que pueda parecer, es lo que prescriben las mejores prácticas. Pero las bacterias no levantan las manos y se rinden. El *C. diff* tiene un as en la manga, que consiste en su capacidad para producir esporas resistentes a los antibióticos, que esperan el momento indicado para germinar. A Raymond le administraron un antibiótico llamado «vancomicina», al que muchos pacientes responden. Sin embargo, una cuarta parte de ellos recae y, de estos, un 45 por ciento tendrán una segunda recaída. Estos son los pacientes a los que suelen beneficiar los TMF, o la «materia oscura».

El doctor Ben Mullish, un científico clínico en el Imperial College London, estaba dirigiendo un estudio sobre el uso de TMF en pacientes con infección por *C. diff*. Ray estaba tan grave que el doctor Mullish le ofreció tratamiento. Heather entendía que había bacterias buenas y malas y aconsejó a Ray que aceptara, pero este dijo que ni hablar. La idea de ingerir las heces de otro ser humano era demasiado para él y se negó. Tres días después, se había deteriorado tanto, incluso a pesar de la vancomicina, que no le quedaba otra opción. El doctor

Mullish consiguió que Ray accediera a participar en el estudio y empezó a preparar los trasplantes.

No hay que subestimar la logística implicada en preparar un TMF. Primero hay que encontrar donantes, algo más complicado de lo que pueda parecer. A la mayoría de nosotros no nos gusta hacer caca en botes, y nos cuesta mucho hacerlo cuando nos lo piden. Algunos estudios recurren a amigos y a familiares, otros usan trabajadores, voluntarios o muestras «agrupadas» obtenidas de múltiples donantes mezclados. La complejidad y la demanda de trasplantes fecales han llevado al nacimiento de toda una industria y ahora se pueden comprar TMF congelados en biobancos. Tal y como sucede con cualquier otro tipo de donación de órganos, los donantes se someten a un cuidadoso escrutinio para garantizar que no sufran enfermedades contagiosas ni tengan parásitos. Los potenciales donantes de heces llevan a cabo cuestionarios rigurosos, entrevistas y revisiones médicas, a las que siguen análisis de sangre y de heces. A continuación, vienen todas las cuestiones prácticas. Idealmente, las muestras frescas se han de adquirir en un plazo breve de tiempo tras su obtención, se diluyen en una solución salina estéril, se remueven, se escurren y se vierten en un frasco estéril. Hay partes del trabajo del doctor Mullish que son de todo menos glamurosas.

Una vez preparado el cóctel fecal (agitado, no mezclado), se administró el trasplante durante una colonoscopia. Este procedimiento consiste en introducir un telescopio flexible en el colon por el ano para a continuación «forrar» el intestino con un calmante bálsamo de microbios, que se introducen por el colonoscopio con ayuda de una jeringa.

Aunque la idea del TMF puede resultar novedosa para muchos ahora, lo cierto es que la práctica del trasplante fecal es antigua y las heces se han bebido como «sopa amarilla» desde el siglo IV a. C. para tratar la diarrea infecciosa. En 1958, Ben Eiseman, un cirujano innovador, administró enemas fecales a sus pacientes en Denver (Colorado) para tratar infecciones recurrentes por *C. diff*. El tratamiento fue muy efectivo, pero, como sucede con todos los descubrimientos médicos importantes, la intervención pasó desapercibida la primera vez que se informó de ella. Más de medio siglo después, el gastroenterólogo holandés Josbert Keller y su equipo del Centro Médico de Ámsterdam asignaron aleatoriamente a pacientes con *C. diff* recurrente a tres grupos. El primero recibió vancomicina, un vaciado de colon mediante un laxante potente y un trasplante fecal. El segundo recibió la vancomicina y el vaciado de colon. Y el tercero solo recibió la vancomicina. Los resultados del grupo de TMF fueron tan superiores a los de los otros dos que hubo que interrumpir el estudio antes de tiempo, porque se consideró que seguir habría sido poco ético. El 93 por ciento de los pacientes que habían recibido un TMF mejoraron, en comparación con solo el 31 por ciento de los que habían recibido únicamente la vancomicina y el 23 por ciento de los que habían recibido la vancomicina y el lavado.[2]

La carrera para averiguar cómo funciona el TMF aún no ha terminado. Sabemos que restaura el funcionamiento de la bilis (un fluido digestivo gris producido en el hígado y almacenado en la vesícula biliar), que es cometabolizada por bacterias; a su vez, esto impide la germinación del *C. diff* y permite controlar la infección. También es probable que se dé un proceso de «biorremediación», por el que los microorganismos del donante consumen y descomponen las toxinas que existen en el intestino del receptor. Sin embargo, hay billones de organismos que producen una cantidad infinita de moléculas bioactivas, y cada enfermedad tiene un microbioma distinto. Por lo tanto, es posible que sea como encender y apagar un ordenador. Es una manera de resetear por completo el *software* inmunológico intestinal.

También está cada vez más claro que las muestras de algunos donantes son mucho más efectivas que otras. A estos se los conoce como «superdonantes», y es como si sus heces contuvieran un ingrediente secreto que las hiciera especialmente eficaces. Antes de enfundarse la máscara y la capa y correr al centro de donación fecal más cercano, ha de saber que no entendemos por qué sucede ni qué heces resultarán más efectivas. Sea como sea, el TMF se está investigando con distintos niveles de éxito en cientos de ensayos clínicos en todo el mundo. Estos ensayos abordan la enfermedad inflamatoria intestinal, el síndrome del colon irritable, la obesidad, la desnutrición aguda, la diabetes, la artritis, la encefalopatía hepática (pérdida de función cerebral asociada a una enfermedad hepática grave), los trasplantes de hígado, el cáncer de piel, las enfermedades autoinmunes, el alzhéimer, algunos trastornos neuroevolutivos, el trastorno bipolar, la pérdida de cabello, ciertas enfermedades neurodegenerativas y las infecciones urinarias recurrentes, por mencionar solo algunas cosas.

Algunos de estos estudios son muy alentadores y ofrecen tratamiento para trastornos para los que apenas existen terapias médicas eficaces. Por ejemplo, el TMF parece prometedor en el tratamiento del síndrome del colon irritable y un estudio reciente sugiere que los beneficios pueden durar años: se asignó aleatoriamente a 125 pacientes a recibir o bien 30 g o bien 60 g de heces del mismo donante o de un trasplante placebo que contenía sus propias heces. Los investigadores concluyeron no solo que el TMF mejoraba los síntomas, sino que el beneficio se mantenía tres años después del trasplante.[3] El grupo de los 60 g experimentó una reducción del 71,8 por ciento en la severidad de los síntomas, en comparación con el 27 por ciento del grupo placebo, sin ningún efecto secundario a largo plazo.

A diferencia del *C. diff*, en el que un agente patógeno definido desencadena un cambio clínico drástico y agudo, el impacto del TMF está menos claro cuando hablamos de enfermedades crónicas en las que aún no se ha demostrado que la causa sea bacteriana o cuando desconocemos cómo se ha desarrollado exactamente la enfermedad. Por eso, en el momento de escribir este libro, en el Reino Unido y en Estados Unidos los órganos reguladores solo han autorizado el tratamiento con TMF para la infección por *C. diff* recurrente. La cuestión es que no entendemos ni el TMF ni sus riesgos a largo plazo lo suficientemente bien como para usarlo de un modo más generalizado en la práctica clínica. Sea como sea, y como su magnífico potencial corre de boca en boca como la pólvora, hay una cantidad preocupante y creciente de entusiastas que venden «curas» con TMF por internet. Espero que huelgue decirlo, pero por si acaso: no lo pruebe en casa.

La respuesta de Ray al tratamiento con TMF fue justo como la que describe la literatura. A los tres días de recibir el trasplante de microbiota, salió de la cama. Heather lo calificó de milagro.

Si he dedicado más tiempo a escribir sobre heces de lo que a usted le ha resultado cómodo leer es porque el TMF es el punto de partida desde el que empezar a entender la importancia del microbioma para la salud humana. Los beneficios extraordinarios que el TMF ha proporcionado a algunos pacientes han abierto la mente del mundo clínico a la idea de que los microbios desempeñan un papel clave en la aparición y el tratamiento de las enfermedades, un papel que parece contradecir a la ciencia médica.

Se trata de una tarea de proporciones épicas. Solamente las bacterias intestinales pesan cerca de 1,5 kg y se componen de unos 100.000.000.000.000 (cien billones) de células bacterianas, lo que equivale en número a la cantidad total de células que componen el cuerpo humano. Y, entre todas, hablan millones de idiomas moleculares distintos.

La distribución física del microbioma plantea otro desafío a su estudio, porque está repartido por el cuerpo en distintos nichos, cada uno de ellos con una cantidad variable de microbios. Es importante tener claras las definiciones anatómicas. El tracto digestivo es un tubo largo que comienza en la boca, donde la cantidad total de bacterias es de unos 10^{11} células (cien mil millones). A continuación pasa al estómago (10^{7}), el duodeno (10^{7}), los 5-6 m de intestino delgado (yeyuno, 10^{7}, e íleo, 10^{11}), los 1,5 m de intestino grueso y colon (10^{14}, cien billones de bacterias) y, por fin, el recto y el ano.

El colon es un gran motor de fermentación que descompone los nutrientes más complejos, que el intestino delgado no absorbe. Por lo tanto, cuando hablo del intestino, y a no ser que aluda a otra región específica, en realidad me refiero al colon, que es donde viven la mayoría de los microbios. Como el intestino delgado está revestido de millones de proyecciones microscópicas semejantes a deditos y llamadas «vellosidades intestinales», su superficie total real es de 32 m^2. Los microbios que viven en las puntas de las vellosidades que se mecen en las corrientes intestinales son distintos de los que viven en los pies, que, a su vez, son distintos de los que viven en las heces. Es una escena abarrotada, caótica, multitudinaria, vibrante y llena de vida. Apenas hemos comenzado a cartografiar toda la vida microbiana que habita en este vasto ecosistema y a entender cómo nos conecta con el mundo que nos rodea.

En este mundo del revés, las heces se han convertido en un tratamiento que nos permite repoblar los delicados ecosistemas internos, que perdemos a la misma velocidad a la que los descubrimos. Es posible que no consigamos contar y nombrar a todos los microorganismos beneficiosos que habitan en nuestro interior antes de que mueran, muten o evolucionen en algo muy diferente, ni siquiera con los impresionantes avances de la biología, la metagenómica y la bioinformática (o biología computacional).

Este libro no trata del trasplante fecal. Trata de cómo estamos descifrando el lenguaje molecular del microbioma humano, uno de los mayores retos a que se enfrenta la medicina moderna. El trasplante fecal es una herramienta clave y fascinante que se usa para desvelar estos secretos.

Dado que el microbioma influye en prácticamente todas las facetas de la vida, la narración se divide en tres partes. La primera nos traslada al pasado y al nacimiento de nuestro planeta y explora cómo los microbios han moldeado nuestra biología y cómo esta profunda simbiosis evolutiva con el microbioma nos conecta con nuestro entorno en la actualidad. Narra la historia del universo microbiano que habita en nuestro interior, desde el *big bang* de nuestro nacimiento, cuando una enorme proliferación de formas de vida microscópica nos coloniza por primera vez, y explica cómo los microbios moldean el sistema inmunitario, la conducta sexual, el estado de ánimo y las emociones, la infancia y la muerte. Explica por qué seguimos entendiendo la salud sobre la base de los avances en microbiología de los siglos XIX y XX y por qué estos marcos de referencia ya no resultan útiles en el nuevo mundo del microbioma.

La segunda mitad de la historia explica que las fuerzas medioambientales externas están en comunicación constante con nuestros microbios. Se trata de una conversación que ha cambiado radicalmente durante el último siglo y que es cada vez más tensa y estresante. Dónde vivimos, el aire que respiramos, la comida que ingerimos, los medicamentos que tomamos... todo ello influye, para bien o para mal, en la composición del microbioma. Es una historia global de la biopolítica, el conflicto, los antibióticos y los medicamentos que han dañado profundamente a nuestro microbioma.

La última parte de la historia explica cómo el microbioma moldea nuestra salud futura. Las industrias tecnológica y farmacéutica se fijan (e invierten) cada vez más en el extraordinario potencial del microbioma, por lo que entender a los microbios que habitan en nuestro interior nunca ha sido más necesario que ahora.

Justo estamos empezando a explicar cómo, cuándo y dónde el microbioma define el riesgo de enfermedad, pero también cómo, cuándo y dónde promueve el bienestar y la felicidad. El microbioma humano representa el nuevo objetivo terapéutico más importante del que disponemos para acometer las mayores amenazas a la vida humana en el siglo XXI y para prevenir futuras pandemias de agentes patógenos. Esto no solo fue importante para Ray, sino que es crucial para todos nosotros: es más que probable que si carecemos de un microbioma estable y diverso, acabemos perdiendo la cabeza.

He escrito este libro en el quirófano número tres durante una pandemia infecciosa para difundir un mensaje muy sencillo: los microbios no son el enemigo.

PRIMERA PARTE

El microbioma

CAPÍTULO 1

Una biblioteca del universo microbiano conocido

Los Evangelios de la Catedral de York forman parte de una pequeña colección de evangelios anteriores a 1066 que sobrevivieron a la Reforma anglicana. Se escribieron hacia el comienzo del primer milenio, en el *scriptorium* del monasterio de San Agustín en Canterbury, y el arzobispo Wulfstan lo trasladó a York hacia el año 1020. La secuenciación genética de los microbios que habitan en los Evangelios de York ha revelado que sus volúmenes contienen poblaciones de bacterias antiguas que habitan entre las páginas de los libros, y que algunas de estas bacterias se originaron en la piel de los monjes anglosajones que escribieron y leyeron estos textos religiosos. También contienen bacterias del destructivo género *Saccharopolyspora*, responsables de las evocadoras manchas de sarampión que cubren el pergamino y amenazan la supervivencia de este artefacto histórico de valor incalculable.[1]

Cada vez que usted pasa una página de este libro, tiene lugar un intercambio de cientos de microbios (el nombre con el que nos referimos a todos los organismos vivos que son demasiado pequeños para verlos a simple vista) entre su piel y el papel de cada página. Las bacterias, hongos o virus que comparten se convertirán en marcadores físicos indelebles de su interacción con el libro, como microscópicas flores prensadas. Este mismo fenómeno se ha repetido y se repetirá con todos los libros que lea. La cantidad y la diversidad de las formas de vida microscópicas que habitan en las páginas de este libro en concreto se acabarán correlacionando con la popularidad que este alcance y con la cantidad de veces que se abra, se cierre, caiga al suelo, se comparta o se abandone. No todos los libros se tratan igual y, como resultado, contienen distintas combinaciones de los microbios que suelen poblar las manos y el cuerpo humanos. Las Biblias son susceptibles de ser besadas con devoción, por lo que muchas contienen bacterias orales, mientras que los manuales académicos rebosan de sangre, sudor y lágrimas. Los libros antiguos están encuadernados con cuero animal, que los imbuye de ADN y especies de bacterias procedentes de distintos tipos de animales, mientras que los libros digitales y las *tablets* albergan su propia colección de microorganismos, que comparten con gran generosidad con todo el que decida deslizar un dedo sobre la pantalla.[2]

Habilidosos científicos de los siglos XVIII y XIX usaron herramientas y técnicas como el microscopio, el cultivo de bacterias y las tinciones químicas que les permitieron descubrir que las manos humanas contienen dos poblaciones dominantes de bacterias que podrían ser las responsables de la contaminación de este libro. Por un lado, están los microorganismos «residentes», que viven en la superficie o justo bajo la epidermis de la piel en colonias estables y que se reproducen de manera predecible. Por el otro, está la microbiota «nómada», que solo coloniza las capas superficiales de la piel y se multiplica muy de vez en cuando. Son los bichos que eliminamos cuando nos lavamos las manos y son los responsables habituales de la propagación de infecciones o de las manchas en las páginas de manuscritos valiosísimos.

Si bien la microbiología clásica ha transformado nuestra comprensión de cómo los microbios patógenos causan enfermedades infecciosas, no nos dice lo estrechamente que colaboran comunidades de microbios de distintas especies o reinos para causar enfermedades o proteger la salud. En otras palabras, no nos explica cómo las bacterias, los hongos y los virus se comunican entre ellos o con nosotros para mantener una piel sana ni cómo varían las dinámicas entre esas poblaciones como respuesta al cambio de las presiones ambientales de nuestra vida cotidiana, como usar jabón, llevar guantes o acariciar a una mascota. Colectivamente, en 2022 gastamos 2.950 millones de dólares en desinfectante de manos y, aunque su uso reduce el índice de la transmisión de patógenos, también está cambiando la salud del microbioma de la piel de maneras fundamentales que aún no hemos definido bien ni entendemos del todo.

La microbiología da paso a la ciencia del microbioma

Si cada hoja de papel tiene su propia historia viva microscópica y nos ofrece un registro indirecto de la conducta humana y pistas acerca de nuestra salud, cada libro cuenta con un microbioma propio: un ecosistema vivo definido por los genes de distintas combinaciones de bacterias, levaduras y virus y las condiciones ambientales necesarias para mantenerlos con vida. Cada página de un libro contiene su propio nicho de especies microbianas, provenientes de las manos de las personas que lo hayan leído, contaminadas por las bacterias adquiridas al comer o al tocar algo y extraídas del entorno de la parte del mundo en que se haya leído el libro. Piense en ello la próxima vez que compre una novela en el quiosco del aeropuerto o de la estación de tren y la lleve a un país extranjero.

La ciencia del microbioma se aleja de la microbiología clásica y busca entender cómo las comunidades de organismos microbianos sustentan la vida humana o causan enfermedades. Al estudiar los genomas, hábitats y condiciones medioambientales de todos los microorganismos vivos que residen en un nicho a lo largo del tiempo, proporciona una medida de las funciones colectivas de estas comunidades y de las interacciones entre ellas. Ante una biblioteca llena de libros, un científico del microbioma ve una colosal cápsula del tiempo ecológica, un lugar en el que encontrar sobre las cubiertas y las páginas de los textos bacterias procedentes de la piel de manos y de bocas antiguas que nos ofrecen información acerca de las personas que los escribieron y los leyeron. Desde esta perspectiva, puede pensar en su biblioteca personal como en un ecosistema único. Ha escogido los títulos que la componen basándose en su situación económica, social, étnica y biológica, unas fuerzas potentísimas que también influyen en el microbioma que recubre su colección. El microbioma se puede estudiar en varios niveles: la biblioteca al completo, una estantería, un libro o una página.

Los seres humanos también contamos con varios nichos ecológicos, o microbiomas, distribuidos a lo largo de nuestro paisaje anatómico y de órganos como los pulmones, la piel y el tracto urogenital. El intestino alberga la mayor colección de bacterias de todo el cuerpo, con una cantidad que equivale al total de células humanas que componen el cuerpo. Ningún rincón del cuerpo es estéril todo el tiempo y, como sucede con la piel, la colonización de nuestros órganos más importantes puede ser pasajera o persistente. Los distintos microbiomas pueden desempeñar diversas funciones, que cambiarán dependiendo de las presiones ambientales a que se vean sometidos. En general, las bacterias simbióticas (las que viven en una relación estrecha y mutuamente beneficiosa con nosotros) son importantes para nuestra salud, aunque determinar con exactitud la magnitud de esa importancia es complicado. Sabemos que podemos vivir sin algunas de ellas durante algún tiempo (no morimos cada vez que vamos al aseo, y los pacientes a quienes se ha extirpado el colon pueden vivir bastante bien). Por otro lado, un verdadero nicho microbiano implica una codependencia sofisticada entre los microbios y las personas, en una relación mutuamente beneficiosa que se ha desarrollado a lo largo de la evolución. Esto significa que algunos de nuestros órganos se han adaptado para albergar a estos huéspedes diminutos y que nuestros microbiomas influyen tanto en el riesgo de desarrollar enfermedades crónicas, como el cáncer, como en nuestro bienestar. Sin embargo, como el microbioma humano es tan grande, dinámico y variable de una persona a otra, determinar quién vive ahí y, quizás aún más importante, qué hace ahí es un reto enorme.

Materia oscura microbiana

A principios de la década de 1930, el astrónomo suizo Fritz Zwicky detectó algo extraño mientras repasaba las observaciones del cúmulo de Coma más recientes por parte de sus colegas. Según las medidas de la masa visible, las galaxias se movían con demasiada rapidez para que el cúmulo de planetas y de estrellas permaneciera unido. O, dicho de otro modo, no generaban gravedad suficiente que los mantuviera juntos y, según sus cálculos, las galaxias se deberían haber fragmentado. Zwicky sugirió que una forma de masa hasta entonces no identificada, a la que llamó *dunkle Materie* (materia oscura), podría explicar esta observación.

La materia oscura se compone de partículas invisibles e indetectables que influyen en todo lo que existe en el cosmos. Explica cómo las estrellas se mueven en las galaxias, cómo las galaxias se atraen mutuamente y cómo toda esa materia se agrupó en el pasado. Es invisible, pero se siente hasta en el último rincón del universo.

Su contrapartida es la «energía oscura», término con el que se describe la fuerza que parece estar impulsando la expansión del universo. Si la materia oscura de Zwicky mantiene en su sitio la carne cósmica, como un esqueleto invisible, la energía oscura intenta desmenuzarla continuamente.

La materia oscura y la energía oscura no se pueden explicar por lo que se conoce como «modelo estándar», que define cómo las partículas subatómicas elementales componen toda la materia conocida. El modelo estándar no dice nada del 95 por ciento del universo, que los físicos creen que no se compone de materia normal.

Con la medicina moderna sucede algo parecido: tenemos un modelo completo que explica gran parte de los procesos biológicos conocidos que podemos ver en los mamíferos y que usamos para explicar la mayoría de las enfermedades que sufrimos. Sin embargo, el modelo estándar de la medicina no explica la mayoría de la información genética que contiene el cuerpo humano y que aún no podemos ver.

Por lo tanto, podemos pensar en estas formas de vida microscópicas que habitan en nuestro interior como en una especie de materia oscura biológica. Solo tenemos un conocimiento superficial de cómo fomentan la salud y mantienen unidas las galaxias giratorias humanas compuestas de órganos interconectados. Estos organismos también producen energía oscura, una fuerza química e inmunológica que nos sostiene pero que también nos puede destruir si permitimos que se desregule. El cosmos humano siente el efecto de la materia oscura del microbioma y de la energía que este produce a diario. Como la medicina del siglo XX no lo podía ver ni medir, su influencia sobre la salud humana se ha atribuido, hasta ahora, a los componentes de nuestra biología que se pueden determinar mediante los genes humanos y medir con radiografías, tomografías computarizadas y análisis de sangre.

De humanos a metahumanos

Más allá de la protección de los textos importantes, la principal labor de un bibliotecario es mantener los libros en orden. Es una tarea compleja, que antaño exigía un intrincado y laborioso proceso manual de indexación y etiquetado. Esto fue así hasta finales del siglo XX, cuando la informática transformó la velocidad y la precisión con que se podían desempeñar estas tareas. Pues los mismos procesos han cambiado drásticamente la forma de indexar los distintos tipos de vida que hay a lo largo y ancho de la Tierra.

En 1837, Charles Darwin esbozó la imagen de un árbol, una ilustración con la que explicó las relaciones evolutivas entre las especies. En esta metáfora, toda la vida en la Tierra provenía de un único organismo y las grandes divisiones (o ramas) del árbol se podían dividir en animales, plantas y «protistas». Los protistas eran organismos microscópicos que no encajaban del todo bien en las categorías de animal ni de planta. Este árbol experimentó múltiples variaciones y, llegada la década de 1990, se daba por hecho que todos los seres vivos se podían dividir en dos grandes ramas evolutivas, o «dominios» de vida: procariotas y eucariotas.

Un eucariota es un organismo con células complejas o un organismo unicelular con estructuras complejas en su interior. En estas células, el material genético se organiza en cromosomas, que el núcleo celular almacena de forma segura. Los seres humanos somos eucariotas, como también lo son los hongos, las plantas y los osos polares.

Los procariotas son organismos que carecen de núcleo celular, y este es el dominio en el que entran las bacterias. Quizás piense que los hongos y las bacterias son organismos microscópicos insignificantes y muy similares, y parecería lógico pensar que están relacionados. Sin embargo, un biólogo evolutivo le diría que los hongos tienen más cosas en común con usted (son compañeros del dominio eucariota) que con las bacterias, que pertenecen a otro dominio.

Cada dominio se subdivide en reinos, y cada reino, en seis divisiones principales: filo, clase, orden, familia, género y especie. Cada una de estas subdivisiones describe un detalle anatómico o función fisiológica compartida y el microbioma se puede describir en cada una de ellas, antes de que se divida en grandes clados, o grupos de especies.

Es posible que Carl Woese sea el biólogo más importante entre todos los que han ganado un Premio Nobel. En 1977, este científico revolucionario hizo un descubrimiento que transformaría para siempre nuestra forma de entender la evolución del mundo natural y que redibujó el modelo darwiniano del árbol de la vida.[3] Su genialidad consistió en la adopción de una estrategia de definición de la similitud entre especies que no se basaba en la morfología (anatomía), la fisiología o el metabolismo, sino en el código genético. En lugar de usar el recién descubierto ADN, optó por una molécula llamada ácido ribonucleico (ARN). La producción de proteínas es una de las múltiples funciones del ARN y, para llevarla a cabo, ciertos tipos específicos de ARN se unen a máquinas celulares llamadas ribosomas. Woese y su equipo desentrañaron la estructura de los ribosomas y descubrieron que cada especie conserva muy bien pequeñas subunidades de ARN ribosomal, una hazaña extraordinaria si tenemos en cuenta la infinitud de maneras en que se puede plegar y formar un ribosoma. Por ejemplo, en una sola bacteria como la *Escherichia coli*, las variaciones potenciales en la estructura ribosomal superan a la cantidad total de partículas elementales en todo el universo.[4]

Como algunas regiones comparativamente pequeñas del ARN ribosomal se conservan de forma separada entre las especies, es posible analizarlas con rapidez y de manera asequible para identificar organismos según su firma genómica. Con esta innovación, Carl Woese y su colaborador George Fox identificaron un tercer ámbito de vida microscópica antigua, tan distinta a las bacterias como estas lo son de las plantas, los animales y nosotros. Bautizaron a este dominio como «arquea», y abarca algunos de los microbios más antiguos del planeta. Sus características variadas y exóticas les permiten sobrevivir en condiciones que deberían ser imposibles, y hay arqueas a las que se conoce como organismos «extremófilos». Por ejemplo, el *Methanopyrus kandleri* puede crecer en temperaturas de hasta 122 °C y sobrevivir a presiones hasta doscientas veces superiores a las de la superficie terrestre. No lo podríamos matar ni por aplastamiento ni hirviéndolo. El *Ignicoccus hospitalis* vive en fuentes hidrotermales en el fondo del océano, y otras especies de arqueas prefieren minas ácidas o cuevas sumidas en una oscuridad eterna.

En conjunto, las arqueas desempeñan un papel fundamental en el mantenimiento de la salud biogeoquímica del planeta, y también constituyen una parte integral de nuestro microbioma.[5] Estos extremófilos están muy bien adaptados a la vida en y sobre nosotros, y se han encontrado arqueas en el intestino, la boca, la vagina y la piel humanas. Arqueas como el *Haloferax massiliense* pueden vivir en condiciones hipersalinas y nos ayudan a metabolizar la dieta occidental, mientras que otras especies son fundamentales para la eliminación de metales pesados del organismo. También contribuyen a mantener una buena salud intestinal produciendo gas metano. Estas arqueas, conocidas como «metanógenas», equivalen a aproximadamente el 10 por ciento de todas las formas de vida microscópicas anaeróbicas que habitan en el intestino. Los metanógenos en el intestino del ganado, en los sistemas de alcantarillado, en los océanos y en los humedales influyen asimismo en el clima y han contribuido a un aumento de 0,5 °C en la temperatura del planeta desde la era preindustrial hasta ahora.

El trabajo de Carl Woese proporcionó una «metataxonomía», o inventario genético del ARN ribosomal microbiano, que permite indexar toda la vida en la Tierra. Esto separó a la biología evolutiva de la ciencia de la organización biológica y puso sobre la mesa la extraordinaria diversidad de las bacterias y de las arqueas. Por ejemplo, un análisis filogenético reciente reveló que de los 135 filos descritos en los tres principales reinos de vida, 104 son bacterias, veintiséis pertenecen al dominio de las arqueas y solo cinco son eucariotas (el dominio al que pertenecemos usted, yo y el resto de las especies animales). Se estima que la cantidad real de especies de bacterias y arqueas en el planeta está entre los millones y los millares de millón.

Si se pregunta qué lugar ocupan los virus en este sistema de organización, la respuesta es que ninguno. Los virus son parásitos celulares obligados que toman prestada de sus huéspedes la maquinaria que necesitan para replicarse y sobrevivir, lo que significa que, técnicamente, no están «vivos», sino que existen en un «imperio» distinto al de otras formas de vida celular que también está definido por una diversidad increíble.

A finales del siglo XX, se libró una carrera para desentrañar los secretos del ADN hasta que, por fin, en 2004, gracias al Proyecto del Genoma Humano (PGH), se pudo cartografiar el genoma humano, hazaña que costó casi 3.000 millones de dólares. En su nivel más básico, el proyecto descubrió que un ser humano está codificado por unos 20.000 «genes» compuestos por cadenas precisas de pares de bases que codifican las proteínas producidas por el ARN. El genoma humano es extraordinariamente estable entre humanos e incluso entre especies. Usted y yo compartimos el 99,9 por ciento de los genes y, además, compartimos el 98,9 por ciento de ellos con los chimpancés, nuestros parientes evolutivos más próximos.

Sin embargo, el Proyecto del Genoma Humano se olvidó de algo crucial: su biblioteca genética estaba cubierta, figuradamente hablando, de formas de vida microbianas. En este nuevo modelo «metahumano» del universo biológico interno, el genoma humano representa menos del 1 por ciento del código genético que influye en nuestra salud y en nuestro bienestar, y el 99 por ciento restante se origina en la comunidad de microbios que viven en nuestro interior y a la que llamamos «metagenoma». A diferencia del genoma humano, es extraordinariamente diverso entre individuos. Personas de distintas familias o de diferentes partes del mundo comparten menos del 10 por ciento de las especies que habitan en sus respectivos intestinos, y aún menos si la comparación se hace con un chimpancé.

Sea como sea, cartografiar el genoma humano aceleró el ritmo al que los científicos pueden extraer e interpretar cualquier genoma de cualquier eucariota, procariota, arquea o virus. Tal y como veremos, la consecuencia ha sido el descubrimiento de la verdadera complejidad de los sistemas microbianos, tanto humanos como planetarios, que rigen nuestra salud.

De cartografiar el genoma humano a cartografiar el microbioma humano

Craig Venter es uno de los exploradores pioneros de la vida microbiana. Este biotecnólogo estadounidense es CEO de Ceres, la empresa que lideró el intento comercial de cartografiar el genoma humano. En 2003, más de 170 años después del viaje de Charles Darwin a bordo del *Beagle* que dio lugar a *El origen de las especies*, Venter zarpó en su propia travesía hacia los confines del mundo científico cartografiado a bordo del *Sorcerer II*. Su misión consistía en obtener muestras de microorganismos en el mar de los Sargazos, que está en un punto del océano Atlántico donde convergen cuatro corrientes oceánicas. Es un emplazamiento perfecto para cazar vida microbiana no identificada.

Venter usó una estrategia metagenómica que le permitió obtener ADN de casi 2.000 especies distintas de microbios en el mar de los Sargazos, entre las que había 148 tipos de bacterias desconocidas hasta entonces.[6] Cuantos más de estos organismos mapeaban, más precisa se hacía la imagen del minúsculo mundo de las bacterias, y ya no solo en las profundidades del océano, sino en lo más hondo de nosotros mismos. Su viaje había provocado una odisea mucho más grande, quizás la más importante para nuestra comprensión de la vida en la Tierra desde que Darwin zarpara de Devonport.

Jo Handelsman, una científica de Wisconsin, acuñó el término *metagenómica* en 1998 para describir el análisis colectivo del contenido genético de una comunidad de microbios del suelo. Tras el éxito del Proyecto del Genoma Humano, varios exploradores del microbioma de principios de la década de los 2000, Venter entre ellos, plantearon la posibilidad de usar la genómica para secuenciar simultáneamente varios organismos, y fue así como la metagenómica hizo saltar por los aires las puertas del mundo del microbioma. Sin embargo, analizar genomas enteros en cientos o miles de especies a la vez es un quebradero de cabeza computacional impresionante. Y el almacenamiento de los datos tampoco se queda atrás. Si quisiéramos almacenar todos los datos metagenómicos obtenidos del intestino de una sola persona en *smartphones* de 256 GB de capacidad, necesitaríamos 400.000 móviles.

La ciencia del microbioma requería nuevas herramientas bioinformáticas capaces de computar el volumen y la complejidad de este nuevo tipo de datos. En 2007, los Institutos Nacionales de Salud (NIH, por sus siglas en inglés) de Estados Unidos lanzaron el Proyecto del Microbioma Humano: se tuvieron que crear desde cero herramientas informáticas que permitieran interpretar y visualizar datos que tendrían que manejar miles de científicos de todo el mundo. Desde una perspectiva matemática, fue el equivalente de enviar un cohete a la Luna, y las exigencias computacionales son tan colosales que muchos de esos cálculos precisan superordenadores.

Las bacterias son los microbios más estudiados del microbioma humano, y el nicho microbiano más grande habita en el intestino. Solo predominan cuatro de los 104 filos bacterianos: Firmicutes, Bacteroidetes, Actinobacteria y Proteobacteria, aunque hay otros en cantidades menores. Se han identificado unas 2.000 especies de bacterias en el intestino, una cantidad equivalente a las especies de árboles que conforman la selva del Amazonas. Sin embargo, el intestino promedio contiene varios cientos de especies de bacterias. Cuáles y cuántas sean depende de los genes, de la alimentación, del estilo de vida y del entorno. También en el mundo de la metagenómica es fundamental entender el funcionamiento de las distintas especies y cepas de microbios.

Por otro lado, este campo también ha crecido muchísimo para poder incluir muchas otras medidas de las funciones moleculares de los microbios, como el metabolismo (metabolómica), las proteínas (proteómica), trascripciones de ARN (transcriptómica) y cientos de otras ciencias «-ómicas». Todas ellas se están integrando en el gran algoritmo computacional del microbioma. El resultado de todo este trabajo es que, por primera vez, ahora no solo podemos estudiar qué microbios están presentes en un ecosistema, sino también medir qué hacen y cómo lo hacen a lo largo del tiempo. La ciencia del microbioma hunde sus raíces en los ecosistemas oceánicos y del suelo, pero nos ha permitido imaginar que descifrar el funcionamiento de nuestra ecología interna nos podría ayudar a prevenir la enfermedad y mejorar la salud.

Monstruos microbianos

Como ahora sabemos más acerca de las bacterias que de cualquier otro tipo de microbio, tienden a dominar las conversaciones sobre el microbioma humano, pero esto no significa que siempre sean los elementos más importantes.

Si bien los eucariotas microscópicos como los protozoos y los gusanos parásitos a los que llamamos «helmintos» no representan más que el 0,1 por ciento del microbioma intestinal humano, desempeñan un papel clave en la salud de nuestro ecosistema interno. Hay especies multicelulares más grandes de protistas, con cabeza, boca e intestinos que contienen sus propios microbiomas y que se dan festines de bacterias y otras presas de menor tamaño en la oscuridad de la fosa de las Marianas humana. Los helmintos adoptan una amplia variedad de formas nada apetecibles y de diversos tamaños que nos quitan el sueño solo de pensar en ellos. Dos mil millones de personas de todo el mundo albergan nematodos (lombrices), cestodos (tenias) o trematodos (duelas) en el intestino. De todos modos, las infestaciones parasitarias no son exclusivas de los intestinos de países con rentas bajas o medias.

El protozoo *Giardia duodenalis* es un parásito habitual que se detecta en las heces del 2-5 por ciento de personas aparentemente «sanas» que habitan en países industrializados, como Estados Unidos.[7] Por lo tanto, los podríamos considerar componentes «sanos» del microbioma intestinal y, como veremos, desempeñan un papel muy importante en el mantenimiento del sistema inmunitario intestinal.

Los hongos son otro de los elementos principales del intestino. Son muy resistentes y se pueden encontrar en casi cualquier sustrato de la Tierra, desde los sedimentos en las profundidades del océano hasta el espacio interdigital en los pies. Se han hallado más de cien especies de hongos viviendo en la boca humana, y en el intestino, 260;[8] representan menos del 0,01-0,1 por ciento de los genes en las muestras de heces humanas. En las condiciones húmedas y cálidas que caracterizan al aromático pie humano se han encontrado menos especies, aunque parte del motivo por el que los hongos están tan bien en ese lugar concreto es porque suda, y los hongos necesitan humedad para crecer. En el cuero cabelludo, la especie *Malassezia furfur* (*Pityrosporum ovale*) es la responsable de la caspa. Por eso, muchos de los champús que tratan esta condición contienen agentes antifúngicos.

En el intestino, los hongos (o el micobioma) son importantes para el mantenimiento de la estructura de la comunidad microbiana, la función metabólica y la impronta inmunológica, aunque estas interacciones siguen relativamente inexploradas.[9] Por ejemplo, el *Candida albicans* actúa como una especie de vacuna y activa el sistema inmunitario del cuerpo de modo que produzca anticuerpos para otros hongos potencialmente más perjudiciales a los que el cuerpo aún no se ha visto expuesto. Los hongos del intestino benefician a los seres humanos de múltiples maneras, y algunos, como el *Saccharomyces boulardii*, se usan como probióticos para prevenir y tratar infecciones bacterianas patógenas.

Los hongos también producen una enorme cantidad de unas moléculas diminutas llamadas «metabolitos» que no se consideran necesarios para el crecimiento de los hongos y a los que se conoce como «metabolitos secundarios». Estos compuestos ejercen una amplia variedad de efectos biológicos y algunos son toxinas muy potentes, a las que se conoce como «micotoxinas». Puede que la más conocida sea la aflatoxina cancerígena, producida por el *Aspergillus flavus* y el *A. parasiticus*. Algunas se usan con fines medicinales, como la penicilina, que es antibiótica, y otras se usan como drogas recreativas, como la psilocibina, un compuesto psicodélico que producen más de doscientas especies de hongos. Si toma setas alucinógenas, sepa que el «viaje» que emprenda dependerá de las bacterias que habiten en su intestino, ya que cometabolizarán esas sustancias por usted. Incluso los psiconautas necesitan un intestino sano.[10]

Los hongos intestinales necesitan bacterias para prosperar y viceversa, pero se trata de una relación que dista mucho de ser simple. Por ejemplo, hay cepas de la bacteria *Escherichia coli* que suprimen el crecimiento del hongo patógeno oportunista *Candida albicans*, que también habita en el intestino de personas sanas. La relación entre las bacterias y los hongos u otros eucariotas se da mediante un proceso de competición por nutrientes esenciales, de alimentación recíproca simbiótica e incluso de caza y consumo. Los eucariotas pueden tener vidas sexuales muy complicadas, lo que da lugar a muchos microdramas y a codependencia. Por lo tanto, los hongos influyen en la forma que adopta la comunidad del microbioma al principio de la vida,[11] y a su intestino y a su salud les interesa mantener a raya la relación entre los distintos elementos del microbioma.

El titiritero vírico

Los virus constituyen la mayor parte de la materia oscura intestinal, por lo que son cruciales en el modelado del universo microbiano e influyen en nuestra salud mediante un proceso continuo de competición y de presiones evolutivas. La cantidad total de virus que habitan en el planeta Tierra es tan descomunal que resulta increíble. Si pusiéramos en fila todos los virus de la Tierra, se extenderían a lo largo de 100 millones de años luz, lo que equivale aproximadamente a 330 veces nuestra galaxia.[12,13]

Por mucho que lo intentemos, es imposible evitar la interacción con los virus. A diario, inspiramos más de 100 millones de estos microbios zombi, y los pulmones cuentan con su propio viroma. En el intestino, la cantidad total de células del microbioma bacteriano y del viroma está muy equilibrada.[14] Sea como sea, se cree que en el intestino humano habitan más de 142.000 especies de virus,[15] lo que supera en una extraordinaria ratio aproximada de 56:1 a las 2.000 especies de bacterias descritas en el mismo ecosistema humano.

Tal y como el mundo sabe tan bien ahora, la única razón de ser de los virus es la reproducción. El virus invade una célula, inserta su material genético en el de su huésped y, entonces, lo aprovecha para crear decenas de miles de copias de sí mismo. Su objetivo final es desactivar o matar a la célula (mediante la apoptosis, una forma de muerte celular programada), para poder salir de ella.

Los seres humanos no somos los únicos vulnerables a los virus: lo son todas las formas de vida procariotas. Los virus que se replican en el interior de bacterias se llaman «bacteriófagos», o «fagos». Los fagos tienen genomas de tamaños y composiciones muy variados y se cree que hay unos 100 millones de especies distintas.[16] Las más estudiadas recuerdan a alunizadores alienígenas, y no es casualidad: están diseñadas para aterrizar sobre las superficies de las bacterias, que se asemejan a la de la luna, para después anclarse a la superficie usando las fibras de la cola antes de inyectar su carga genómica.[17, 18] Si se activa la fase lítica, que provoca el estallido de la bacteria, esta explota y muere, de modo que libera a los descendientes del parásito, que pueden iniciar el ciclo de nuevo. Esto es importantísimo para nosotros, porque este es el proceso por el cual se gestionan las poblaciones de bacterias y que ha permitido a los virus editar sus genes en los nuestros a lo largo de millones de años. Nuestro conocimiento de los fagos es mínimo, lo cual supone un gran problema: más del 90 por ciento de las secuencias virales identificadas mediante el análisis metagenómico carecen de puntos de referencia conocidos en nuestras bases de datos genómicas. La inmensa mayoría del microbioma vírico humano sigue siendo territorio desconocido. No sabemos quién vive ahí.

Los bacteriófagos acaban con la mitad de toda la población mundial de bacterias cada cuarenta y ocho horas.[19] Eso son muchas bacterias. Sin embargo, mientras se dedican a sus actividades parasitarias e insertan sus genes en el código de sus huéspedes, los bacteriófagos también promueven la compartición de genes entre bacterias. Las redes de flujo genético resultantes provocan cambios en ecosistemas enteros. Por ejemplo, se ha descrito a fagos hallados en los océanos como titiriteros, por la función clave que desempeñan en el moldeado de la biogeoquímica oceánica.[20]

Si estos virus pueden ser titiriteros de océanos enteros, ¿qué no podrán hacer en nuestro cuerpo? Los virus regulan directamente el sistema inmunitario intestinal, con el que interactúan, e influyen en la capacidad de este para funcionar, pero también permiten a las bacterias compartir genes y desarrollar su propia ventaja para la supervivencia, o memoria genética, que las protege ante infestaciones parasitarias futuras. Por ejemplo, los fagos están bien incrustados en los genomas de las bacterias y las arqueas, y sus cortos segmentos de ADN viral se conocen con el nombre, facilísimo de recordar, de «repeticiones palindrómicas cortas, agrupadas y regularmente interespaciadas», o CRISPR, por sus siglas en inglés. El descubrimiento de que las bacterias usan proteínas asociadas a CRISPR para empalmar y desempalmar genes de virus dio lugar a lo que ahora se conoce como «edición genética». Esta tecnología transformará la medicina y ofrecerá curas para afecciones hereditarias como la fibrosis quística, la hemofilia o la enfermedad de células falciformes. Sus aplicaciones son ilimitadas, y se lo debemos todo a un primitivo sistema inmunitario bacteriano.

El universo microbiano humano

Antonie van Leeuwenhoek, el padre de la microbiología, descubrió la vida microscópica, a la que describió como «animálculos» en una carta a la Royal Society en 1676. En línea con lo que ha sucedido con todos los descubrimientos científicos verdaderamente radicales, los científicos más importantes de la época desdeñaron la importancia del hallazgo. Aunque fueron cambiando de opinión poco a poco, pasaron otros trescientos años antes de que Carl Woese completara las principales divisiones de la vida microbiana, que se siguen cuestionando aún hoy. Van Leeuwenhoek carecía de formación científica formal e hizo su descubrimiento mientras buscaba vida en el agua con un microscopio simple que había construido él mismo. Nunca supo que había sido el primer hombre en atisbar el espacio microscópico.

Antonie van Leeuwenhoek y el astrónomo Fritz Zwicky tenían mucho en común: sus observaciones del mundo físico y natural existían a escalas que sus colegas aún no podían ni imaginar. Aunque miraban constelaciones distintas, lo que vieron fue profundamente rompedor para cómo entendemos nuestro lugar en el universo físico y biológico. Y ambos científicos se vieron limitados por las maquinarias y las herramientas que tenían a su disposición en el estudio de su materia.

Miles de millones de galaxias de arqueas, virus, fagos, hongos, helmintos y protozoos orbitan alrededor del calor de una sola estrella humana que les da la vida. Algunas de estas galaxias viven en órganos enteros, como la piel, mientras que otras existen en nichos microscópicos (como una cripta o una glándula en el intestino). Algunas se forman en el interior de células humanas aisladas y arden con intensidad durante un breve periodo de tiempo antes de que el sistema inmunitario las extinga. Muchos nichos habitan en nosotros durante toda nuestra vida. Sin embargo, todos están estrechamente interconectados, entre ellos, con nosotros y con nuestro entorno. Compiten por los recursos, y en esa pirámide alimentaria microscópica, los depredadores cazan a microbios más pequeños para sobrevivir. Los productos de desecho y los residuos esenciales del metabolismo también se consumen, como parte de una red viva que abarca el intestino y el cuerpo.

Como sociedad, hemos desconectado de nuestra ecología interna: existe en cavidades corporales que no podemos ver y a una escala que no podemos concebir. Pero este universo vivo no es oscuro: es vívido y de colores intensos, y sentimos su presencia a diario. Aunque ahora contamos con una biblioteca que nos permite crear orden a partir de los ecosistemas microbianos humanos, aún no entendemos algunos fundamentos básicos del microbioma. Los microbiomas humanos son comunidades dinámicas que demuestran una asombrosa heterogeneidad composicional y funcional a lo largo del tiempo y del espacio. Por lo tanto, una mera taxonomía del microbioma humano no basta para describir qué es un microbioma «normal». La descripción de un microbioma sano ha de incluir alguna forma de «biología cuántica» que explique la importancia de los microbios que aún no podemos ver y de las fuerzas que rigen la interacción de estos entre ellos y con nosotros. Este nuevo modelo matemático también ha de poder explicar cómo ha evolucionado el microbioma en los distintos libros y bibliotecas de la existencia humana.

Ha llegado el momento de pasar página.

CAPÍTULO 2

La crisis de la mediana edad

En el momento de escribir estas líneas, yo tengo cuarenta y cinco años, y el planeta, unos 4.540 millones, lo que seguramente signifique que tanto el planeta como yo estamos en plena crisis de la mediana edad. Por ahora, las principales consecuencias de mi transición a la mediana edad han sido una tendencia contraproducente a la nostalgia y un lamentable descenso a los maillots de licra y al ciclismo de carretera. Por el contrario, la crisis existencial del planeta amenaza a toda la vida en la Tierra y, mal que me pese, debo admitir que es mucho más importante para usted que mi crisis personal.

Los cuerpos humanos y planetarios mantienen una relación dinámica con los microbios, una relación que comienza en el mismo instante de la concepción. Los sistemas microbianos mamíferos y geológicos están profundamente conectados y entender por qué los microbios son tan importantes para nuestra salud y para nuestro futuro requiere que retrocedamos en el tiempo hasta el instante en que la vida apareció en la Tierra y que examinemos esta relación a través de un prisma evolutivo.

La historia de nuestro planeta empezó de verdad con la formación del agua, hace unos 4.280 millones de años; los océanos primordiales no eran azules, sino de un verde oxidado, debido al sedimento de hierro disuelto en el agua salada. En un instante evolutivo, las primeras formas de vida aparecieron como extremófilos microscópicos primitivos concentrados cerca de las fuentes hidrotermales que se iban formando a lo largo de las fisuras en el fondo oceánico. Estas chimeneas geológicas permitieron que el calor del núcleo terrestre, tan necesario para la vida, penetrara en el océano y nutriera al bebé planetario. Al igual que sucede con los seres humanos recién nacidos, la siembra de estos microbios desempeñó un papel fundamental a la hora de determinar el futuro de nuestro planeta.

Se cree que las primeras evidencias de vida en la Tierra proceden de fósiles de microbios hallados en rocas de 3.465 millones de años en la escasamente poblada y muy cálida y polvorienta región de Pilbara, en Australia Occidental. Hay dos teorías básicas que intentan explicar cómo llegaron allí. La más aceptada, conocida como «abiogénesis», sugiere que las reacciones químicas entre el carbono y otros elementos clave dieron lugar al desarrollo de formas de vida que se autorreproducían. Los ácidos nucleicos fueron clave para la formación del ADN y el ARN, y la hipótesis de Woese plantea que el ARN contenía el código genético para la vida incluso antes de que existieran células vivas. Los aminoácidos se insertaron en proteínas que podían desempeñar funciones moleculares, los lípidos y las grasas sirvieron para construir membranas celulares y los hidratos de carbono y los azúcares aportaron energía. A partir de estos bloques básicos, los microbios se convirtieron en las primeras células vivas sobre el planeta.

La segunda teoría recibe el nombre de «panspermia» y plantea que la vida existe en todo el universo y que el polvo espacial y los meteoritos la distribuyen por los planetas.[1] Antes de descartar la teoría de la panspermia como una majadería, reflexione acerca de lo siguiente: hace muchos años que se sabe que las esporas del *Bacillus subtilis* pueden sobrevivir en el espacio.[2] Y, entre 2015 y 2018, un equipo de investigadores de veintiséis universidades e instituciones japonesas participó en la misión Tanpopo, un experimento de astrobiología espacial que tuvo lugar en la Exposed Facility, en el exterior del módulo Kibo de la Estación Espacial Internacional. Sorprendentemente, una bacteria terrestre llamada *Deinococcus radiodurans* también pudo sobrevivir durante tres años en el vacío frígido y hostil del exterior de la estación espacial. Se han encontrado hongos y bacterias creciendo en el interior de la estación espacial y, curiosamente, tres de las bacterias pertenecen a una especie completamente nueva, a la que se ha bautizado como *Methylobacterium ajmalii*. Si estas bacterias pueden proliferar en el frío y oscuro silencio del espacio, la vida en Marte, un planeta calentito con mucha agua, no tiene misterio.

En California, la división de astrobiología del Jet Propulsion Laboratory está buscando indicios de formas de vida microscópicas en nuestro sistema solar y más allá. También están preocupados por proteger nuestro planeta del abordaje de alienígenas microscópicos que podrían haber viajado a la Tierra como polizontes a bordo de alguna de las rocas marcianas recogidas por el rover *Perseverance.* Estas rocas recorrerán el espacio y llegarán a nuestro planeta como parte de la misión Mars Sample Return en algún momento de la década de 2030. Si esas muestras contienen microbios, pondrán patas arriba todo lo que sabemos acerca del origen de la vida en la Tierra. Y, como veremos, el microbioma no solo cuestiona algunas de nuestras creencias más fundamentales acerca del origen de la vida en la Tierra, sino que también nos está obligando a replantearnos la importancia de las formas de vida microbianas para la fertilidad, la concepción y el crecimiento humanos.

El microbioma planetario

Viniera de donde viniera, la vida ha demostrado una persistencia extraordinaria. Desde el mismo momento en el que se plantó la semilla del árbol de la vida, este empezó a echar raíces lenta e inexorablemente en las profundidades del océano y de la roca. Las cianobacterias, una especie de algas verdiazuladas, empezaron muy pronto a producir nutrientes usando la energía del sol y comenzaron a liberar oxígeno al medio ambiente. La fotosíntesis fue oxigenando poco a poco el mundo y los océanos adquirieron un suave color rosado a medida que el hierro se oxidaba. Las cianobacterias prosperaron y se convirtieron en una de las formas de vida más prolíficas del planeta.

En la actualidad, el intestino humano contiene cianobacterias, que siguen promoviendo la salud humana y planetaria. Por ejemplo, las capas laminadas de estas algas verdiazuladas forman una especie de alfombra que se deposita en las mayores profundidades ecológicas de los lagos de agua dulce en la península Antártica. El cambio climático está llevando a que estos depósitos, que son una especie de barrera bentónica, produzcan toxinas que destruyen la ecología de estas fuentes vitales de biodiversidad acuática. Si esto sucede en ecosistemas microbianos acuáticos, también puede suceder en los ecosistemas que albergamos en nuestro interior, y las consecuencias para nuestra salud serían igual de graves.

El nivel de oxígeno en el planeta recién nacido siguió aumentando gracias a los microbios hasta que, hace unos 2.300 millones de años, el planeta azul tuvo una rabieta de esas que les dan a los niños. Produjo tanto oxígeno que intoxicó a la mayoría de los microbios «anaeróbicos», para los que este gas abundante e inodoro era muy tóxico, y desencadenó lo que probablemente fuera el primer evento de extinción masiva en el planeta. En la actualidad, aún hay bacterias anaeróbicas en todas partes y, de hecho, son las que predominan en nuestro intestino.

A medida que los sistemas microbianos del planeta se recuperaban del ataque químico, las formas de vida microscópicas «aeróbicas» se adaptaron y desarrollaron tolerancia a este gas. Y fue así como empezaron a surgir nuevas formas de vida. Los eucariotas y sus valiosas cargas celulares de ADN contenido en sus membranas aparecieron hace aproximadamente 2.100-1.600 millones de años.[3] En 1967, la teórica y bióloga evolutiva estadounidense Lynn Margulis sugirió que esto tuvo lugar cuando una célula, muy probablemente una arquea, fue engullida por otra.[4] Como ha sucedido con tantas otras teorías biológicas radicales, al principio la comunidad científica mayoritaria la rechazó de plano. Ahora se acepta de forma generalizada y se cree probable que este proceso de endosimbiosis permitiera que el ADN quedara encapsulado en el interior de los núcleos y que se empezaran a desarrollar otras estructuras celulares. Una de las más importantes fueron las mitocondrias, unos motores intracelulares microscópicos que usan el oxígeno para producir energía. Casi todas las células humanas (con la importante excepción de los glóbulos rojos) contienen una de estas maravillas de la ingeniería celular, que incluso cuentan con su propio genoma. Las mitocondrias son nuestro propio reactor nuclear interno primitivo. Sin ellas, el corazón no nos latiría y no podríamos pensar. Debemos toda nuestra existencia a microbios antiguos.

El planeta llegó a la adolescencia y empezó a cambiar de forma y a desarrollar apéndices peculiares. El primero de ellos apareció hace unos 2.500 millones de años, en forma de un supercontinente llamado Columbia, y fue así como el microbioma terrestre hizo su aparición. Hace unos 1.200 millones de años, las algas se empezaron a depositar sobre la superficie terrestre y, durante los 750 millones de años siguientes, evolucionaron poco a poco hasta convertirse en plantas terrestres. Los hongos disolvieron la roca en tierra y comenzaron su historia de amor con estas plantas, con las que forjaron una simbiosis tan profunda como duradera. Así, todos los actores principales del microbioma ya habían salido a escena, y los microbiomas terrestres hacían aportaciones importantes a la salud planetaria, hasta que el mundo llegó a cierta forma de independencia biológica adolescente.

Cual muñeca rusa, la vida en la Tierra siguió encontrando maneras de compartimentarse, y es muy probable que la piel fuera el primero de los órganos que evolucionó. Las esponjas crearon una protopiel, en un intento de separar el mundo externo del interno.[5] Como los microbios ya existían, debió de ser entonces cuando se formaron los primeros microbiomas dérmicos. Al final del periodo Ediacárico (hace 635-541 millones de años), sucedieron varios eventos evolutivos colosales, entre ellos la aparición de la vida animal. Empezaron a proliferar animales primitivos semejantes a gusanos y compuestos por un solo tubo (conocidos como «cloudinomorfos»). Sorprendentemente, las tomografías computarizadas de estos fósiles de 500 millones de años de antigüedad sugieren que tenían tractos digestivos funcionales.[6] Se trata de las evidencias fósiles más antiguas de que disponemos del desarrollo del intestino y fue el punto en el que la vida animal abrió la puerta a la vida microbiana para sostener su propia existencia. Esta profunda endosimbiosis acabó llevando al desarrollo del microbioma intestinal, uno de los eventos más importantes en el desarrollo animal (entre otras cosas, porque sin él yo no tendría trabajo).

La era Cámbrica que siguió fue testigo de una explosión de formas de vida animal que comenzaron a dar prioridad a las defensas contra la depredación, unas defensas que iban más allá de conchas, púas o caparazones. Los intestinos primordiales que debían soportar el acelerado crecimiento en tamaño de estos animales marinos y terrestres cada vez más grandes no solo tenían que digerir a otras plantas y animales, sino también lidiar de forma segura con los microbios y las toxinas que entraban en el intestino. Esto llevó al desarrollo de un método de defensa contra los microbios: el sistema inmunitario.

El primer problema fundamental al que se enfrentó este prototipo de sistema inmunitario fue la necesidad de distinguir entre el «yo» y los agentes patógenos externos que lo podían perjudicar. Los propios microbios proporcionaron la solución a este problema. La base del sistema inmunitario exige ligar moléculas extrañas, o partículas conocidas como «antígenos», a receptores específicos del sistema inmunitario conocidos como «anticuerpos». Este mecanismo de llave-cerradura era complicadísimo, dada la cantidad infinita de antígenos existentes, lo que a su vez exige una cantidad infinita de anticuerpos.

Aunque nadie sabe con seguridad cuándo aparecieron los virus, hace unos 1.500 millones de años empezaron a desarrollar en sus proteínas unos pliegues específicos llamados «enzimas» que les permitían introducirse en otras formas de vida para replicarse en el interior de estas. Además de convertirse en verdaderos expertos del allanamiento de morada, también se convirtieron en cocteleros genéticos y crearon nuevas combinaciones de genes mediante un proceso genético de cortar y pegar.

Debemos el gigantesco salto adelante que supuso la producción de anticuerpos a un virus que infectó a una bacteria y transfirió lo que se conoce como «gen activador de recombinación». Las primeras evidencias de estas versiones primitivas de un sistema inmunitario «adaptativo» se remontan a hace aproximadamente 500 millones de años, en gnatóstomos (peces con mandíbula articulada).[7] Gracias a esta maquinaria molecular, de repente pudieron programar a los linfocitos, las células del sistema inmunitario, para que produjeran anticuerpos en un número infinito de patrones, lo que supuso una potentísima ventaja para la supervivencia. Al final, esto llevó a la evolución de la inmunoglobulina M (IgM), el más antiguo de los anticuerpos de los que tanto usted como yo dependemos hoy.

Tal vez lo más importante de todo fuera que, a esas alturas, el gran intercambio de ADN ya estaba a pleno rendimiento, y los virus, las arqueas y las bacterias empezaron a entretejer su propio ADN en los códigos genómicos de especies de procariotas y de eucariotas. Es lo que se conoce como «transferencia genética horizontal» de código genético, que describe cómo los genes han saltado de una especie a otra y han contribuido a la evolución de nuevas formas de vida. Tenemos incrustados en el ADN fragmentos de genes virales antiguos, cuales fósiles moleculares primitivos, y son tan numerosos que equivalen a aproximadamente el 8 por ciento de nuestro genoma. Aunque no conocemos con certeza la mayoría de las funciones que desempeñan, sí que nos podemos valer de ellos para hacer retroceder el reloj molecular e identificar sus orígenes. Algunos de estos fragmentos de código viral en nuestro genoma tienen cientos de millones de años de antigüedad y se originaron durante la era de los dinosaurios.[8]

Durante los años en que el planeta era aún un adulto joven, encontró una manera mucho más divertida de compartir genes. Hasta ese momento, las bacterias y otras formas de vida microscópicas eran exclusivamente asexuales y habían adoptado métodos de reproducción que daban prioridad a la velocidad más que a los preliminares. La cuestión era transferir genes, costara lo que costara. Sin embargo, cuando los eucariotas entraron en escena, basaron su estrategia reproductiva en la calidad más que en la cantidad. Puede que las abejas y los pájaros lo hagan, pero los peces lo empezaron a hacer antes, hace unos 385 millones de años. Se han encontrado evidencias de ello en fósiles del antiguo pez escocés *Microbrachius dicki.* Este pez sin barbilla tenía unos largos pterigopodios óseos con forma de L que el macho usaba para transferir esperma a la hembra.[9] Sí, el sexo es un invento escocés.

Dado que el sexo (si se hace bien, claro) exige mucho tiempo y esfuerzo, cabe preguntarse por qué los animales primitivos se desviaron del método bacteriano e invirtieron tanto trabajo evolutivo para adoptarlo. Aunque se han formulado varias teorías al respecto, la hipótesis de la Reina Roja (que debe su nombre al personaje de *Alicia en el país de las maravillas,* de Lewis Carroll) sugiere que el propósito del sexo es combatir la enfermedad, lo cual (siempre y cuando se tomen las medidas de precaución necesarias) es otro motivo excelente para practicarlo en abundancia. En términos más científicos, el sexo podría ofrecer una ventaja a los individuos que viven en entornos de cambio acelerado mediante un proceso de coevolución entre huésped y parásitos.[10] Por mucho que no sea el motivo dominante para llevar a cabo esta forma de reproducción, es muy probable que los microbios formaran parte del motivo evolutivo por el que practicamos el sexo. Fuera lo que fuera, de lo que podemos estar seguros es de que no fue por el placer, un factor que no se ha añadido al proceso hasta hace poco. El *Microbrachius dicki* nunca supo lo que es un orgasmo.

Las masas terrestres del planeta existen en un estado constante de migración, que agrupa de manera lenta pero segura a las formas microscópicas en nichos evolutivos aislados. El último gran supercontinente, Pangea, se formó hace 335 millones de años y se fragmentó en los siete continentes que conocemos hoy al final del periodo Triásico, hace unos 200 millones de años. Los dinosaurios heredaron la Tierra durante un breve periodo de tiempo en esa era (al paso que vamos, el nuestro será todavía más breve) antes de extinguirse durante el periodo Triásico-Jurásico hace 201,3 millones de años.

En *Parque Jurásico*, la ya clásica novela de 1990 de Michael Crichton, los científicos reconstruyen el genoma de un dinosaurio a partir de una gota de sangre capturada por un mosquito envuelto en ámbar. Hace poco, el genetista evolutivo y antropólogo biológico (además de hijo del científico en el que se inspira el libro) Hendrik Poinar halló un mosquito de 100 millones de años de antigüedad preservado en ámbar que contenía células reproductivas en desarrollo de un parásito de la malaria arcaico llamado *Paleohaemoproteus burmanicus*.[11] El declive de los dinosaurios tuvo lugar a lo largo de miles de años, y es muy probable que, con el calentamiento global de su parte, ciertos agentes patógenos como este desempeñaran un papel crucial en la extinción de los dinosaurios mediante la propagación de enfermedades. Los descendientes de este mosquito son mucho más temibles que el *Tyrannosaurus rex*: han matado a la mitad de los seres humanos que han vivido a lo largo de toda la historia.[12] Y esto nos da una lección importante: el calentamiento global potencia la propagación de agentes patógenos por todo el globo, y no debería sorprenderle que en 2020 más de 200 millones de personas se infectaran de malaria. Esto sucede cada vez más en Europa y en las partes septentrionales del planeta.

A medida que los dinosaurios desaparecían, los mamíferos fueron heredando la Tierra y, durante el periodo Triásico, hace unos 200 millones de años, aparecieron las primeras glándulas mamarias.[13] De nuevo, la reproducción ayudó a definir nuestra coevolución con el microbioma. En su primera encarnación, las glándulas mamarias proporcionaban humedad y agentes antimicrobianos a huevos con cáscara de pergamino. Luego, evolucionaron hasta adoptar la función por las que las conocemos ahora: nutrir a las crías hambrientas.[14] Estas leches primitivas no solo contenían azúcares complejos antimicrobianos que ayudaban a eliminar agentes patógenos, sino que también proporcionaban una rica fuente de nutrición, que permitía al bioma proliferar y a las crías crecer rápidamente antes de ser expulsadas del nido.

Los primates aparecieron por fin hace entre 57 y 85 millones de años. Los registros fósiles más antiguos del último antepasado común al chimpancé y al ser humano se remontan al Mioceno superior (hace unos 7 millones de años), aunque los primeros cráneos de neandertales solo tienen 400.000 años de antigüedad. El *Homo sapiens*, que no quedó como la única especie humana superviviente hasta hace solo 40.000 años, poseía su propio microbioma, la culminación de más de 4.000 millones de años de evolución microbiana.

En julio de 2020, se halló un microorganismo aeróbico en un estado de animación casi suspendida a 76,2 m de profundidad en el lecho del Giro del Pacífico Sur, al que se describe como «el punto más muerto del océano», porque dispone de la menor cantidad de nutrientes disponibles para la vida marina. Estos microbios aeróbicos tenían unos 101,5 millones de años de antigüedad y habían sobrevivido ajustándose a un metabolismo basado en carbono y nitrógeno.[15] Aunque parezca increíble, estos organismos se pudieron reanimar en el laboratorio, donde despertaron de su sueño ancestral. No cabe duda de que encierran secretos importantes que ayudarán a aliviar la desgracia del envejecimiento humano.

Lo más importante de este descubrimiento es la constatación de que en este planeta hay microbios que han permanecido dormidos durante más tiempo del que llevan existiendo los primates. Llegamos al baile del Antropoceno a las 23:58:43 en el reloj evolutivo y exigimos que nos abrieran el bar, sin darnos cuenta de que quienes llevaban el cotarro eran los microbios. Ya estaban profundamente incrustados en nuestra alma evolutiva, actuando como titiriteros de nuestra biología. Nuestros destinos estaban inexorablemente unidos mucho antes de que apareciéramos sobre la faz de la tierra.

La evolución del «*Homo holobiont*»

La nueva biología del microbioma cuestiona la teoría evolutiva tradicional, porque entiende el microbioma como una extensión del genoma de un animal. Y, como los microbios son la forma de vida más antigua y abundante del planeta, han influido en la evolución de todas las especies que han caminado, excavado, reptado, nadado, volado o tendido raíces.

Como ya hemos empezado a ver, la estructura del microbioma de un individuo depende, en parte, de su genoma, y en parte de la suma de sus exposiciones ambientales, a las que se conoce como «exposoma». Y la cosa se complica aún más, porque, a lo largo del tiempo, el microbioma acaba influyendo en la estructura y la función del genoma.

Describir la coevolución de un superorganismo complejo compuesto por microbios antiguos exigía un lenguaje nuevo. Lynn Margulis acudió al rescate otra vez y acuñó el término *filosimbiosis*, que describe el patrón evolutivo entre los microbios y los seres humanos en los que moran. En esta perspectiva holística de la evolución, el ser humano se puede entender como comunidades de genomas que interactúan y que están compuestos por multitud de microbios. Esas comunidades reciben el nombre de «holobiontes».

El concepto de holobionte afirma que los miembros de la comunidad microbiana han contribuido a nuestra evolución genética, física y social dentro del marco de las normas de la selección natural y mediante vías tanto nocivas como protectoras. Por ejemplo, los microbios patógenos emplean conductas habituales que promueven su propia salud a expensas de la del huésped que habitan y los más fuertes entre estos huéspedes se adaptan a ellos. Ötzi, el hombre de hielo del Tirol que murió asesinado, es una de las momias más famosas del mundo. Su cuerpo perfectamente conservado se remonta a la Edad del Cobre, se halló en los Alpes tiroleses y en la actualidad se mantiene en una cámara fría en el Museo de Arqueología del Tirol del Sur. El intestino de Ötzi contenía el genoma de un antiguo *Helicobacter pylori*, el simbionte bacteriano responsable de las úlceras de estómago en el hombre moderno. También contenía cepas ancestrales de los patógenos *Clostridium perfringens* y *Pseudomonas veronii*, que podían causar enfermedades.[16]

Los microbios no patógenos también han desarrollado conductas que manipulan los procesos del huésped para su propia supervivencia. En algunos casos, han sido tan beneficiosos que han evolucionado junto a su huésped. Podemos ver múltiples ejemplos de esta estrategia en la naturaleza: a cambio de un hogar seguro, el pez payaso limpia a la anémona tentacular que habita en el mar Rojo y en el océano Pacífico. También le proporciona nutrientes y asusta a otros peces depredadores, como el pez mariposa. Para ello, el pez payaso se ha adaptado para protegerse de los letales nematocistos, los aguijones con forma de arpón en los tentáculos con los que la anémona caza a sus presas.

El intestino humano ofrece muchos ejemplos de relaciones simbióticas como esta que han coevolucionado a lo largo de marcos temporales similares. El *Bacteroides thetaiotaomicron* es como un pez payaso que habita entre las vellosidades intestinales, una especie de tentáculos. Nutre al intestino y promueve su salud y su desarrollo a cambio de un lugar seguro en el que vivir. Ha evolucionado para eludir la respuesta inmunitaria de su huésped mediante un ingenioso subterfugio: se camufla cambiando el tipo de moléculas inmunitarias o de antígenos que se expresan en su pared celular, de modo que no se lo puede confundir con un agente patógeno. Algunas de estas relaciones son tan importantes para nuestra supervivencia que ahora están codificadas en nuestro ADN.

Los microbios con funciones que regulan nuestra fisiología, como la digestión de los nutrientes esenciales para nuestra supervivencia, el funcionamiento de los órganos o el desarrollo del sistema inmunitario, tienen más probabilidades de ser transmitidos de madre a bebé y, por lo tanto, de pasar de generación en generación (transferencia genética vertical). Esto puede suceder tanto en grupos sociales aislados como en regiones geográficamente diferenciadas, en las que esos microbios ofrecen una ventaja específica para la supervivencia de esa población humana concreta.

Cada vez que el ser humano (y, de hecho, cualquier otra especie) ha llegado a una bifurcación en su trayectoria evolutiva, nuestros socios bacterianos nos han acompañado en un proceso que se conoce como «coespeciación», siempre que la relación filosimbiótica fuera sólida. Es muy probable que los neandertales y los *Homo sapiens* compartieran muchos microbios. Si una especie de mamífero queda aislada por océanos o por cordilleras montañosas, la coespeciación sucede en aislamiento, porque la transferencia genética horizontal entre microbios de especies de mamíferos similares deviene imposible y, en consecuencia, los linajes de microbioma se separan. Aunque son muchas las fuerzas ambientales que influyen en el proceso de filosimbiosis, la alimentación es una de las más importantes.

Alimentar al microbioma intestinal evolutivo

Hace unos 44.000 años, uno de nuestros antepasados se arrastró hacia el interior de una oscura cueva en la aldea de Leang Bulu' Sipong, en el sur de Célebes, una isla de Indonesia. Alumbrado o alumbrada por la bailarina luz de una antorcha, pintó con gran detalle y oscuros pigmentos rojos y marrones un cerdo y un pequeño búfalo conocido como «anoa». Hoy, aún podemos ver con claridad que los cazadores prehistóricos están cazando el anoa con flechas y que sujetan una cuerda para atar al aterrorizado animal. Es imposible sobrestimar las implicaciones de esta exquisita obra de arte hecha por un Banksy prehistórico. Su descubrimiento, en 2017, transformó la visión eurocéntrica predominante del hombre primitivo. Esta pintura rupestre es de gran interés también para los científicos del microbioma evolutivo, porque el microbioma de los habitantes de Leang Bulu' Sipong debía de ser muy distinto al de los europeos de esa misma época.

Nuestra alimentación ha moldeado desde el principio la coevolución con las formas de vida microbianas. Las bacterias del intestino humano descendían de bacterias simbióticas antiguas que evolucionaron desde los grandes simios (homínidos) hasta el *Homo sapiens* a lo largo de un periodo de unos 15 millones de años.[17] Si bien la imagen de los cazadores paleolíticos carnívoros antiguos como consumidores exclusivos de presas recién cazadas es inexacta, lo cierto es que la carne era muy importante, ya que proporcionaba la energía necesaria para el desarrollo cerebral, y acortó nuestro intestino. Nuestros parientes homínidos carnívoros más antiguos recurrieron a bacterias de 150 millones de años de edad para que fermentaran la carne y los ayudaran a digerirla.

La proteína ha desempeñado una función evolutiva muy importante en la regulación del microbioma intestinal, porque contiene mucho nitrógeno, un elemento que las bacterias necesitan para crecer. Los miembros del filo Bacteroidetes consumen el nitrógeno del intestino grueso con mucha más rapidez que otros comensales, y se ha visto que reducir el nivel de proteína dietética en ratones reduce la concentración de Bacteroidetes en las heces, y viceversa.[18] Esto podría explicar por qué la dieta occidental, tan rica en proteínas, ha degradado tanto nuestros sistemas intestino-microbianos. Consumimos más carne de la que nuestro microbioma evolutivo puede consumir.

Sea como sea, la supervivencia de los primeros homínidos (grandes simios) también dependía del metabolismo de una amplia variedad de plantas halladas en el suelo del bosque, y eso solo era posible gracias a los microbios intestinales herbívoros, que entonces tenían 200 millones de años de edad. El intestino humano omnívoro moderno aún contiene parientes de estas bacterias y sus funciones metabólicas coevolucionadas, aunque no tenemos bacterias adaptadas en concreto a nuestras preferencias omnívoras.[19] Empezamos a cocinar hace unos 400.000 años y esto también transformó drásticamente el microbioma intestinal en evolución, porque influyó en el consumo de patógenos y de microbios y en la disponibilidad de nutrientes.

El intestino se adaptó a estos cambios, aunque el apéndice no es (al contrario de lo que propuso Darwin) un vestigio evolutivo de nuestro consumo de plantas inicial o algo que haya evolucionado junto con nuestras necesidades sociales o de alimentación. De hecho, ha pasado por al menos treinta y dos versiones distintas en múltiples especies,[20] y es un órgano inmunológico de pleno derecho. El apéndice actúa como «refugio» para bacterias intestinales comensales que entrenan al sistema inmunitario y, así, pueden prevenir enfermedades ayudando a superar a peligrosas bacterias patógenas.

Cuando el *Homo sapiens* se fue imponiendo e inició su migración regional más allá de África, la estabilidad de las estructuras sociales llevó a que los cambios evolutivos en el microbioma bucal e intestinal sucedieran poco a poco. Inevitablemente, las bacterias intestinales se empezaron a diferenciar y emprendieron direcciones evolutivas propias, en función de la geografía y del exposoma. El análisis metagenómico de heces y de huesos prehistóricos nos permite ver cómo evolucionaron los microbiomas humanos específicos durante este periodo. Por ejemplo, en la placa dental de los homínidos, un microbioma oral básico producía una biopelícula mucosa que, como ofrecía ventajas al huésped, se mantuvo en distintas especies de primates. Con el tiempo, ciertas especies de estreptococos orales adquirieron la habilidad de ligarse a la amilasa, una enzima humana que descompone los almidones, lo que sugiere una coadaptación microbiana estrecha con la dieta de los huéspedes. La reconstrucción de los metagenomas orales de los neandertales ha permitido a los científicos identificar similitudes con los del ser humano moderno, aunque gran parte de la diversidad bacteriana hallada en las bocas de nuestros antepasados neandertales y del Paleolítico superior se ha perdido ya. Algunos de los motivos que lo explican son obvios, y otros, no tanto.

El biólogo evolutivo Alan Cooper, del Centro Australiano de ADN Antiguo, secuenció datos de la placa dental de neandertales de cinco regiones distintas de lo que ahora es Bélgica. Su equipo descubrió que las diferencias en la dieta se asociaban a un cambio global en la comunidad bacteriana oral, lo que sugería que el consumo de carne, en concreto, causó una variación sustancial en la microbiota de los neandertales. Su equipo halló incluso evidencias de automedicación en fósiles de un neandertal de El Sidrón (Asturias) con un absceso dental y un patógeno gastrointestinal crónico (*Enterocytozoon bieneusi*).[21] Este neandertal en concreto había estado comiendo álamo, un árbol que contiene ácido salicílico (un ingrediente de la aspirina) y un moho *Penicillium*. Las comparaciones con el genoma de una arquea oral llamada *Methanobrevibacter oralis* sugieren que el linaje moderno de este microbio se separó de los neandertales algo después de que nuestro último antepasado común viviera, lo que significa que la arqueobacteria se transmitió entre distintas especies humanas (homininos) extintas, quizás mediante el beso. Es posible que el sexo sea mucho más que la mera transmisión de genes de mamíferos.

Cuando el *Homo sapiens* descubrió la agricultura, hace unos 10.000 años, comenzamos a ingerir muchos más almidones. Los bichos que habitaban en la boca de los agricultores proliferaron en la película azucarada que empezó a recubrir sus dientes en cuanto comenzaron a masticar cereales. Como resultado, el *Streptococcus mutans* se convirtió en la bacteria dominante y la caries no tardó en hacer su aparición. Los empastes, el agua fluorada y el dentífrico han cambiado fundamentalmente el microbioma oral y, ahora, la boca moderna tiene mucha menos diversidad, lo cual es muy bueno para los dientes, aunque quizás no tanto para el intestino. Por ejemplo, algunas de las bacterias que pueden crecer selectivamente en la boca de urbanitas que disfrutan de una dieta occidental, como la bacteria *Fusobacterium nucleatum*, se detectan con frecuencia en el cáncer en distintas partes del cuerpo y, sobre todo, en el colon.[22]

En el intestino, los microbios se empezaron a dar festines con la fibra y el almidón que les proporcionaban las plantas cultivadas, lo cual dio lugar a una superproliferación evolutiva que volvió a transformar la ecología del intestino. Nuestra dependencia de los cereales llevó a que el microbioma desarrollara enzimas que lo ayudaran a consumir esta abundante fuente de nutrientes. El consumo de trigo también modeló nuestros sistemas inmunitarios, y ahora experimentamos la ruptura de esta simbiosis antigua. Esto sucede porque las prácticas agrícolas industrializadas modernas han mutado las plantas de trigo antiguas que cultivamos desde hace miles de años, como el *Triticum monococcum* y el *T. dicoccum*. Como resultado, ahora contienen cantidades superiores de una forma de gluten (una proteína del trigo) muy tóxica y con un péptido llamado «33-mer de la α-gliadina».

La celiaquía es una enfermedad inflamatoria que afecta al intestino delgado y causa dolor abdominal, hinchazón, pérdida de peso y desnutrición. Es consecuencia de una hipersensibilidad al péptido de la gliadina y, en la actualidad, afecta a más del 1 por ciento de la población mundial. El microbioma ha influido en la evolución de esta enfermedad, porque ciertas levaduras como la *Rhodotorula mucilaginosa* o la *R. aeria* han desarrollado enzimas que descomponen y detoxifican la parte inmunogénica del gluten, y ahora se han perdido algunas de esas funciones. Sin embargo, es posible que el factor más importante haya sido la manipulación del sistema inmunitario del intestino, porque el microbioma influye tanto en la capacidad del cuerpo para producir anticuerpos contra esta proteína como en la severidad de la respuesta inmunitaria.

A medida que la sociedad se urbanizaba cada vez más, el microbioma del *Homo sapiens* se siguió alejando del de sus parientes antiguos. El yacimiento arqueológico de La Cueva de los Muertos Chiquitos está justo al norte de Durango (México). Esta inquietante cueva ubicada en un valle desértico y seco se excavó por primera vez en la década de 1950 y contiene bebés y niños, algunos de los cuales se cree que fueron víctimas de sacrificios, además de al menos tres sepulturas de adultos. En las capas más profundas de este extraordinario yacimiento, los científicos hallaron paleoheces, o «coprolitos», que se remontan a un periodo de desde el año 700 d. C. hasta principios de la década del 900.[23] La secuenciación metagenómica les ha permitido estudiar la evolución del microbioma a lo largo del tiempo en esas muestras. Al nivel de filo, de familia y de especie, las composiciones de las muestras de paleoheces eran, en su conjunto, similares a las del microbioma intestinal actual de personas que viven en zonas no industrializadas. Esto significa que la estructura básica del microbioma intestinal ya había evolucionado por completo. No obstante, también se observan diferencias claras entre los microbiomas fecales antiguos y los modernos, ya que el proceso evolutivo de la coevolución no se ha detenido.

Por ejemplo, el *Methanobrevibacter smithii* es una arquea dominante en el intestino humano y la responsable de fermentar muchas de las fibras que ingerimos. Recicla el hidrógeno ligándolo al carbono, para producir metano, y sí, es el bicho de los pedos (bueno, uno de los varios que hay). Los científicos han podido determinar que el *M. smithii* se empezó a diversificar en el intestino hace unos 85.000 años y cambió junto con nuestra dieta, de modo que adquirimos la habilidad de metabolizar alimentos concretos... al tiempo que el metano aromatizaba los primeros asentamientos humanos. El equipo de investigación también descubrió algo preocupante: de los 181 genomas más antiguos que estudiaron, el 39 por ciento correspondían a especies no descritas hasta entonces, lo que sugería que algunas especies concretas de nuestro microbioma se han extinguido a medida que hemos ido evolucionando. Es posible que la extinción del microbioma se esté acelerando, y eso es extremadamente preocupante, ya que muchas de esas cepas de bacterias podrían tener funciones evolutivas conservadas que nos protegen de enfermedades crónicas. Y es que la pérdida de bacterias que coespecian con nosotros está muy relacionada con el desarrollo de enfermedades inmunitarias en humanos: por ejemplo, las poblaciones de bacterias del género *Subdoligranulum* se correlacionan negativamente con la enfermedad inflamatoria intestinal.[24] Es muy posible que, en lo que al microbioma se refiere, quién falta sea más importante que quién vive ahí.

La similitud en la composición bacteriana de los microbiomas intestinales de distintas personas aumenta con la proximidad geográfica y la relación genética. Sin embargo, los cambios en el microbioma inducidos por el exposoma son dinámicos y aún se ven evidencias de la coevolución específica a nuestro nicho en poblaciones indígenas que viven en regiones aisladas del mundo. Por ejemplo, un análisis de los baka, un pueblo pigmeo de cazadores-recolectores en la selva, y de sus vecinos agricultores bantúes en la República Centroafricana demostró que, a pesar de que sus microbiomas intestinales respectivos tenían una composición similar, habían desarrollado diferencias funcionales distintas. Por ejemplo, los cazadores-recolectores tenían abundantes Prevotellaceae, Spirochaetaceae y Clostridiaceae, con cantidades superiores de genes de virulencia microbiana y con funciones necesarias para el metabolismo de aminoácidos y de vitaminas. Por el contrario, el microbioma intestinal de los bantúes demostró estar más occidentalizado cuando se comparó con microbiomas intestinales norteamericanos y estaba dominado por el Firmicutes, que posee los genes necesarios para el metabolismo de hidratos de carbono y de azúcares.[25] Cabe destacar que los bantúes también poseen más de las funciones genéticas microbianas necesarias para metabolizar contaminantes industriales. Otros estudios en poblaciones africanas en Tanzania y en Botsuana han identificado que el microbioma de los pueblos nómadas que dependen de animales domésticos también es filogenéticamente distinto al del de los cazadores-recolectores.[26] Por lo tanto, concluimos que, a lo largo de la evolución de nuestra especie, las estrategias de supervivencia y la agricultura han influido profundamente en el delicado equilibrio del proceso de coespeciación, lo que, a su vez, ha tenido consecuencias en nuestra evolución social y fisiológica.

Es posible que algunos de los alimentos que consumían los homínidos no nos resultaran demasiado apetitosos ni a usted ni a mí. Se han observado conductas de coprofagia (consumo de heces) en poblaciones de simios (chimpancés, gorilas, orangutanes y gibones), tanto en libertad como en cautividad. Los primates lo hacen por su valor nutricional y porque los ayuda a protegerse de las toxinas de la dieta. Por lo tanto, es posible que los primeros trasplantes fecales tuvieran lugar mucho antes de lo que pensamos, aunque lo cierto es que carecemos de pruebas que lo demuestren. No solo habría tenido posibles beneficios para la salud en situaciones de desnutrición, sino que podría haber sido de gran importancia evolutiva, porque habría permitido la transferencia genética horizontal entre microbios. Sea como sea, hay que mencionar que los grandes simios presentan cierta aversión a esta desagradable práctica, una aversión que podría haber aparecido para reducir la exposición a agentes patógenos. El «asco» nos ayuda a evitar enfermedades, es una conducta presente en muchas especies y tiene importancia evolutiva por sí misma.

Los microbios y el arte de la guerra

Aunque las pinturas rupestres de las cuevas de Leang Bulu' Sipong no contienen escenas de combate, es muy posible que los hombres representados en la escena de caza usaran las mismas armas para defenderse de otros grupos sociales que también querían hacerse con los apetitosos anoas.

El hambre y la depredación son presiones selectivas muy potentes y median la evolución de todas las especies animales, incluidas las bacterias y los microbios. El intestino es un ecosistema dinámico tan delicado y ajetreado como cualquier selva indonesia o estepa africana, y miles de especies de los otros dos dominios de vida (procariotas y arqueas) han luchado por sobrevivir en nuestro interior. Por ejemplo, a lo largo de los últimos 120 millones de años, la *E. coli* ha evolucionado hasta convertirse en una bacteria de lo más astuta. Juega al escondite gracias a los flagelos, un sistema de propulsión a motor que le permite alejarse nadando, o secreta mucinas, una sustancia viscosa, a modo de calamar que soltara tinta. Comparte genes, evoluciona y muta constantemente, desesperada por sobrevivir y decidida a conseguirlo a pesar de todos los obstáculos a los que se enfrenta. Esta batalla tiene lugar en su interior en este mismo momento.

La mayoría de los animales entran en combate en pequeños números, y la mayoría no están especialmente interesados en matar o en morir por el privilegio de reproducirse. Sin embargo, los seres humanos y las bacterias son distintos a la mayoría de los animales. Nuestras guerras pueden implicar a millones de individuos en cada bando, y esas batallas pueden ser prolongadas, intensas y letales. *El arte de la guerra* en su versión para microbios deja a Sun Tzu como a un mero aficionado. Los microbios han desarrollado armas químicas, mecánicas y biológicas de destrucción masiva. Unas veces lanzan ataques preventivos y, otras, esperan a tener que defenderse. Pueden elegir luchar cara a cara o reprimir a sus «amienemigos» explotando o alterando el sistema inmunitario de su huésped. Por ejemplo, la bacteria *Pseudomonas aeruginosa* puede perforar las paredes de otras bacterias con «tailocinas» semejantes a fagos. Otras bacterias producen antibióticos, bacteriocinas y otras proteínas tan potentes como letales; o se comportan como asesinos silenciosos dignos de una película de James Bond y administran toxinas letales a sus objetivos durmientes usando agujas hipodérmicas moleculares. Algunos microbios pueden lanzar ataques químicos con ácido cianhídrico.[27] En circunstancias extremas, algunas bacterias se comportan como terroristas suicidas y se desgarran a sí mismas para liberar toxinas que matarán a su competencia.

Otras herramientas en el arsenal de las bacterias podrían tener beneficios para la supervivencia, porque les permiten mantenerse en ubicaciones ricas en nutrientes, como, por ejemplo, adhiriéndose a membranas o secretando polímeros pegajosos llamados «biopelículas» con los que asfixian a su competencia. Incluso libran guerras de información mediante un proceso llamado «percepción de cuórum». Se trata de un mecanismo de comunicación molecular entre bacterias que se activa cuando una población de bacterias alcanza una densidad concreta. Las sustancias de percepción de cuórum actúan de un modo semejante a hormonas bacterianas y permiten que las colonias controlen procesos como la formación de biopelícula o modifiquen su capacidad para perjudicar al huésped. Es un lenguaje molecular global que las bacterias usan para comunicarse directamente con su huésped. Por ejemplo, algunos agentes patógenos bacterianos usan esta red para percibir el nivel humano de la adrenalina, la hormona de lucha o huida, cuyo nivel aumenta como respuesta a una lesión.

En otras palabras, una hormona humana determina que algunas bacterias produzcan o no ciertas toxinas y, en última instancia, lo mucho o poco que nos perjudican. La adrenalina no solo nos estresa a los humanos.

El otro gran beneficio de todos estos combates mortales es que promueven la biodiversidad,[28] porque los ataques eficientes y efectivos mantienen a raya a las poblaciones rivales.[29] Sea cual sea la base evolutiva de este combate letal, la interacción de mutación, recombinación y selección positiva de microbios ha creado nichos personalizados y diversos en nuestros cuerpos a lo largo de un periodo de tiempo relativamente corto en términos evolutivos. Sin embargo, al igual que los cazadores de Célebes, los microbios también han de comer para sobrevivir.

El intestino y el cerebro inician una conversación bidireccional

Las pinturas rupestres de Leang Bulu' Sipong son extraordinarias porque nos dicen que cuando el ser humano llegó al Sudeste Asiático, ya tenía la capacidad de la representación simbólica y de la narración de historias. Estos murales mágicos también muestran a figuras míticas, dibujadas como seres humanos pequeños con cola y morro, lo que sugiere que los artistas tenían la capacidad de imaginar seres sobrenaturales. Ambas actividades exigen muchísima capacidad cerebral.

Se han presentado numerosas teorías evolutivas para explicar el rápido crecimiento del cerebro de los primates, cuyo tamaño se duplicó, o incluso triplicó en solo tres millones de años. Las funciones mecánicas, como caminar, las funciones sensoriales, como el olfato o la vista, y hablar exigen muchas neuronas y una masa cerebral importante. El tamaño de los grupos de primates, la frecuencia de las interacciones entre ellos y el tamaño del neocórtex frontal también están muy relacionados.[30] Sin embargo, ni estas observaciones ni tampoco las mutaciones genéticas espontáneas lo explican todo. Es muy probable que el rápido crecimiento de nuestra capacidad cognitiva se viera influido por una conversación bidireccional entre el intestino y el cerebro.

Para empezar, el rápido crecimiento del tamaño del cerebro necesitaba combustible: la actividad neuronal acelerada requiere mucha energía y el cerebro consume unos quince vatios del consumo total de energía de un cuerpo estándar, que es de setenta vatios.[31] El cerebro no habría podido evolucionar a ese ritmo sin el sustento del microbioma intestinal, que, además de la absorción de nutrientes, regula también el gasto de energía.

Los antepasados homínidos (grandes simios) de Leang Bulu' Sipong contaban con una dieta variada que no solo contribuía al crecimiento del cerebro, sino que también garantizaba la biodiversidad del intestino. Ahora sabemos que esa diversidad permite que el intestino produzca una amplia variedad de metabolitos, que constituyen la base de los mensajeros químicos a los que conocemos como «neurotransmisores» y que son esenciales para la función cerebral superior. En otras palabras, las relaciones profundamente mutualistas entre la dieta, las bacterias y el intestino moldearon y contribuyeron a las funciones del neocórtex que permitieron al ser humano evolucionar más allá de los grandes simios. Aún no se ha definido con precisión cómo cambian esas varianzas ni cómo funciona nuestro cerebro, pero, tal y como veremos en los capítulos siguientes, esto explica en parte la influencia del microbioma sobre nuestras emociones y es posible que explique incluso cómo desarrollamos el pensamiento.

La evolución futura del ser humano

Si la dieta fuera lo único importante para la evolución de los holobiontes, yo, mis microbios y el planeta Tierra no estaríamos en plena crisis de la mediana edad. Por supuesto, las estrategias de subsistencia han ejercido una gran influencia en la evolución de nuestros microbiomas,[32] pero aún quedan huecos por llenar en nuestra comprensión de las fuerzas ambientales más sutiles y cambiantes que han moldeado el microbioma humano. Los exposomas creados por el ser humano y surgidos con el nacimiento de cada nueva civilización humana han ejercido una fuerza cada vez más destructiva sobre nuestros ecosistemas, tanto externos como internos. El calentamiento no solo afecta al planeta. Nuestro interior también se está calentando.

Las formas de vida microbianas han sufrido el mayor asalto de todos durante los últimos setenta años y, como resultado, el holobionte humano se encuentra muy muy mal. Estas fuerzas son muy superiores a las que habría podido soportar el microbioma intestinal de Ötzi. Es posible que superara condiciones comparativamente mucho más duras, pero los humanos de la Edad del Cobre no se tuvieron que enfrentar a enfermedades autoinmunes ni a las enfermedades del progreso. Desde este punto de vista, la tan popular dieta paleo para la salud intestinal da risa. El intestino del holobionte neolítico habría estado tan indefenso ante el entorno urbano moderno que Ötzi no habría superado un solo día sin contraer una dosis letal de gripe y sería tan vulnerable a la epidemia de obesidad como el resto de nosotros. Aun así, de algún modo, la dieta paleo mueve unos 500 millones de dólares, mientras que la evolución del holobionte humano en el futuro se halla ante una encrucijada.

A lo largo de muchos millones de años, hemos coevolucionado en una relación profundamente dependiente con nuestros microbios, una relación que influye en el funcionamiento de todos nuestros órganos y en todos y cada uno de los aspectos de nuestra salud. Ahora, la coevolución se ha acelerado y no se detendrá, porque la colaboración entre el ser humano y los microbios está profundamente anclada en nuestro entorno. Es imperativo que entendamos cómo los cambios provocados por el hombre en el clima del planeta están afectando a los microbiomas terrestres, marinos y humanos, y qué significa en realidad para nuestra salud en el futuro un microbioma humano globalizado. No es una crisis de la mediana edad. Es una crisis del fin del mundo.

CAPÍTULO 3

Cómo nos matan los microbios

> ¡Qué pálido estoy! Creo que me gustaría morir de tisis [...] porque, entonces, las mujeres exclamarían: «Mirad al desdichado Byron... ¡Qué interesante parece al morir!».
>
> LORD BYRON

En 2011, un equipo de antropólogos encontró un yacimiento de 5.000 años de antigüedad en Hamin Mangha, en el noreste de China. Allí, excavaron los cimientos de veintinueve casas, la mayoría de ellas estructuras sencillas de una sola estancia que contenían un hogar y una entrada. En una de estas casas, que solo medía 19,5 m², los científicos hallaron los restos de noventa y siete cuerpos. Los fallecidos tenían entre diecinueve y treinta y cinco años, y la causa de la muerte no está clara.[1] El yacimiento había sido abandonado y dejado a los dioses, a los antropólogos o a quien fuera que llegara antes. En toda Europa se habían encontrado yacimientos de aproximadamente el mismo periodo e igual de macabros.

El estilo de vida de los cazadores-recolectores de la Edad de Piedra cambió de manera drástica cuando empezaron a cultivar el campo y a cuidar ganado. Hace unos 7.000 años, las «clases medias» neolíticas se trasladaron hacia el centro de Europa con su ganado domesticado y sus plantas y se volvieron relativamente sedentarias. Las familias necesitaban comida más rápida (que, al menos, ahora se podía cosechar de un modo predecible), ocio y objetos de deseo. Estos llegaron en forma de avances tecnológicos en alfarería, tracción animal, ruedas y el descubrimiento del metal. El comercio se convirtió en una necesidad, lo cual dio lugar a una innovación todavía mayor: el dinero. En su primera encarnación, adoptó la forma de sílex, que se podía sujetar con la mano o en la boca, como un billete de un dólar, que también cuenta con su propio microbioma.[2] Las abundantes comunidades de bacterias que habitan en el papel moneda se mantienen gracias al contacto con la piel humana y son una especie de registro de la conducta y de la salud humanas. La aparición del dinero y de medios de transporte abrió la posibilidad de tejer redes comerciales y, por primera vez en la historia, múltiples poblaciones humanas independientes se conectaron. A su vez, esto significó que poblaciones humanas geográficamente dispersas podían compartir microbios, tanto patógenos como simbióticos, a una escala y a una velocidad sin precedentes.

Los recursos limitados, la competencia, la riqueza y la convivencia dieron lugar a la política y a la violencia. El descubrimiento de una fosa común de 7.000 años de antigüedad en Schöneck-Kilianstädten, cerca de Frankfurt (Alemania), es una escalofriante prueba de ello. Se hallaron veintiséis cuerpos y, de ellos, trece eran niños y diez de ellos menores de seis años cuando murieron.[3] Sufrieron una muerte violenta, con indicios de heridas causadas con objetos contundentes y piernas fracturadas de forma sistemática, lo que sugiere los primeros casos conocidos de tortura y de mutilación de cadáveres. Desconocemos quién y por qué perpetró el crimen, solo sabemos que fue el comienzo de una práctica espantosa que se hizo cada vez más popular y que persiste aún hoy. La muerte sistemática significó que los depósitos de cadáveres se volvieron cada vez más sofisticados y que el necrobioma (el conjunto de microbios que descomponen los cadáveres) tenía más trabajo que hacer. Pero la violencia no basta para explicar el declive neolítico ni los eventos de Hamin Mangha.

A pesar de la reputación combativa de esta época, la vida en comunidad se convirtió en una realidad y el mercado de la propiedad «explotó». Por primera vez en la historia, la urbanización adquirió impulso y hacia 6100-5400 a. C. empezaron a parecer megayacimientos en lo que hoy son Moldavia, Rumanía y Ucrania. Los construyó el pueblo de la conocida como cultura de Cucuteni y podían acoger a entre 10.000 y 20.000 personas. Sin embargo, la gran escala trajo consigo el empeoramiento de las condiciones higiénicas y la inevitable propagación de agentes patógenos. La transición neolítica vino acompañada del auge de las enfermedades infecciosas, impulsadas por los importantes cambios en la ecología humana, la geografía, la demografía, las condiciones de vivienda, la higiene y la alimentación.

Se cree que ciertas enfermedades endémicas modernas como la tuberculosis se originaron por transmisión zoonótica del ganado hace unos 6.000 años, aunque quizás no fuera así. En realidad, las primeras infecciones por tuberculosis en humanos se dieron hace al menos 35.000 años, y es posible que hayamos coevolucionado con esta bacteria desde hace unos 2,6 millones de años. Esto fue mucho antes de que apareciera en los animales domésticos.[4] Su éxito en humanos podría haber tenido menos que ver con la domesticación del ganado y más con el aumento del tamaño y de la densidad de las poblaciones neolíticas.

Las comunidades de finales del Neolítico y comienzos de la Edad del Bronce también fueron el caldo de cultivo ideal para la *Yersinia pestis*, la bacteria que causa la peste negra. Nuestro primer registro de la gran némesis del hombre primitivo se halla en los huesos de agricultores neolíticos en lo que hoy es Suecia. Un análisis reciente de esta bacteria letal demostró que múltiples linajes de la *Y. pestis* mutaron y se propagaron por toda Eurasia durante el declive neolítico. Es muy probable que viajaran a lo largo de las primeras redes comerciales, y es posible que un agente patógeno similar acabara con las familias de Hamin Mangha. Los seres humanos del Neolítico llegaron muy lejos gracias a su ingenio, pero no tuvieron en cuenta a las bacterias. En vez de un crecimiento continuado, sus innovaciones sociales provocaron una disminución tan repentina como inesperada de la población.

Algunos agentes patógenos han influido también en la evolución de nuestro riesgo de padecer enfermedades crónicas. El ejemplo más interesante podría ser la enfermedad de células falciformes (ECF), un grupo de trastornos de la sangre consecuencia de mutaciones en las proteínas que componen la hemoglobina y que dan lugar a células sanguíneas falciformes, que provocan anemia y obstrucciones dolorosísimas de los vasos sanguíneos. Se estima que la enfermedad de células falciformes se originó hace más de 7.000 años y que era endémica de regiones tropicales de todo el globo y de África.[5] La «hipótesis de la malaria» plantea que esta enfermedad se desarrolló porque proporcionaba una ventaja de supervivencia contra la malaria. Esto sucede porque las personas que solo heredan una copia del gen de la hemoglobina mutante de uno de sus progenitores y que no desarrollan síntomas de enfermedad de células falciformes (lo que se conoce como «rasgo falciforme») son resistentes a los parásitos *Plasmodium falciparum*, *P. vivax*, *P. ovale* y *P. malariae*, los parásitos patógenos que transmiten los mosquitos con su picadura.

A finales de la Edad Media, multitud de brotes de enfermedades infecciosas asolaron repetidamente asentamientos europeos de todos los tamaños. Algunas de ellas, como la peste negra en el siglo XIV, alcanzaron proporciones pandémicas. En esta ocasión, la *Y. pestis* mató a cuarenta millones de personas de una población total de noventa millones en Europa. La COVID-19 ha sido una tragedia indescriptible, pero la peste negra mató al 45 por ciento de la población europea. Y el *Variola virus*, responsable de la viruela, ha matado a 300 millones de personas. Se cree que apareció hace unos 1.700 años, durante el turbulento periodo de la caída del Imperio romano, cuando la migración de personas en toda Eurasia alcanzó proporciones sin precedentes.

Los seres humanos siempre han portado agentes patógenos. El éxito de todas las civilizaciones (desde la azteca o las distintas dinastías chinas, pasando por la inca, la griega y la maya hasta la mongola, la persa o la romana) se ha visto afectado por microbios patógenos que proliferaban y desaparecían en línea con la influencia geográfica y social de cada cultura. Los siglos XIX y XX no fueron distintos. Sin embargo, en el siglo XXI, agentes patógenos como el SARS-CoV-2 pueden arrasar la sociedad conectada y global con una rapidez inaudita.

Crímenes reales

En 2021, murieron aproximadamente 69 millones de personas en todo el mundo, en comparación con los 57,94 millones de 2019. La pandemia por COVID-19 explica gran parte de ese aumento, aunque en cualquier año dado, y a excepción de una crisis sanitaria de este calibre, aproximadamente un tercio de todas las muertes son consecuencia de enfermedades infecciosas transmitidas entre humanos. De los millones de especies de formas de vida microscópicas que existen en este planeta, solo unas 1.400 se han confirmado como patógenas y, de estas, 500 se pueden transmitir entre humanos. Solo 400 causan daños graves al ser humano (las asesinas más efectivas son la tuberculosis, el VIH, la malaria, el sarampión y la gripe), y menos de 150 tienen capacidad para provocar enfermedades epidémicas o endémicas.[6] El riesgo de contraer estas enfermedades varía mucho en función de si se reside en el mundo desarrollado o en vías de desarrollo, y, gracias a la medicina moderna y el uso generalizado de las vacunas, ahora es más probable que estos agentes patógenos nos lisien o nos atormenten que que nos maten.

Por el contrario, en el siglo XIX, la probabilidad estadística de morir por culpa de un microbio era mucho mayor. Las tres primeras causas de muerte eran la neumonía, la tuberculosis y las infecciones gastrointestinales. La neumonía mata mediante una combinación de asfixia y sepsis. El dolor en el pecho y la falta de aire se deben a la inflamación y la rigidez de los pulmones, antes de que el pus se acumule en los tejidos pulmonares e impida que el oxígeno pase a la sangre y provoque la asfixia. La sepsis es un proceso complejo y letal que consiste en que las bacterias escapan de un espacio confinado en el cuerpo, como el pulmón, y pasan al torrente sanguíneo. A medida que se replican, los microbios asaltan y superan al sistema inmunitario, al que acaban desconectando de sus mecanismos de control y retroalimentación. Con el interruptor de seguridad apagado, las defensas se descontrolan y el organismo se empieza a atacar a sí mismo. La sangre deja de coagular y los órganos comienzan a fallar, uno tras otro. Es la temida y habitual trayectoria que siguen muchos tipos de microbios patógenos. Incluso la microbiota que suele habitar nuestro cuerpo, como el *Staphylococcus aureus*, nos puede hacer esto. En la actualidad, la sepsis mata a una de cada cinco personas y afecta de manera desproporcionada a poblaciones vulnerables, como recién nacidos, mujeres embarazadas y personas que viven en situación de pobreza.

A pesar de que la neumonía era una asesina violenta y prolífica, las estrategias de salud pública para combatirla tardaron mucho en materializarse en el siglo XX, y es que se desconocía qué la causaba. Sucedía algo muy parecido con el *Mycobacterium tuberculosis*, que también llena los pulmones de pus, aunque mata mediante un proceso más lento de abscesos, úlceras, hemorragias, pérdida de peso y agotamiento. De ahí el nombre de «consunción», o «tisis», con el que se conocía a la tuberculosis durante los siglos XVIII y XIX. En el siglo XIX, estalló una epidemia de tuberculosis en Europa: en Inglaterra y Gales se registraron más de cuatro millones de muertes por la enfermedad entre 1851 y 1910.[7] Como más de un tercio de los fallecidos tenían edades comprendidas entre los quince y los treinta y cuatro años, la tuberculosis se ganó el apodo de «la ladrona de la juventud». También se la conocía como «la muerte blanca», en alusión a la palidez anémica de sus víctimas, así como, mi nombre preferido, «el mal del rey», porque se creía que el contacto del rey podía curarla. No es que las cosas hayan cambiado mucho desde entonces. Durante la pandemia por COVID-19, muchas personas buscaron el toque digital de la realeza moderna, los *influencers* y las celebridades de las redes sociales. Si el presentador de pódcast y artista marcial estadounidense Joe Rogan dice que no se piensa vacunar de COVID-19, millones de súbditos siguen al rey.

Las enfermedades gastrointestinales completan la letal tríada decimonónica. El cólera se convirtió en un asesino global, con frecuentes brotes de escala epidémica en ciudades europeas. En 1854, un brote de cólera en el Soho (Londres) mató a quinientas personas. El doctor John Snow, considerado el padre de la epidemiología moderna, llevó a cabo minuciosas observaciones que le permitieron identificar el agua contaminada de una fuente en Broad Street como el origen de la enfermedad. ¿La cura? Quitar la manivela, sin más. (Si viaja a Londres, todavía se puede visitar el lugar). En 2020, las enfermedades que causan diarrea aún constituían la octava causa de muerte más común, con el norovirus como el mayor asesino de todos, sobre todo entre los niños y entre las poblaciones asiáticas y subsaharianas.[8] Las enfermedades gastrointestinales son tan prevenibles hoy como lo fueron para John Snow, pero parece que no acabamos de encontrar la manivela de la fuente. Los políticos del siglo XIX acometieron con una lentitud imperdonable las crisis sanitarias a que se enfrentaban, y no es que las cosas sean muy distintas en la actualidad.

El renacimiento de la microbiología

A pesar de la importancia que los microbios patógenos tienen para nuestra supervivencia, hasta el siglo XIX apenas entendimos nada acerca de los perpetradores de estos crímenes. Entre el miasma, el miedo y la suciedad de la Revolución Industrial, algunas de las mejores mentes médicas y científicas se propusieron resolver el problema de las enfermedades infecciosas. Hoy nadie cuestiona la existencia de los agentes patógenos, de microbios que pueden causar enfermedades. A principios del siglo XIX, la idea de que una forma de vida microscópica pudiera ser la responsable de un sufrimiento humano de tal magnitud resultaba inconcebible. Sin embargo, sí que hubo cierta especulación acerca de la posibilidad de que el cólera y la peste negra se transmitieran mediante bichos microscópicos, y la teoría de la «generación espontánea», que sugería que podían surgir criaturas vivas de la materia inerte por intervención divina, adquirió mucha popularidad. Para muchos creyentes y grupos religiosos, cuestionar esta teoría equivalía a la herejía.

Louis Pasteur, quizás el mayor microbiólogo de todos los tiempos, tuvo, como tantos otros genios, unos comienzos muy anodinos. Le costaba bastante la química, un campo en el que luego alcanzaría la excelencia, y no logró entrar en la elitista École normale supérieure de París la primera vez que lo solicitó. Abordó el tema de la teoría de los gérmenes muy pronto en su carrera, pero fue ignorado durante los primeros veinte años de su trayectoria profesional. A pesar de ello, y como todos los grandes, poseía dos cualidades clave: persistencia y una mente abierta.

Pasteur entendió que si conseguía describir la función de las formas de vida microscópicas, ya fueran levaduras fermentadoras o gusanos de seda antifúngicos, podría salvar no solo industrias importantes, sino vidas. Refutó la teoría de la generación espontánea mediante una serie de experimentos técnicamente brillantes con los que probó que el «principio vital» existía en el aire y que este era el responsable de la aparición «espontánea» de vida microbiana en cultivos estériles (se colaban a bordo de las partículas de polvo que se movían por el aire del laboratorio). Con su trabajo, demostró que la vida nueva solo puede surgir de vida preexistente y, con esto, asestó un golpe letal al dogma antiguo.

Su descubrimiento desencadenó un alud de avances que empezaron a definir cómo las formas de vida microscópicas causan la enfermedad. La era moderna de la medicina preventiva acababa de comenzar y, con ella, llegó el verdadero nacimiento de la vacunación.

Los cuatro postulados del apocalipsis

Gracias a los avances de la microbiología durante los siglos XIX y XX, ahora vivimos en un mundo en el que, a excepción de los años de la pandemia, las enfermedades infecciosas ya no son la principal causa de muerte en adultos. Las muertes por enfermedades no infecciosas se llevan a cuarenta y un millones de personas cada año y equivalen a más del 70 por ciento de las muertes en todo el mundo. Proporcionalmente, en Estados Unidos mueren ahora tantas personas de cardiopatía isquémica como morían de neumonía en la primera década del siglo XX,[9] y esta cardiopatía es la causa de muerte del 16 por ciento de la población mundial. Globalmente, la segunda causa de muerte es el ictus (11 por ciento de las muertes en todo el mundo), seguido de la enfermedad pulmonar obstructiva crónica (6 por ciento).[10] Además de matar, estas enfermedades causan una incapacidad y unos perjuicios económicos devastadores a quienes las padecen. Ahora también soportamos una nueva carga de enfermedades de salud mental y del sistema inmunitario, así como enfermedades crónicas asociadas al envejecimiento, como la demencia, que hace unos 150 años apenas tenían relevancia, ya que la esperanza de vida era mucho más corta.

Hasta hace poco, los microbios habían evadido la culpa de la profesión médica como los causantes de enfermedades no infecciosas, porque la propia definición de un microbio patógeno hacía imposible establecer la relación. Los motivos para ello se remontan a 1882, cuando el gran científico barbudo Robert Koch publicó lo que se convertiría en el artículo definitivo sobre su descubrimiento de la bacteria responsable del «mal del rey», el *Mycobacterium tuberculosis*.

El artículo, que convirtió instantáneamente a Koch en héroe internacional, en celebridad y, al final, en premio Nobel, formuló la estructura que sigue informando nuestra manera de entender cómo los microbios causan la enfermedad. (En realidad, muchos otros científicos importantes describieron estructuras similares, pero el nombre de Robert Koch se impuso). Sus cuatro postulados afirman que, para establecer una relación causal entre un agente patógeno y una enfermedad, se ha de cumplir lo siguiente:

1. El mismo organismo ha de estar presente en todos los casos de la enfermedad.
2. El organismo se ha de extraer del huésped enfermo para dejarlo crecer en un cultivo puro.
3. El microorganismo aislado ha de causar la enfermedad cuando se inocula en un organismo sano y vulnerable.
4. Se ha de volver a extraer y aislar el mismo patógeno del organismo inoculado y enfermo.

Koch sabía que no se trataba de normas inflexibles y que las excepciones eran inevitables. Y, ciertamente, nunca tuvo la intención de que sus postulados se usaran para explicar la enfermedad crónica. Sin embargo, durante muchos años, los científicos del microbioma se vieron sometidos al estándar de sus postulados. Como resultado, demostrar el papel que desempeñaba el microbioma en la causa de las enfermedades crónicas era difícil en el mejor de los casos y conceptualmente imposible en el peor.

La maravillosa medicina de Barry

A principios de la década de 1980, dos investigadores australianos, Barry Marshall y Robin Warren, fueron los primeros científicos en describir una nueva bacteria curvilínea, el *Helicobacter pylori*, en el estómago de pacientes con úlceras gástricas.[11] Afirmaron que las úlceras gástricas no eran consecuencia de la acidez del estómago, como dictaba el dogma médico, sino de la actividad de un microbio. Fue un descubrimiento trascendental que sacudió los cimientos de lo que se creía que se sabía acerca de las enfermedades crónicas.

Como nadie los creyó, en 1985 Barry decidió tomar medidas drásticas y persuadió a sus colegas para que le practicaran una gastroscopia (la introducción de una cámara flexible por la boca hasta el estómago) y extrajeran muestras de su estómago para biopsiarlas y demostrar que no tenía la bacteria. A continuación, ingirió un cultivo vivo de *H. pylori* para demostrar que causaba una enfermedad gástrica aguda. Tenía razón, porque el *H. pylori* causa más del 90 por ciento de las úlceras duodenales y hasta el 80 por ciento de las úlceras gástricas; además, se asocia a un incremento del riesgo de desarrollar cáncer gástrico. En la actualidad, casi todas las úlceras de estómago se tratan con antibióticos y antiácidos, en lugar de con intervenciones quirúrgicas. Sin embargo, todo ello no ha estado exento de controversia y hay quien, hoy en día, se empieza a preguntar si es posible que la estigmatización del *H. pylori* como bacteria patógena sea injusta, porque también desempeña funciones beneficiosas para la salud gastrointestinal.

Hay microbios decididos a perjudicarnos y que no dejan margen a la negociación. Por ejemplo, el virus del ébola hará todo lo que esté en su mano para matarnos y para que se trate de una muerte sangrienta y desagradable. Por el contrario, otros microbios pueden ser «amistosos» hasta que se los somete a situaciones de estrés extremo que los obligan a actuar en defensa propia. Otros trabajan en equipo a lo largo de redes extensas y ejercen su efecto patológico en órganos distantes, como el cerebro, usando sustancias químicas específicas que muchas especies de bacterias pueden producir. Para terminar, en algunos casos, lo que nos perjudica es la ausencia de una bacteria esencial, como las bacterias del género *Subdoligranulum*, aunque, si no se sabe lo que se busca, demostrarlo puede ser increíblemente difícil.

La moderna ciencia del microbioma ha desarrollado un léxico nuevo para hablar de cómo la interacción entre las bacterias, los microbios y los seres humanos promueve la salud o causa la enfermedad. Un simbionte es un organismo que vive en estrecha relación con otro, y esta relación suele ser pacífica (aunque no siempre). Las relaciones mutualistas benefician tanto al microbio como al huésped. Por ejemplo, los microbios del intestino humano comparten energía y recursos críticos mediante el proceso conocido como «alimentación cruzada». En el comensalismo, una de las partes se beneficia y la otra no. Es como estar en una relación en la que solo una de las partes está satisfecha; si una persona está más insatisfecha que la otra, la relación no será armoniosa. Los simbiontes parasitarios obtienen un beneficio a costa de perjudicar a su huésped. Y no hay mejor ejemplo de ello que el virus del papiloma humano. Sin embargo, los simbiontes amensalistas son los más egoístas de todos: nos perjudican, pero no obtienen beneficio alguno de la relación. Son sádicos y destructivos sin motivo aparente.

No siempre es fácil determinar si un organismo es mutualista, comensal, parasitario o amensalista. El *H. pylori* es un simbionte comensal con el que hemos coevolucionado para mantener la salud de la parte anterior del tubo digestivo (incluso Ötzi tenía esta bacteria en el tracto gastrointestinal) y, como existe en una red mutualista compleja, los intentos de erradicarlo con antibióticos han tenido consecuencias inesperadas; por ejemplo, el aumento de nuevas enfermedades crónicas asociadas al uso innecesario de antibióticos, como el asma, las alergias[12] e incluso la celiaquía.[13] Es más, este efecto podría ser transgeneracional, ya que la presencia del *H. pylori* en las madres protege del asma a sus hijos.[14] En mi opinión, el *H. pylori* dista mucho de ser un agente patógeno despiadado, por lo que no deberíamos erradicarlo sin antes entender la totalidad de su función para la salud o las consecuencias del uso de antibióticos para su tratamiento.

Lo que sí sabemos con certeza es que el descubrimiento del *H. pylori* consiguió que científicos de todo el mundo se empezaran a preguntar si los microbios también podrían ser responsables de enfermedades crónicas como el cáncer o la demencia. Se acababa de abrir un nuevo capítulo en la investigación del microbioma.

Los postulados del microbioma

La doctrina microbiológica decimonónica ya no satisface las necesidades del siglo XXI. Necesitamos un estándar nuevo que defina la importancia de los microbios para la salud y para las enfermedades no contagiosas, un estándar que vaya más allá de los postulados de Koch. También necesitamos una estructura que nos ayude a entender los mecanismos por los que el microbioma podría cambiar el efecto de un medicamento, una conducta o una experiencia. A continuación, presento mi humilde contribución a los postulados del microbioma, para que reflexione sobre ellos:

1. *El mismo microbio o red de microbiota y sus funciones moleculares (¡un microbioma!) han de estar presentes en un individuo o en un nicho anatómico antes del comienzo de la enfermedad para poder establecer una relación causal con ese estado predefinido de salud o de enfermedad.*

Por obvio que resulte, el microbioma es único para cada individuo, ubicación anatómica u órgano y, de hecho, cambia a medida que la enfermedad progresa. La importancia de este postulado se puede ilustrar mediante el ejemplo del cáncer de colon. El cáncer de colon contiene lo que se conoce como organismos «pasajeros» (o acompañantes) que existen en el interior o sobre el tumor y que se pueden detectar en el momento del diagnóstico. Esto no significa necesariamente que sean la causa del cáncer, que puede haber aparecido muchos años antes del diagnóstico y de la biopsia. Por lo tanto, además de organismos «pasajeros» hay organismos «impulsores», cuyo origen puede haber estado en un ecosistema muy distinto, bajo condiciones ambientales muy diferentes, cuando el colon aún parecía sano a simple vista. Un ejemplo de organismo pasajero es el *Fusobacterium nucleatum*, una bacteria que se suele encontrar en la boca, pero que ahora se ha hallado en el cáncer de estómago, colorrectal, pancreático, de hígado e incluso de mama.[15] Por el contrario, el virus del papiloma humano (VPH), que se transmite por vía sexual, es un claro impulsor del cáncer de cérvix y mantiene una relación dinámica con los microbios pasajeros con los que convive en la vagina. La pregunta clave aquí es: ¿cuánto debemos retroceder en el tiempo antes del comienzo de la enfermedad para identificar al culpable o culpables? Responder no es fácil, porque es posible que tengamos que retroceder hasta una generación entera. Por ejemplo, hay evidencias de que la obesidad materna durante el embarazo aumenta el riesgo de cáncer de colon en el hijo. Por lo tanto, necesitamos un segundo postulado.

2. *Para demostrar relación causal o respuesta al tratamiento, hay que poder medir el microbioma y sus funciones en múltiples puntos temporales en el mismo individuo o grupo de individuos.*

Este postulado reconoce que una enfermedad crónica, así como su tratamiento, puede alterar, y alterará, el microbioma. A medida que el tumor canceroso evoluciona y muta, el estado fisiológico del tejido cambia a su vez, de modo que el microbioma acompañante del cáncer hace lo mismo. El nivel de oxigenación y de riego sanguíneo del tejido también variará a medida que el tumor crezca, lo cual crea un nicho para los microbios que prefieren medios menos oxigenados. Hay microbios que podrían tener una ventaja de supervivencia si viven en el interior del cáncer y, a su vez, esta simbiosis oncológica ayuda al cáncer a satisfacer las elevadas necesidades de energía de las células cancerosas inmortales. Las enfermedades como el cáncer no cuentan con una comunidad microbiana estática, sino con un ecosistema dinámico y muy individualizado, y es importante tener esto en cuenta a la hora de tratarlo con un fármaco. Para complicar aún más las cosas, el cáncer está rodeado de una zona conocida como «microambiente tumoral», que alberga células del sistema inmune y otras células de mantenimiento importantes que influyen y promueven el crecimiento del cáncer. El microbioma también regula el crecimiento del cáncer interactuando con las células inmunitarias del microambiente tumoral y es posible que esos microbios sean más representativos de organismos impulsores.

Dada la gran variabilidad molecular tanto en los tipos de cáncer existentes como en el microbioma, este postulado permite que un individuo sea su propio sujeto de control y que los estudios del microbioma tengan en cuenta las fluctuaciones en las cantidades microbianas causadas por multitud de variables confusas, como la alimentación, el estilo de vida, los viajes o enfermedades no relacionadas.

3. *Los experimentos de laboratorio (análisis* in vitro*) sobre el microbioma han de replicar todo el microbioma y sus funciones a lo largo de periodos de tiempo representativos, para demostrar la relación causal.*

Los modelos animales de la enfermedad humana son ética y moralmente dudosos y, además, tampoco son demasiado útiles para el análisis del microbioma humano, porque reconstruir de forma estable la estructura y la función de un microbioma de una especie en otra es sumamente difícil. Es imposible que un animal de laboratorio experimente de verdad un entorno humano; podemos llevar a un conejo a un KFC, pero ni se comerá el cubo de alitas de pollo, ni engullirá un litro de Coca-Cola ni se fumará un cigarrillo. Por lo tanto, son poquísimos los experimentos animales sobre el microbioma que se han traducido con éxito al ser humano. En la medida de lo posible, los estudios del microbioma de la enfermedad humana se deberían llevar a cabo en humanos. Y es difícil, porque no nos gusta que nos pinchen y nos escudriñen en aras de la ciencia. Es más, el simple acto de acceder al intestino (con una colonoscopia, por ejemplo) cambia las condiciones de este, ya sea por la introducción de oxígeno tóxico o por la retirada de heces, que alteran el microbioma. Es posible que este problema se resuelva en el futuro próximo con el desarrollo de modelos sintéticos que permitan cultivar células madre humanas en un «órgano en un chip»; este cultivo contendría todas las funciones anatómicas y fisiológicas necesarias para mantener un microbioma. Los bioinformáticos también están desarrollando modelos computacionales que nos brindarán muchísima más información acerca del funcionamiento y las interacciones del microbioma.

4. *Si alguna afirmación confusa acerca de la investigación sobre el microbioma existe exclusivamente en las redes sociales o en boca de un* «influencer *de la salud», lo más aconsejable es hacer caso omiso. No nos dejemos engañar por personas que ofrecen respuestas rápidas o curas fáciles.*

El microbioma es un sistema complejo. La tarea del científico consiste en modelar y gestionar la incertidumbre de estos sistemas y generar observaciones replicables para hipótesis bien definidas que no responden todas las preguntas posibles, sino solo las que el diseño del experimento quiera responder. Hemos emprendido un viaje que requiere paciencia y una mente tan abierta como la de Pasteur. Sin embargo, el mundo digital exige respuestas inmediatas y certeza. Si no lo consigue, llena los espacios del razonamiento científico con las últimas teorías de la conspiración de moda. El microbioma nos ofrecerá tratamientos nuevos e importantes que trasformarán la salud humana, pero le hemos de dar tiempo.

El declive del Antropoceno

Durante los últimos doscientos años, los avances de la primera microbiología han hecho sombra a la importancia del microbioma. Vivimos más porque hemos tenido que lidiar con relativamente menos agentes patógenos, pero no vivimos mejor, porque los microbios que conservamos no nos mantienen sanos. No podemos recurrir a una doctrina microbiológica desfasada para explicar las pandemias modernas, ya se trate de agentes patógenos o de enfermedades crónicas.

En 1882, Koch no tenía modo de conocer la existencia del microbioma del pulmón, del intestino o de la piel, y le era imposible saber que la interacción entre bacterias, virus, fagos, hongos, protozoos y helmintos en un órgano define, en parte, la respuesta inmunitaria a una infección aguda o crónica con un patógeno en otro. Por ejemplo, hoy en día, las funciones metabólicas de las bacterias intestinales se consideran una causa significativa de la aterosclerosis, el proceso de formación de placas en las paredes arteriales que causa ictus e infartos de miocardio.[16, 17, 18] No debemos subestimar la magnitud de la superautopista química que se origina en el intestino; el microbioma intestinal produce cientos de miles de tipos distintos de metabolitos y de proteínas que modifican el riesgo de desarrollar enfermedades concretas. En un estudio de gemelos en el Reino Unido se descubrió que el microbioma intervenía en la producción de más del 70 por ciento de los metabolitos fecales y del 15 por ciento de los metabolitos de la sangre.[19] La producción de estas pequeñas moléculas por parte de redes de bacterias determina el riesgo de enfermedad en órganos distantes.

Las relaciones entre el ser humano y el microbioma son dinámicas, y el segundo influye sobre nuestra salud a través de una red de microorganismos y de interacciones entre los genes y el entorno que se suceden a lo largo de toda la vida, algunas de las cuales no existían en el siglo XIX. En los años que han pasado desde entonces, por fin hemos empezado a cambiar cómo entendemos qué constituye un agente patógeno y qué no.

Hay similitudes sorprendentes entre el declive del Neolítico y la época geológica no oficial en la que vivimos ahora, que se conoce como «Antropoceno». Ahora actúan sobre nosotros las mismas fuerzas sociopolíticas, económicas y biológicas que hicieron que la sociedad en su conjunto fuera menos resistente a los agentes patógenos hace 10.000 años, solo que a una escala inimaginable en el pasado. Somos aún más sedentarios, anhelamos riquezas, vivimos en ciudades gigantescas y estamos más conectados de lo que jamás podríamos haber soñado. La probabilidad de mantener la diversidad de nuestra ecología interna se ha desplomado y nos hemos obsesionado con la higiene y el aislamiento. Sin embargo, esta vez nos enfrentamos a un peligro mucho mayor: el Antropoceno debe su nombre a que reconoce el impacto que el ser humano ha ejercido y ejerce sobre el clima y los ecosistemas del planeta. Los ecosistemas microbianos globales se están hundiendo a nuestro alrededor tanto como en nuestro interior.

En la actualidad, el mayor riesgo para los urbanitas de la mayoría de los países desarrollados no procede de los agentes patógenos, sino de simbiontes ausentes o desorientados y de amensalistas que están desatando pandemias de enfermedades crónicas, como las enfermedades autoinmunes, la obesidad, las alergias, el asma y los trastornos de salud mental. La mayoría de nosotros ya no morimos jóvenes, ahogándonos en nuestro propio pus, sino en hospitales, una vez que la mente nos ha fallado y los carísimos fármacos han dejado de funcionar. Las bacterias no son menos responsables de nuestra salud, felicidad y muerte que hace 5.000 años. Lo que ha cambiado es nuestra percepción de su importancia.

La teoría de los gérmenes no nos salvará, pero es posible que la teoría del microbioma sí pueda hacerlo.

CAPÍTULO 4

Inflamación

En la madrugada del 13 de agosto de 1961, la República Democrática Alemana empezó a acordonar el sector oriental de la ciudad de Berlín: un muro de hormigón cubierto de alambre de espino y de 43,1 km de longitud hizo su aparición casi de la noche a la mañana. El propósito del muro era impedir que los ciudadanos de Alemania Oriental huyeran de un estado totalitario. La vida allí era tan insoportable que, entre 1961 y 1989, más de 5.000 personas lograron escapar por encima o por debajo del muro y 150 fueron asesinadas mientras lo intentaban. Casi el 40 por ciento de la población de Alemania Oriental trabajaba en la industria y en fábricas. Tenían un acceso muy limitado a fruta y verdura fresca y muchas familias dependían de braseros con combustibles fósiles. Entre los ciudadanos de la RDA y sus conciudadanos occidentales también había importantes diferencias sociales. La anticoncepción se normalizó, las mujeres trabajaban, donaban leche materna a bancos de leche y las familias con un solo hijo eran muy frecuentes. Algunos alemanes orientales bebían Vita Cola y veían películas del Oeste, mientras que los alemanes occidentales tenían acceso a los últimos éxitos hollywoodienses, Coca-Cola y comida rápida, además de poder viajar a donde quisieran. Hicieran lo que hicieran los berlineses orientales, siempre había alguien observando.

El muro desapareció con la misma rapidez con que había aparecido. En la noche del 9 de noviembre de 1989, y en respuesta a manifestaciones multitudinarias, Günter Schabowski, un funcionario del Partido Socialista Unificado de Alemania en el Berlín Oriental, anunció lo que se suponía iban a ser reformas limitadas sobre los desplazamientos a periodistas anonadados. Sin embargo, durante la conferencia de prensa se confundió y sus órdenes se malinterpretaron como el permiso para abrir las fronteras. Los guardas del muro se vieron superados por la entusiasmada multitud. La reunificación alemana se completó antes de que pasara un año de la caída del muro.

La reunificación fue de gran interés para los epidemiólogos: la polinización cultural cruzada y controlada ofrecía una oportunidad única para estudiar el impacto de los factores ambientales como causa de las enfermedades occidentales. Los berlineses orientales sufrían enfermedades asociadas a la privación y la desnutrición; tras la unificación, la esperanza de vida mejoró rápidamente (en cuatro años para las mujeres y en 5,7 años para los hombres).[1] Sin embargo, los berlineses orientales también presentaban índices muy inferiores de enfermedades mediadas por el sistema inmunitario, como la rinitis alérgica estacional o las alergias al polen. Solo dos décadas después de la reunificación, los berlineses orientales seguían sufriendo índices relativamente elevados de pobreza, pero habían adquirido el mismo riesgo para desarrollar estas alergias que los berlineses occidentales.[2] Estas observaciones fueron muy importantes y reflejan lo que está sucediendo ahora en todo el planeta: una explosión de rinitis alérgica y de enfermedades del sistema inmunitario como resultado de la implacable globalización de la cultura occidental.

Ahora, la alergia es la enfermedad crónica más común en Europa, y el crecimiento de su prevalencia es sorprendente. Se estima que, en 2025, la mitad de toda la población de la Unión Europea se verá afectada; la cantidad de personas ingresadas por reacciones alérgicas severas en 2015 en Europa se multiplicó por siete respecto a 2005. Unos 300 millones de personas padecen asma y, cada año, 250.000 morirán prematuramente debido a esa enfermedad.[3] Los casos de alergia a alimentos también han ascendido hasta en un 50 por ciento durante la última década y las hospitalizaciones por anafilaxis han aumentado en un 700 por ciento.[4] Este aumento tan espectacular tiene consecuencias importantes para las personas jóvenes y las mejoras en el proceso diagnóstico no bastan para explicar el cambio. Necesitamos con urgencia una explicación para el rápido ascenso de la constelación de enfermedades crónicas que afecta a los jóvenes de manera desproporcionada.

Juegos de guerra

De niño, una de mis películas preferidas era *Juegos de guerra*. Se estrenó en 1983 y estaba protagonizada por el eternamente adolescente Matthew Broderick, que encarnaba a un alumno de instituto y *hacker* que entraba sin querer en un superordenador militar de inteligencia artificial (IA) llamado WOPR (siglas en inglés de «Plan de Respuesta de Operaciones Militares»). Él y su novia, interpretada por Ally Sheedy, descubren una lista de lo que parecen ser videojuegos. Como habría hecho cualquier otro adolescente, Broderick decide jugar a un juego titulado «Guerra Termonuclear Global» y simular un ataque ruso contra América del Norte, comenzando por Las Vegas. Los gráficos de ordenador de la década de 1980 parecían sofisticadísimos entonces, y solo en Hollywood resultaba realista una IA en aquella época. Lo que Broderick y Sheedy desconocen es que ese videojuego es, en realidad, un programa ultrasecreto del gobierno estadounidense que interpreta su juego como un ataque nuclear real. Broderick es arrestado y, aunque logra convencer al ejército de que no se trata de un ataque ruso real, el WOPR, compuesto por luces LED rojas y blancas intermitentes y muy convincentes, no lo cree. Con una monótona voz humanoide, anuncia que arrebata el control a los ingenuos humanos y se prepara para lanzar un contraataque real contra Rusia. Múltiples monitores de gran tamaño en el búnker militar predicen el fin del mundo. Un Broderick aterrado escapa y recorre Estados Unidos en busca del científico loco que creó al WOPR, que ahora vive como un recluso amargado y cínico. Consigue llevarlo a la sala de guerra del búnker militar y el científico salva al mundo retando al WOPR a un juego de tres en raya con el que enseña al inteligente ordenador el concepto de escenarios sin salida. El WOPR acaba concluyendo que Guerra Termonuclear Global es «un juego extraño» y que la única forma de ganar es no jugar. La guerra se evita y todos los implicados coinciden en que la IA es muy peligrosa y la guerra nuclear, muy mala. Ahora solo faltaría que *Juegos de guerra* fuera una película de visionado obligado para todos los dictadores con deditos inquietos y un botón nuclear.

La película es una buena analogía de las enfermedades autoinmunes, en las que el sistema inmunitario es el superordenador WOPR.

La función original de este sistema, de gran complejidad y semiautónomo, era defender al organismo de agentes patógenos, pero ahora ha sido hackeado y, sin pretenderlo, ha emprendido un camino de destrucción mutua asegurada. Los microbios patógenos y los simbiontes son dos superpotencias globales armadas hasta los dientes que no dejan de apuntarse mutuamente, mientras que usted y yo somos versiones más agraciadas de Matthew Broderick y Ally Sheedy: no entendemos lo que sucede, pero intentamos desesperadamente detener una guerra termonuclear de enfermedades crónicas que quizás hayamos desencadenado sin querer.

En su forma más básica, el sistema inmunitario consta de dos redes paralelas, inteligentes e intrincadas: el sistema innato está diseñado para atacar a cualquier intruso desconocido, mientras que el sistema adaptativo (que ha evolucionado a lo largo de millones de años con la ayuda de los virus) sabe distinguir entre amigos y enemigos. El centro de mando de estas agencias combinadas de defensa inmunitaria está en el intestino, que alberga la mayor cantidad de células inmunitarias, nodos linfáticos y tejidos linfoides de todo el cuerpo, además del microbioma más grande.

Las células enfermas o moribundas liberan proteínas y moléculas que activan de forma independiente el sistema inmunitario innato, para poner en marcha el proceso de curación. El sistema inmunitario innato es inteligente, porque puede distinguir estas moléculas de los lipopolisacáridos, azúcares, proteínas y metabolitos que se originan en los microbios. Las células del sistema inmunitario innato revisten el intestino y detectan estas moléculas mediante receptores reconocedores de patrones. Una vez activados, estos receptores encienden el inflamasoma, un interruptor maestro en el interior de las células inmunitarias que inicia la respuesta inflamatoria celular. Esto a su vez libera un torrente de moléculas solubles que inundan el cuerpo, dan la señal de alarma y llaman a la batalla a otras células inmunitarias. Mientras el sistema inmunitario hace su trabajo aniquilando al enemigo y reparando el daño que haya podido causar, nos encontramos mal y tenemos fiebre.

A diferencia del sistema inmunitario innato, que es un reflejo defensivo, el sistema inmunitario adaptativo es una unidad de ataques de precisión. Es lento, pero tiene una memoria extraordinaria y jamás olvida un antígeno. Si el sistema inmunitario adaptativo fuera un teléfono inteligente, habría registrado todos y cada uno de mis movimientos sin mi consentimiento y se sabría el nombre de hasta el último simbionte, agente patógeno o amensalista que ha visitado mi intestino durante toda mi vida. Sin embargo, antes de que los linfocitos del sistema inmunitario adaptativo (nuestro WOPR personal) puedan lanzar su ataque, han de aprender y educarse. Al igual que cualquier agencia de inteligencia digna de ese nombre, como el MI5 y el MI6 británicos, las agencias inmunitarias innata y adaptativa comparten información acerca de las amenazas próximas y distantes. Por ejemplo, unas células concretas del sistema inmunitario adaptativo, los macrófagos, devoran e ingieren continuamente los antígenos ambientales para luego hincar la rodilla y ofrecer sus descubrimientos a sus líderes inmunitarios, los glóbulos blancos (los linfocitos B y T).

Una vez activados, los linfocitos B pueden producir hasta cinco clases principales de anticuerpos, que son proteínas con forma de Y capaces de ligarse a los antígenos presentes en los agentes patógenos. Entonces, o bien envían una señal a las células del sistema inmunitario para que ingieran y destruyan al intruso, o bien lo matan directamente. La inmunoglobulina A (IgA) se encuentra en la saliva y el moco y ataca y destruye los agentes patógenos, como primera línea de defensa. El nivel en sangre del anticuerpo más antiguo que poseemos, la IgM, aumenta con rapidez ante las infecciones nuevas, con el objetivo de aniquilar al intruso. Con el tiempo, el sistema inmunitario adaptativo desarrolla anticuerpos IgG más específicos, que asumen esta función. A partir de ese momento, el cuerpo recuerda que ha de producir esos mismos anticuerpos IgG la próxima vez que se encuentre con ese mismo agente patógeno y evita tener que producir IgM. Estos son los anticuerpos que desarrollamos tras recibir una vacuna y adquirir inmunidad. La IgD es un anticuerpo mensajero que ayuda a producir IgM. La IgE se liga a los alérgenos y activa células especializadas para que liberen transmisores químicos, como histamina, la sustancia que nos produce picores e inflamación cuando tenemos una reacción alérgica.

La capacidad de sintetizar artificialmente subclases de estas inmunoglobulinas en forma de fármacos ha sido uno de los mayores avances de la medicina moderna durante las últimas dos décadas. «Inmunoterapia» significa que ya no tenemos que producir nuestras propias inmunoglobulinas; nos las pueden recetar. Estos fantásticos fármacos han transformado el tratamiento de enfermedades crónicas del sistema inmunitario, como la artritis reumatoide o la enfermedad inflamatoria intestinal, y también están transformando el resultado de distintos tipos de cáncer. Tal y como veremos más adelante, la profunda relación evolutiva entre el sistema inmunitario adaptativo y nuestros simbiontes explica también por qué el microbioma tiene la clave del éxito (o fracaso) de estos fármacos nuevos.

Colectivamente, la red innata y adaptativa al completo funciona como un sistema de vigilancia permanente para la detección de microorganismos en tejidos. El microbioma determina una forma de «tono» inmunitario que mantiene a raya a todo el sistema. Sin embargo, durante los últimos cientos de años, el sistema inmunitario innato ha tenido cada vez más problemas para distinguir al propio cuerpo de los simbiontes, los agentes patógenos y las toxinas ambientales, por lo que el tono inmunitario se ha perdido. El resultado de todo ello han sido el fuego amigo, la inflamación crónica y una epidemia de enfermedades nuevas.

El término *inflamación* no describe un estado estable y homogéneo, sino un evento dinámico que pasa por distintas fases de senectud y volatilidad. Muchas de sus infinitas vías se solapan o son activadas simultáneamente por agentes patógenos, toxinas y alérgenos. Si permanece activada durante demasiado tiempo, o si la inflamación avanza de un modo descontrolado, acaba dañando los tejidos, las articulaciones y los órganos y causando enfermedad. Unas veces, el daño ocurre a lo largo de semanas, meses o años, y otras, en cuestión de segundos, como en el caso del shock anafiláctico, cuando un alérgeno colapsa el sistema vascular, estrecha las vías respiratorias y causa la muerte, si no se trata con epinefrina. Por eso, el sistema inmunitario ha desarrollado una serie de medidas diseñadas para mantenerla bajo control, en forma de moléculas antiinflamatorias que suprimen la inflamación mediante redes similares.

La ciencia del microbioma es revolucionaria porque nos ofrece una perspectiva completamente nueva de las interacciones inflamatorias y antiinflamatorias. Nos ha otorgado una comprensión profunda de cómo nuestros simbiontes han contribuido al diseño de estos sistemas de control y a su capacidad para hackear el ordenador WOPR (como el travieso Matthew Broderick). Pueden acceder a cualquier punto de la red inmunológica más amplia y, si dan la oportunidad a los microbios amensalistas ambivalentes, estos pueden decidir jugar a la guerra termonuclear global en cualquier momento y causar un cáncer. Los simbiontes también pueden relajar y desactivar al sistema inmunitario. El intestino depende tanto de estos simbiontes para mantener el *statu quo* inflamatorio que si los pierde aunque sea durante un breve periodo de tiempo, es incapaz de mantener al sistema inmunitario en *off*. Por ejemplo, las dosis importantes de antibióticos dejan el intestino irritado y desprotegido debido a este fenómeno.

La estrecha relación evolutiva entre nuestro microbioma y las células del sistema inmunitario también podría explicar por qué el TMF es tan efectivo a la hora de reducir las complicaciones inmunológicas asociadas al trasplante de médula ósea con el que se tratan distintos tipos de cáncer de sangre, como la leucemia. Los ensayos clínicos con TMF que mejoran la diversidad intestinal apuntan a que parece que los TMF reducen la probabilidad de que el sistema inmunitario se ataque a sí mismo (un fenómeno conocido como «enfermedad de injerto contra huésped») y aumentan la probabilidad de que el tratamiento funcione y salve la vida del paciente.

Intentar entender por qué sucede esto es complicado, porque el sistema inmunitario intestinal ha desarrollado relaciones evolutivas con cientos de miles de especies de los tres dominios de la vida y con virus, y estas relaciones se intersecan en múltiples puntos del sistema inmunitario innato y adaptativo. Es muy probable que subestimemos mucho la contribución de los fagos y de los virus de la «materia oscura» intestinal al mantenimiento del sistema inmunitario, pero, de momento, esta relación es prácticamente desconocida. También merece la pena recordar que muy pocas de las teorías que tratan de explicar el auge de enfermedades inmunitarias dan importancia a los actores minoritarios del microbioma. Que no sean muy abundantes no significa que no sean importantes.

Los nematodos, como los distintos tipos de lombrices intestinales, no suelen ser mortales, pero nuestro sistema inmunitario no puede erradicarlos. No tenemos otra opción que aprender a vivir con ellos, y su presencia en el cuerpo humano puede ser asintomática o debilitante. En pacientes con infecciones por nematodos, la respuesta inflamatoria se regula a la baja para evitar un daño excesivo a los tejidos. Como resultado, se han usado con éxito lombrices intestinales para tratar la enfermedad inflamatoria intestinal. La esclerosis múltiple (EM) es una enfermedad degenerativa devastadora que afecta al cerebro y a la médula espinal y que puede causar una amplísima variedad de síntomas, como alteraciones en la visión, el movimiento de los brazos y las piernas, la sensación o el equilibrio. Se han llevado a cabo estudios clínicos con helmintos en pacientes con EM y se ha concluido que pueden ralentizar el avance de la enfermedad, por un lado, y por el otro, que su administración provoca un aumento del nivel de un tipo concreto de linfocitos T (conocidos como «linfocitos T reguladores») que reconocen las neuronas y suprimen la respuesta inmunitaria adaptativa que las destruye.[5] Es posible que las uncinarias se puedan llegar a usar en el tratamiento de esta enfermedad debilitante y cruel.[6]

También podría haber implicaciones importantes para la interacción de las especies de microbios y el sistema inmunitario en la respuesta de este ante enfermedades agudas causadas por agentes patógenos como los virus. Estudios de investigadores africanos indican que muchos menos pacientes de COVID-19 sufrieron síntomas severos que en el mundo industrializado. Una de las hipótesis principales sugiere que esto se podría explicar por la acción de parásitos intestinales, que palian la hiperinflamación asociada a la COVID-19 severa. En un estudio etíope sobre 751 pacientes, casi el 38 por ciento de ellos sufrieron coinfecciones con uno o más parásitos, y esta cohorte fue estadísticamente menos susceptible de desarrollar una COVID severa, con independencia de la edad y de otras comorbilidades.[7] Es más, esta observación se mantuvo con todo tipo de parásitos, protozoos y helmintos incluidos. A pesar de que ha habido observaciones similares en otras cohortes internacionales, en 2021 un equipo de la Universidad de Banha (Egipto) publicó un estudio en formato de preimpresión (es decir, que no estaba revisado por pares) que sugería que un fármaco antiparasitario (la ivermectina) era útil en el tratamiento de la COVID-19.[8] Los antivacunas y varios grupos de Facebook se armaron con estos datos dudosos para promover en las redes sociales este fármaco como cura. El estudio en preimpresión se acabó retirando, pero incluso aunque los datos de Banha hubieran sido creíbles, el fármaco antiparasitario no habría tenido sentido desde el punto de vista del mecanismo de acción, dado que son precisamente los parásitos los que, al parecer, limitan la severidad de un patógeno vírico letal.

Las interacciones entre el microbioma y el sistema inmunitario son la clave para acometer algunas de las mayores amenazas a la existencia humana, desde la infertilidad, las enfermedades cardiovasculares, la obesidad o el cáncer hasta las enfermedades infecciosas e incluso la salud mental. El problema es que no podemos distraer al ordenador WOPR del sistema inmunitario con una partida al tres en raya y que aún no hemos conseguido entablar negociaciones efectivas con las superpotencias simbióticas y patógenas que están armadas hasta los dientes y buscan pelea.

La pregunta que muchos científicos empiezan a plantear ahora es si nuestros microbios también podrían explicar el aumento de las alergias.

Rebelión o extinción

En 1989, el profesor David Strachan del hospital St. George de Londres observó que los niños con hermanos mayores tenían menos probabilidades de desarrollar rinitis alérgica y eccema. Afirmó que «la reducción de la unidad familiar, las mejoras en las instalaciones domésticas y la mejora de la higiene personal han reducido las oportunidades de infección cruzada en las familias jóvenes».[9] Fue una observación de una importancia extraordinaria, porque sugería que los microbios tenían alguna función en esta enfermedad crónica, aunque no explicaba por qué algunos niños en comunidades más pobres también desarrollaban asma o por qué el índice de eccema atópico era superior entre los alemanes orientales que entre los occidentales antes de la reunificación. Por lo tanto, la mejora de las condiciones sanitarias no podía ser la única explicación. Ahora, la nueva ciencia del microbioma está empezando a descubrir los matices de este mecanismo propuesto.

Algunas ideas más contemporáneas acerca de este tema, como las hipótesis de los «viejos amigos» y de la «biodiversidad», afirman que, como hemos coevolucionado de un modo tan estrecho con los microorganismos, hemos llegado a depender de ellos para educar a nuestro sistema inmunitario.[10] Cualquier perturbación en la ecología del microbioma intestinal nos incapacita para distinguir entre amigos y enemigos, y el ordenador WOPR lanza su juego de guerra termonuclear en cuanto se topa con un posible alérgeno. Por lo tanto, no es solo que contar con un ecosistema intestinal diverso y frondoso sea importante para el desarrollo saludable del sistema inmunitario, sino que, además, estas adaptaciones han de suceder en la primera infancia, de modo que el sistema inmunitario adaptativo se pueda desarrollar adecuadamente.[11] De hecho, es posible que se tengan que dar incluso antes de la primera infancia.

En 2009, Martin Blaser y Stanley Falkow presentaron su teoría de la pérdida del microbioma intestinal.[12] En ella afirmaban que la ausencia de una microbiota indígena ancestral a lo largo de muchas generaciones explicaba el aumento de la prevalencia de las enfermedades crónicas y de las alergias. Como el daño que el entorno causa a nuestra ecología interna queda inscrito en el microbioma materno, se pasa de madre a hijo y, por lo tanto, las influencias ambientales son acumulativas. En otras palabras, el microbioma materno básico y su larga lista de funciones esenciales que necesitamos para mantenernos con buena salud se diluyen a cada generación que pasa. Blaser y Falkow propusieron que la salud del microbioma de los progenitores y el método mediante el que lo trasladamos a nuestros hijos también son vitales durante los primeros años de vida de estos. Eso explica que tantos científicos se interesen ahora por las consecuencias a largo plazo que los partos por cesárea ejercen sobre la salud de los bebés y sobre el riesgo de contraer enfermedades crónicas más adelante.

El problema de las hipótesis de la higiene y de la pérdida del microbioma es que no explican del todo por qué un niño en un par de gemelos idénticos, con el mismo tipo de parto y criado en el mismo hogar, puede desarrollar una alergia y el otro no. Ambos cuentan con los mismos progenitores, los mismos genes y, en teoría, las mismas exposiciones ambientales. Un estudio estadounidense sobre dieciocho gemelos genéticamente idénticos, en los que uno sufría una alergia alimentaria y el otro no, arrojó un poco de luz sobre este misterio. Los gemelos que tenían alguna alergia presentaban diferencias significativas en la diversidad del microbioma fecal en comparación con el microbioma fecal de su gemelo sin alergia. Aunque aún no entendemos del todo por qué es así, estos cambios fueron muy persistentes y se prolongaron hasta la edad adulta, y es posible que la diferencia se deba a algo aparentemente tan insignificante como una sola dosis de antibióticos. Quizás, la observación más interesante de todas sea que el microbioma del gemelo sano mantuvo la capacidad de producir metabolitos importantes que interactúan con el sistema inmunitario.[13] Y esto es fundamental, porque quiere decir que la pérdida de especies bacterianas específicas podría ser menos importante que la pérdida de sus funciones moleculares compartidas. Las funciones en sí mismas pueden ser compartidas por distintas especies o incluso quedar preservadas en nichos específicos. Esto significa que la importancia del microbioma para el sistema inmunitario no se puede explicar solo con la ecología, y que la pérdida de sus funciones colectivas, que puede variar incluso entre individuos genéticamente idénticos, podría ser aún más importante.

El momento y la magnitud de la exposición a alérgenos y a factores ambientales en edades tempranas también son de una trascendencia vital. Sin embargo, hay científicos que están empezando a preguntarse si los alérgenos son realmente estériles o si podrían tener pasajeros microbianos. Los amish y los huteritas (una secta anabaptista de habla alemana) son dos poblaciones agrícolas estadounidenses con estilos de vida tradicionales parecidos y que viven en comunidades estrechas pero aisladas.[14] A pesar de que comparten antepasados genéticos, se ha visto que la prevalencia del asma y de la sensibilización alérgica es seis veces menor entre los amish que entre los huteritas.

Los amish siguen unas prácticas agrícolas estrictamente tradicionales, mientras que los huteritas las han industrializado más, lo que ha llevado a algunos científicos a sugerir que, quizás, el microbioma ambiental explique las diferencias en las enfermedades inmunitarias. Concluyeron que la composición microbiana de las muestras de polvo de los hogares amish y huteritas, así como la cantidad de toxinas que producen estas bacterias, era 6,8 veces superior en los hogares amish. Los niños amish presentaban una activación significativamente inferior de las células del sistema inmunitario que causan los síntomas de asma. Cuando el equipo de científicos trasplantó el polvo extraído de estos hogares a un modelo de ratones asmáticos, los microbios de los hogares amish inhibieron la inflamación y la constricción de las vías respiratorias de los ratones, mientras que los microbios de los hogares huteritas no ejercieron el mismo efecto. La implicación es que el microbioma ambiental también desempeña un papel importante en el desarrollo de nuestro riesgo de alergias. Por lo tanto, es probable que los microbiomas urbanos influyan de manera variable en el desarrollo de nuestro sistema inmunitario y de un modo distinto a, por ejemplo, los microbiomas rurales. Los microbiomas urbanos pueden ser muy distintos. Por ejemplo, aún hoy, pueden diferir entre el Berlín Oriental y el Occidental.

Aunque muchas de estas hipótesis tienen mérito, también implican (en mi opinión, de forma peligrosa) que algunos padres tienen capacidad de decisión en cuanto a las exposiciones ambientales que permiten experimentar a sus hijos, o que vivir en casas más sucias o lavarnos menos las manos podría ser beneficioso. Matar a los agentes patógenos que nos perjudican es tan importante ahora como lo era antes y necesitamos seguir haciéndolo.

Lo que sucede es mucho más insidioso. Ciertas presiones ambientales como el cambio climático, el uso generalizado de antibióticos, la exposición a los plásticos, el consumo de agua fluorada, los empastes dentales y la dieta homogeneizada son modificadores importantes del microbioma, y la mayoría de nosotros no podemos escapar de ellos. También pueden ser factores muy sutiles y difíciles de medir y varían entre gemelos. La enorme cantidad de influencias medioambientales en el microbioma es asimismo colosal y, como su impacto tiene lugar a lo largo de múltiples generaciones, pueden ser difíciles de detectar y de evitar. El teorema de Blaser y Falkow es de una importancia excepcional para el futuro de la salud humana, y todos los responsables de diseñar políticas para la prevención de enfermedades crónicas deberían tenerlo en cuenta.

Por desgracia, el microbioma no se estudió durante la caída del muro de Berlín, aunque, lamentablemente, en la actualidad aún existen muchas otras sociedades y ciudades divididas que los epidemiólogos y los científicos del microbioma podrían estudiar. Ahora, a comienzos del siglo XXI, nos estamos retirando a nuestras ciudades-Estado y los muros se están levantando, no demoliendo. Y, aunque no sean buenos para la sociedad, hay científicos que afirman que el derrumbe de los muros que nos protegen desde dentro y mantienen alejada la microbiota es un síndrome de la vida moderna, y que en su lugar deberían mantenerse firmes y sólidos.

El intestino permeable

La barrera intestinal es tan compleja como extraordinaria. Al igual que la Gran Barrera de Coral, es un ecosistema vivo de pleno derecho, compuesto por barreras virtuales físicas e inmunológicas que protegen la costa del oleaje y de las tormentas. El intestino está diseñado para sufrir daños. Está recubierto de células madre capaces de regenerar todas las células que necesita para sobrevivir. Y menos mal, porque las células que revisten el intestino se recambian con regularidad, mediante un proceso de muerte celular programada y debido al daño causado por la comida, los desechos y la inflamación. Sus capacidades regenerativas permiten al intestino recuperarse cuando lo intervengo quirúrgicamente. Todas las barreras son permeables hasta cierto punto, y las intestinales están diseñadas para serlo en circunstancias específicas y para microbios simbióticos concretos que desempeñan funciones esenciales en el mantenimiento de nuestra salud. Ha evolucionado para sustentar a un complejo ecosistema de microbios que, a su vez, ejerce una influencia generalizada sobre la respuesta inmunitaria innata.

Sin embargo, la barrera intestinal también nos ha de resguardar de las peligrosas tormentas que se ciernen sobre nosotros en forma de agentes patógenos y de toxinas. Para ello, secreta una espesa capa de moco que recubre los miles de millones de vellosidades intestinales con forma de dedos que recubren el intestino delgado y sus criptas asociadas, donde viven las células madre. El moco es como la atmósfera que protege al planeta, consta de una subcapa sutil y se renueva continuamente. Esta mucosidad sofisticada y nutritiva actúa como una barrera selectiva que regula la difusión de nutrientes y el transporte de microbios a la barrera epitelial subyacente, que se mantiene unida gracias a firmes junturas. De todos modos, el sistema inmunitario ha de atravesar esta barrera para comunicarse con las bacterias que habitan en las heces, y lo puede hacer de varias maneras. Las células dendríticas forman parte del sistema inmunitario y cuentan con largos brazos capaces de introducirse entre los resquicios que dejan las junturas (como un pulpo que logra pasar por un orificio imposiblemente estrecho) para atrapar y envolver los microbios y sus antígenos incluso en ausencia de una infección o una inflamación declarada. Los microbios también se comunican con los sistemas inmunitarios innato y adaptativo mediante receptores de reconocimiento de patrones que recubren las células del intestino. Estas células cuentan con una gran cantidad de metabolitos y de proteínas que envían mensajes químicos directamente a los órganos principales y al cerebro. No es necesario que los microbios escalen el muro para que puedan modificar nuestra salud.

La pared intestinal posee otras capas secundarias de defensa que impiden que los intrusos lleguen a los numerosos vasos sanguíneos necesarios para la salud de la mucosa y para la absorción de nutrientes. Tanto el sistema inmunitario innato como el adaptativo actúan como muros virtuales que ayudan a mantener los límites anatómicos en todo el cuerpo. Todos nosotros invertimos una cantidad importante de energía en la producción de entre 3 y 5 g diarios de la IgA secretora justo para este objetivo, y la cantidad de IgA producida en asociación con las membranas mucosas es mayor que la del resto de los tipos de anticuerpos juntos. Es un regulador importante de las poblaciones microbianas que viven en el intestino, y se liga tanto a simbiontes comensales como a agentes patógenos. A lo largo de cientos de miles de años, bacterias como el *Bacteroides fragilis* han aprendido a engañar a este mecanismo y modifican la expresión de sus antígenos superficiales para promover la unión con la IgA y poder enfrentarse con seguridad al sistema inmunitario. El intestino también puede ajustar de manera dinámica su metabolismo en el interior de las células de esta barrera, para regular las poblaciones de microbios locales; y, si eso no funciona, puede producir antibióticos naturales en forma de péptidos antimicrobianos (PAM) para mantenerlos a raya.

La salud humana depende de la salud de estas barreras, del mismo modo que la salud de los océanos depende de la salud de sus arrecifes de coral. Se ha demostrado que las barreras epiteliales defectuosas son un factor en los órganos afectados por el asma, la dermatitis atópica, la rinosinusitis crónica y enfermedades inflamatorias del tubo digestivo, como la esofagitis eosinofílica. Esto sucede porque los alérgenos, los agentes patógenos y las toxinas ambientales (como los alérgenos de los ácaros del polvo, las toxinas de los detergentes, de los lavavajillas y de otros productos de limpieza del hogar) pueden dañar estas barreras epiteliales. Es más, los surfactantes, el humo del tabaco, las partículas, el humo del diésel, el ozono, las nanopartículas y los microplásticos también dañan el delicado revestimiento de los pulmones y del intestino. Todos ellos eran abundantes en Alemania Occidental y, tras la reunificación, se generalizaron también en Alemania Oriental.

Sea cual sea el impulsor ambiental, el fallo de la barrera intestinal lleva a la «translocación», o el traspaso de la barrera intestinal por parte de bacterias que, una vez que han cruzado al otro lado, son atrapadas por los macrófagos, las células linfoides innatas y las células dendríticas y, así, activan a los sistemas inmunitarios innato y adaptativo. Como la pared está dañada, libera moléculas que piden ayuda al sistema inmunitario, lo que da lugar a un ciclo continuado de daño. A medida que la ola de destrucción aumenta, el intestino se ve privado de oxígeno y su entorno cambia. A su vez, esto beneficia a los agentes patógenos anaeróbicos, que no necesitan oxígeno para vivir y que se convierten en una horda airada e imposible de controlar. Las poblaciones de simbiontes se ven atacadas o superadas y dejan de mantener la salud intestinal. A menos que suceda algo que rompa este ciclo, empezamos a tener síntomas de enfermedad. Si unos linfocitos muy concretos (los linfocitos T colaboradores, o Th2) se activan como parte de esta inflamación de bajo nivel, la probabilidad de desarrollar síntomas de alergia, como el asma, aumenta. La activación de un tipo de linfocito colaborador sutilmente distinto (el Th1) produce enfermedades autoinmunes crónicas, como la enfermedad inflamatoria intestinal. Por lo tanto, el fallo de la barrera intestinal comensal, a la que mantienen los microbios simbióticos, es un elemento importante en la historia del desarrollo de las alergias. Si se rompe, el cuerpo no puede educar al sistema inmunitario para que responda de una manera adecuada cuando se encuentra con un cacahuete por primera vez. De todos modos, he de añadir unas palabras de precaución.

Los *influencers* de la salud usan con frecuencia el término «síndrome del intestino permeable» para aludir a la importancia que estas barreras tienen para nuestra salud. Sin embargo, en mi opinión se trata de un término engañoso por varios motivos. En primer lugar, hay muy pocas evidencias de que haya personas especialmente susceptibles a la destrucción sistemática de la barrera intestinal y de que esta sea la única causa unificadora de enfermedades inmunitarias concretas. En segundo lugar, apenas hay medidas replicables y fiables de permeabilidad intestinal que nos puedan indicar con exactitud qué partes del intestino son permeables, ni en qué medida, ni qué o quién atraviesa las defensas de las murallas horadadas. En tercer lugar, gran parte de las defensas intestinales son virtuales, es decir, no son una barrera real, sino distintas células inmunitarias y anticuerpos. Lo importante no es tanto la permeabilidad de la barrera como la respuesta inflamatoria a la lesión de esta, y esa respuesta varía de una persona a otra. La palabra *síndrome* describe una constelación de síntomas causados por una sola enfermedad, y no hay pruebas de que sea esto lo que sucede con el intestino permeable. Por tanto, desconfíe de todo el que use este término, entre otras cosas porque, con frecuencia, lo que está haciendo en realidad es venderle una cura, una dieta o un análisis.

Cómo aprendí a no amar la bomba

Mientras el muro separaba el Berlín Oriental del Berlín Occidental, se crearon dos compartimentos geográficamente contiguos y con exposomas radicalmente distintos. Cuando se demolió, el microbioma de toda una población se tuvo que adaptar a un exposoma alterado por completo y con distintos niveles de varianza individual. Sin embargo, la bomba inmunológica no estalló de inmediato sobre quienes vivían en Berlín Oriental en el momento de la reunificación. Y no lo hizo porque antes fue necesario que toda una nueva generación de berlineses naciera en el nuevo microbioma occidental. Las observaciones hechas en el Berlín Oriental y el Occidental nos ofrecen una información limitada y no reflejan las influencias más amplias sobre el exposoma y sobre la ecología interna derivadas del cambio climático y de las fuerzas de globalización más modernas después de la caída del muro. Ahora estamos en plena guerra del microbioma.

El sistema inmunitario WOPR tiene una potencia de tal magnitud que cuesta regularlo y controlarlo en una cultura globalizada que lo ataca constantemente. Desde una perspectiva evolutiva, existimos en una carrera armamentística nuclear molecular: el exposoma, el microbioma y los dictadores inmunitarios aumentan cada vez más la tensión y amenazan con pulsar el botón rojo cada vez que se enojan o se sienten amenazados.

La pandemia inflamatoria actual es consecuencia de las interacciones genoma-exposoma-microbioma (GEM) que se definen ya en el momento de la concepción y que persisten hasta la muerte. Las personas jóvenes sufren de forma desproporcionada las consecuencias de esta relación alterada debido a un sistema inmunitario decidido a jugar en este escenario hasta que Matthew Broderick intervenga y nos salve. Aún no contamos con toda la información necesaria sobre los mecanismos que median estos procesos, una información que nos permitiría asociar microbios específicos a alergias concretas o, mucho más importante, las funciones inmunitarias colectivas de estos microbios a lo largo de redes.

Muchos de los descubrimientos acerca del sistema inmunitario tuvieron lugar en las décadas posteriores a la Segunda Guerra Mundial, y los científicos recurrían con frecuencia al lenguaje de la Guerra Fría para describir su función en la salud humana. El sistema inmunitario se ha representado como un sistema defensivo, tal y como yo acabo de hacer aquí, preparado para destruir los agentes patógenos que nos atacan y para defendernos a toda costa, incluso si eso supone matarnos durante un proceso de destrucción mutua asegurada. Sin embargo, el lenguaje bélico no basta para describir las interacciones entre el microbioma y el sistema inmunitario. El sistema inmunitario hace mucho más que defendernos: es cómplice en la evolución a lo largo de toda la vida de nuestra identidad molecular y forma parte de nuestra memoria ambiental.

Por lo tanto, las células del sistema inmunitario no son meras asesinas, sino agentes sensibles que colaboran con microbios comensales para promover la salud y el bienestar. El microbioma está conectado directamente con nuestro sistema operativo inmunológico. El sistema inmunitario innato promueve la proliferación de miembros beneficiosos de la microbiota y mantiene la estabilidad en la comunidad de microorganismos. Contar con un microbioma sano es bueno y malo a la vez, porque produce toxinas, proteínas y metabolitos tanto proinflamatorios como antiinflamatorios que modelan el sistema inmunitario a lo largo de nuestra vida y de marcos de tiempo evolutivos.

Entonces, ¿podemos recurrir al microbioma para prevenir alergias y otras enfermedades del sistema inmunitario? Los datos de ensayos de trasplantes fecales en animales y humanos para enfermedades como la dermatitis son prometedores.[15] Los investigadores del Food Allergy Program del Boston Children's Hospital también han tratado tanto a adultos como a niños con alergia severa a los cacahuetes con esta técnica. Cuatro meses después del tratamiento con antibióticos, seguidos de cápsulas de TMF, los niños aumentaron su tolerancia de 100 a 600 mg de cacahuetes (unos dos cacahuetes) antes de presentar una reacción.[16] De todos modos, aún es muy pronto y se trata de cifras muy pequeñas.

Aún nos queda mucho por descubrir acerca de cómo los microbios influyen en nuestro sistema inmunitario y, cuando nos encontramos con huecos a la hora de explicar nuestro sufrimiento, los llenamos con historias y dioses. Los adventistas, un grupo de iglesias protestantes cuyo origen se remonta al siglo XIX en Estados Unidos, acostumbran a seguir dietas vegetarianas, y hay muchos estudios que demuestran que viven más y presentan un riesgo menor que el de la población general de desarrollar muchos tipos de cáncer. No es gracias a la actuación de un dios benévolo; el milagro se explica porque el microbioma intestinal metaboliza una gran cantidad de maravillosa fibra vegetal.

El *Pratītyasamutpāda* es una de las doctrinas clave del budismo, y su principio básico afirma que todas las cosas surgen de manera interdependiente entre sí. Según el budismo, el renacimiento del ser humano sintiente depende de que entendamos esta verdad, y no podremos erradicar el sufrimiento humano hasta que la comprendamos. Es una forma útil de pensar en el eje microbioma-sistema inmunitario: un sistema interconectado dinámico y en constante movimiento, donde todo tiene una causa y un efecto. Nada es permanente y nada es estable. El sistema inmunitario se comunica todo el rato con el exposoma y el microbioma y nos conecta con nuestro entorno interno y externo, ambos en continuo cambio. Somos uno. Un microbioma sano necesita equilibrio, no bombas.

Namasté.

CAPÍTULO 5

Sexo, bichos y estradiol

Cuando tenía catorce años, conocí a una chica. Mi hermano y yo habíamos ido a nadar un rato al club náutico local en la costa sur de Inglaterra, con el propósito de darnos un remojón en un gran tanque de pruebas de acero azul construido en la cubierta de madera de un embarcadero. Oficialmente, se usaba para comprobar que los veleros flotaban antes de enviarlos a las regatas; oficiosamente, era la piscina municipal del pueblo. El tanque estaba lleno de todo tipo de protozoos y de vida vegetal, pero a mi hermano y a mí no nos importaba lo más mínimo. Era una cálida tarde sin nubes a comienzos de agosto, el agua estaba fresca, no tenía medusas y estaba lo bastante limpia como para que uno se pudiera ver los pies si estaba en la parte menos profunda. Lo más importante de todo era que nuestros padres nos habían dejado ir solos y que yo tenía cigarrillos. Llevaba el pelo largo y el plumaje de cortejo que había elegido ese día era un peto de color rojo intenso.

Esa tarde teníamos mucha compañía; decenas de adolescentes habían tenido la misma idea que nosotros y habían venido a la piscina. La chica en cuestión parecía haber surgido de la nada. No la había visto nunca, y yo era demasiado tímido como para preguntarle de dónde venía. Tenía los ojos de un azul eléctrico y el cabello negro azabache, y llevaba un bañador digno de Lady Di. Esta chica nueva y su familia eran impresionantemente ruidosos y, como el idiota adolescente que era, decidí que un combate de agua la impresionaría. Sorprendentemente, funcionó. La marea alta y la cálida brisa marina traían con ellas la promesa de fiestas vespertinas en la playa y de besos robados. No había otra opción que enamorarse. Y aún sigo enamorado de esa chica.

Por suerte, cómo nos enamoramos sigue siendo todo un misterio. El azar lo es todo, y el romance depende de estar en el lugar adecuado en el momento oportuno. A lo largo de toda la historia del corazón humano, muchos científicos y artistas han intentado explicar la química que define el deseo, el amor y el apego. Los intentos más modernos de transformar el amor en una ciencia de datos de valor comercial han intentado explícitamente subvertir esta química para obtener un beneficio económico y han transformado el romance en una tarea tediosa y mecánica. Lizzy Bennet no habría sabido qué hacer en Bumble.

La biología evolutiva es aún más fría y nos dice que el deseo y el amor no son más que genes egoístas, cuestiones socioeconómicas, hormonas y neuropsicobiología. Mi pregunta es la siguiente: ¿y si Romeo y Julieta debieran su atracción fatal a que sus microbiomas respectivos prendieron un espectáculo pirotécnico romántico? En otras palabras, ¿es posible que sus microbiotas influyeran en la desdichada elección de pareja y modificaran sus conductas de cortejo respectivas con consecuencias catastróficas? Como mínimo, el microbioma es resultado de nuestro estatus socioeconómico y, desde luego, manipula la fisiología de nuestras hormonas sexuales. A pesar de la animosidad entre los Montescos y los Capuletos, es muy posible (en este escenario ficticio) que sus microbiomas fueran compatibles, dado que ambos habrían crecido en el mismo nicho ambiental de Verona. Los adolescentes extrovertidos como Romeo y Julieta tienden a tener redes sociales más extensas y, por lo tanto, un microbioma intestinal más diverso, lo cual podría ofrecer ventajas de apareamiento.[1]

En la naturaleza, hay muchas pruebas que apuntan a la importancia del microbioma en el éxito del cortejo. Veamos, por ejemplo, a la atractiva mosca de la fruta (*Drosophila melanogaster*); las posibles parejas se eligen según la dieta que prefieren, y cualquiera que haya tenido una cita sabrá que la comida puede ser tanto un afrodisíaco potentísimo como un cortarrollos letal. Sin embargo, administrar una dosis de antibióticos al pretendiente alado anula la preferencia de apareamiento que se confiere a la dieta. Por mucha fruta erótica que consuma, no conseguirá ni una sola cita. Si, entonces, se inocula a esa misma mosca una bacteria de su comida, recupera el atractivo para las moscas hembra. En este experimento, el efecto se pudo controlar con solo una bacteria, el *Lactobacillus plantarum*, que actúa modificando señales químicas cruciales compuestas por los hidrocarburos excretados sobre el cuerpo de la mosca.[2] Por lo tanto, no tome antibióticos justo antes de una cita (claro que si está tomando antibióticos, quizás una cita tampoco sea la mejor idea del mundo).

Siguiendo la hipótesis de la Reina Roja (véase pág. 51), hace mucho que se sabe que los parásitos y los agentes patógenos influyen en la elección de pareja. Se ha dicho que el plumaje de cortejo de los machos indica la resistencia a los parásitos, de modo que las hembras que eligen a machos con ornamentos más elaborados podrían obtener beneficios genéticos, dado que sus crías heredarán la resistencia a los parásitos. Sin embargo, esto también podría suceder mediante un «paisaje del asco» molecular. En otras palabras, si huele mal, no se toca, y mucho menos se besa. Las ratas y los ratones hembra prefieren los aromas urinarios de machos sanos y no infectados, en comparación con machos infectados experimentalmente con el virus de la gripe, salmonela, nematodos y protozoos.[3] Los primates usan el sentido del olfato para evaluar la proximidad genética y evitar la endogamia,[4] y también evitan acicalar a miembros del grupo infectados por parásitos transmisibles por las heces.[5] La comunicación química olfativa influye en otros procesos sociales, como marcar el territorio, diferenciar grupos sociales, reconocer a parientes o identificar posibles parejas. Las secreciones de la glándula anogenital del panda gigante, por ejemplo, sirven para informar acerca de la edad y del sexo a las posibles parejas. Estas glándulas contienen una comunidad diversa de bacterias de fermentación con enzimas que producen compuestos odorantes volátiles y el código químico que permite que la comunicación sea posible.[6]

La firma olfativa humana también se compone de una combinación única de odorantes químicos y de feromonas, parte de los cuales se originan en la microbiota. No se sabe con certeza cuánto control tenemos en realidad sobre la microbiota que produce nuestro olor personal. Los adolescentes acostumbran a rechazar cualquier tipo de control (es decir, jabón) y, como resultado, suelen despedir un aroma característico e intenso, definido en parte por el microbioma de su piel sin lavar. El olor acre de las axilas adolescentes es resultado de los ácidos isovalérico y acético producidos por el *Staphylococcus epidermidis* y del azufre producido por la especie *Staphylococcus*.[7] Los chicos adolescentes suelen intentar camuflar el olor con densas nubes de desodorante y de colonia. Sin embargo, seguramente no sea la mejor estrategia, porque el genoma humano está preparado para aprovechar las señales químicas naturales, con 300 grupos de genes dedicados al olfato.

Cuando Romeo dijo «¿Acaso mi corazón amó alguna vez antes? Niego lo que veo, pues nunca antes vi verdadera belleza hasta esta noche», lo que quiso decir en realidad fue: las señales visuales son importantes. Lo sabe todo el que use o haya usado una aplicación de citas, porque acostumbramos a colgar fotografías en las que creemos que ofrecemos nuestra mejor imagen. Y es complicado, porque el atractivo es un constructo que varía en función de la época, la cultura, la moda y el capricho de los *influencers* digitales. Aun así, a muchos de nosotros nos preocupa el aspecto de nuestra piel, porque es un indicador visual importante de nuestro estado de salud y, por eso, la seguridad social o sexual que sentimos acostumbra a estar a merced de los granos y, en casos severos, del *acne vulgaris*. Es una afección cutánea inflamatoria que provoca desfiguración física y trauma psicológico. Aunque su origen es multifactorial, una de las vías habituales es la proliferación de una bacteria llamada *Cutibacterium acnes*, que se alimenta de la grasa y el sebo producido en los folículos pilosos y en las glándulas sudoríparas.[8] Como consecuencia, se pierde diversidad microbiana y algunas cepas concretas de *C. acnes* empiezan a predominar. Eso no solo daña la piel, sino que desactiva el freno del sistema inmunitario de la piel (como sucede en el intestino) y provoca inflamación, rojeces y granos. Las bacterias no son las únicas que influyen en la salud cutánea. El *Malassezia* es el hongo más abundante en la piel, y también es una de las causas del acné. Contiene un tipo de enzima lipasa cien veces más activo que la misma enzima hallada en el *C. acnes*, que daña la piel y provoca inflamación.[9]

Sabemos que el consumo de productos lácteos, carbohidratos refinados, chocolate y grasas saturadas puede hacer que el acné empeore. Y esto se explica porque el microbioma intestinal también influye en el sistema inmunitario de la piel, y el microbioma intestinal de las personas que sufren acné es menos diverso que el de las personas que no. En concreto, el filo bacteriano Actinobacteria es menos abundante y el Proteobacteria es más abundante, porque las especies de estos filos son especialmente efectivas en la metabolización de alimentos grasos, y uno de los subproductos de desecho son moléculas que promueven la inflamación de la piel.[10] La variabilidad del microbioma intestinal explica, en parte, por qué hay personas que responden a los antibióticos que se suelen recetar para tratar el acné y personas que no.[11]

Estas variaciones en el microbioma intestinal también son específicas según el género,[12] y las funciones del microbioma cambian con el aumento de las hormonas sexuales durante el ciclo menstrual o la pubertad, lo cual explica, en parte, por qué el acné aflige a tantos adolescentes y jóvenes.

Cuando ya hacía unos meses que nos conocíamos, la chica de la piscina quiso que fuéramos cogidos de la mano en público. Le sugerí que quizás estábamos yendo demasiado rápido y que a los dos nos iría bien tomarnos un descanso. Y, así, ella se esfumó y yo, como Romeo, quedé desconsolado. ¿Podría ser que fuera mi microbioma lo que me llevó a decir semejante estupidez? El microbioma altera e influye en nuestras estrategias románticas, porque interviene en la dinámica del cortejo mediante la química microbiana y la regulación del sistema inmunitario. Sin embargo, también influye en la fertilidad y en la salud reproductiva y explica por qué, de haber vivido, Romeo y Julieta habrían experimentado diversos riesgos de enfermedad crónica. Es urgente que entendamos cómo el microbioma específico de cada sexo influye en nuestra salud y en nuestro bienestar.

Sexo

La ciencia del microbioma no solo nos proporciona una comprensión más profunda de cómo las prácticas sexuales modelan las poblaciones de bacterias patógenas y simbióticas que residen en nuestros órganos sexuales, sino que también está revelando cómo la microbiota modifica nuestra conducta sexual.

En comparación con la del intestino o los pulmones, la anatomía urogenital es un nicho microbiano relativamente poco abundante.

A pesar de ello, la microbiota genital desempeña un papel importante en la salud y la función de estos órganos, porque han coevolucionado para ello. Por ejemplo, el semen acostumbra a tener muy pocas bacterias, como las de los géneros *Streptococcus*, *Corynebacterium* y *Staphylococcus*.[13] Se trata de un microbioma pasajero, porque está optimizado para la dispersión y la colonización de la transmisión sexual. En el pene habitan distintas familias bacterianas, como las Corynebacteriaceae, Pseudomonadaceae y Oxalobacteraceae y, como es de esperar, las proporciones cambian después de la circuncisión.[14] El microbioma del pene de un hombre afecta a la salud crónica sexual de su pareja. Por ejemplo, la composición del microbioma de un pene predice el riesgo de vaginosis bacteriana, una causa habitual de secreción vaginal, en su pareja, si esta es una mujer.[15] Cuándo y cómo las mujeres tienen relaciones sexuales después de un tratamiento con antibióticos para la vaginosis bacteriana también influye en el proceso de recuperación, porque el sexo con penetración afecta a la composición de la microbiota vaginal.

Un microbioma vaginal sano suele estar dominado por subespecies de *Lactobacillus*, unas bacterias muy trabajadoras que ayudan a formar una barrera física contra los agentes patógenos y que estimulan las defensas. Los *Lactobacillus crispatus*, *L. gasseri*, *L. jensenii* y el *L. iners* son las especies dominantes y, entre otras cosas, ayudan a regular la acidez (pH) de la vagina produciendo ácido láctico, que a su vez ayuda a mantener la salud del ecosistema vaginal.

Si bien el tracto genital femenino está dominado por bacterias, estas no son los únicos microbios cruciales para la salud de aquel. Las levaduras son muy importantes, y el 75 por ciento de las mujeres tendrán al menos un episodio de candidiasis, normalmente provocado por la levadura *Candida albicans*. Las bacterias y las levaduras de la vagina coexisten también con virus que ayudan a regular estas poblaciones. Por ejemplo, se han identificado más de 400 fagos para las treinta y nueve cepas de bacterias *Gardnerella*, asociadas a la vaginosis bacteriana, y casi el 90 por ciento de los genomas de las cepas *Gardnerella* vaginales y urinarias contienen al menos el genoma de un fago incrustado en su ADN bacteriano.[16] Esto significa que los fagos desempeñan una función extraordinariamente importante en la regulación del microbioma vaginal y del mantenimiento de la salud urogenital.[17] Así que, digan lo que digan Gwyneth Paltrow o cualquier otra famosa, si tiene vagina, no le dé baños de vapor. Necesita a los simbiontes urogenitales para que la mantengan sana.

El acto de reproducción sexual no solo es un método eficiente para transmitir los genes a los descendientes, sino que también es una práctica muy eficiente para compartir microbios con la pareja. Por supuesto, para esto no hacen falta ni la reproducción ni el sexo con penetración. Y, como hemos descubierto, es posible que besarse ofreciera protección y beneficios para la supervivencia a nuestros primos neandertales, porque los microbios orales son importantes para la digestión de los alimentos y para la higiene dental. En diez segundos de besos íntimos, habrá recibido unos ochenta millones de bacterias de su pareja.[18] La composición del microbioma de la lengua de las parejas que llevan mucho tiempo juntas es similar en ambos, aunque mantener estas colonias exige esfuerzo. Se han de besar con regularidad y el tipo de beso también marca una diferencia: un beso apasionado transferirá más bacterias que depositar un beso en los labios, así que, de vez en cuando, dedíquele tiempo.

El problema es que nos hemos vuelto un poco demasiado eficientes a la hora de transferir agentes patógenos mediante este proceso. Una de cada cinco personas en Estados Unidos tiene una enfermedad de transmisión sexual (ETS) en cualquier día dado, lo que equivale a casi 68 millones de infecciones estimadas cada año. El diagnóstico y el tratamiento de las ETS se ha convertido en una industria muy próspera.[19] La gran mayoría de las ETS están causadas por solo treinta bacterias, virus y protozoos, por lo que nuestra comprensión del microbioma urogenital está sesgada por la pequeña cantidad de agentes patógenos que se han estudiado. Hoy, las ETS más habituales son el virus del papiloma humano (VPH), la clamidia y la gonorrea, estas dos últimas, infecciones bacterianas. Casi todas las personas sexualmente activas se encontrarán con el virus del papiloma humano en algún momento. Son virus con ADN de doble cadena que se clasifican en dos categorías amplias de alto o de bajo riesgo, en función de su predilección por causar cáncer. Ahora entendemos el cáncer de cérvix como una ETS, porque está causado casi exclusivamente por el VPH, al igual que más del 90 por ciento del cáncer anal y, en menor proporción, el cáncer de vulva, de vagina y de pene. En Reino Unido, ahora se vacuna tanto a los niños como a las niñas contra esta ETS, una intervención de salud pública que podría salvar muchas vidas.

Nuestra conducta sexual no solo ha alimentado la virulencia de las ETS, sino que también ha influido en la evolución de nuestras poblaciones simbiontes, que existen en un estado estable de competencia que modifica nuestra respuesta a los tratamientos para las ETS. El VIH es un buen ejemplo de ello. En 2020, se sabía de casi 38 millones de personas que convivían con el VIH en todo el mundo y, hasta la llegada de la COVID-19, los índices iban bajando.[20] Parece que el VIH reduce la riqueza del microbioma intestinal, una pérdida de diversidad más pronunciada en los varones que presentan una respuesta reducida al tratamiento antiviral.[21] La infección por VIH también se asocia a una pérdida de diversidad y de riqueza en el microbioma del semen, que se recupera tras seis meses de tratamiento antirretroviral, lo que resulta muy interesante. Cada semana, el VIH infecta a unas 5.000 mujeres jóvenes de entre quince y veinticuatro años. Es más frecuente que mujeres con vaginosis bacteriana o con un microbioma vaginal proinflamatorio muy diverso y con poca cantidad de *Lactobacillus* adquieran y transmitan el VIH (así como el virus del herpes simple tipo 2 y el VPH).[22] Sin embargo, la cepa concreta de lactobacilo también es importante. Por ejemplo, el *L. crispatus* se asocia a una reducción del riesgo de VIH, al contrario que el *L. iner*s. Las mujeres con VIH también tienen mayor cantidad y cepas más resistentes de *Candida albicans*. Parece que las biopelículas de esta levadura contienen virus, como el del herpes simple tipo 1, que permanecen latentes y protegidos de los agentes antivirales del sistema inmunitario de su huésped.

Las ETS han ejercido un impacto evolutivo en nuestra conducta sexual, sobre todo porque influyen en la elección de pareja. Extrañamente, en algunas especies, como el grillo *Gryllus texensis*, la ETS aumenta la actividad sexual en los machos. Sin embargo, los mamíferos tienden a evitar la reproducción cuando se pueda transmitir un agente patógeno por vía sexual, por lo que, de manera inconsciente, buscamos señales que nos indiquen si el microbioma de una pareja potencial podría ser dañino. Durante el siglo XVIII, cuando muchas ETS o bien eran incurables o bien se trataban con mercurio, que es muy tóxico, las señales eran evidentes: los lunares postizos, que se habían desarrollado para tapar las marcas que dejaba la viruela, se empezaron a usar para esconder las marcas de enfermedades venéreas como la sífilis, causada por el *Treponema pallidum*, una bacteria con forma de espiral. Los franceses llamaban *mouches* («moscas») a estas decoraciones faciales. Las manchas negras también denotaban sífilis en los rostros de los avariciosos y escuálidos aristócratas (y médicos) que protagonizan las caricaturas satíricas de *Marriage à-la-mode*, que Hogarth pintó en 1743.

Las prácticas y las señales sexuales se adaptan continuamente, impulsadas en parte por una cultura digital en evolución constante. Los vídeos de TikTok no vienen con una *mouche* digital, en gran medida porque estigmatizar a las personas con ETS sería perjudicial. Sin embargo, las aplicaciones de citas digitales nos permiten construir redes sexuales que afectarán a la evolución del microbioma humano, y la única manera de estar seguro de si una pareja potencial tiene o no una ETS es pedirle que se haga un análisis. Le recomiendo que, independientemente de su edad, género u orientación sexual, se haga análisis regulares si practica el sexo.

Parece probable que el cambio de actitudes sociales respecto a las citas y el uso de la tecnología digital para este propósito estén influyendo en la estabilidad del microbioma sexual simbiótico de un modo similar a las ETS. Sea como sea, de momento desconocemos tanto la magnitud como las consecuencias de este cambio. En mi opinión, sería urgente estudiarlo, no solo porque influye en el riesgo de contraer enfermedades crónicas, sino también porque promueve la salud sexual.

Más allá del generoma

Muchas de las diferencias entre los microbiomas de los dos sexos tienen su origen en las variaciones entre la anatomía y la fisiología reproductivas respectivas, que, hasta cierto punto, definen la ecología de estos sistemas microbianos. La salud reproductiva también requiere un conjunto específico de funciones microbianas, a cambio de las cuales ofrecemos un conjunto específico de condiciones ambientales en las que nuestros microbios pueden sobrevivir. Es decir, se trata de una conversación bidireccional. Sin embargo, el ambiente también ejerce una influencia significativa sobre los microbiomas masculino y femenino, y el exposoma productivo varía mucho entre ambos sexos. Con esto quiero decir que nuestro sexo influye en dónde y cómo trabajamos, así como en los roles que desempeñamos en nuestra familia y en la sociedad. Por lo tanto, es posible que las características de nuestro microbioma sean tanto el resultado de nuestro exposoma o del entorno como de nuestra fisiología. Las diferencias en el exposoma también son muy importantes a la hora de explicar las variaciones en los resultados de salud entre los sexos. A la suma de estas funciones ambientales y genómicas del microbioma reproductivo se la suele denominar «generoma», un concepto que podría explicar las diferencias biológicas y de salud que observamos entre individuos de distinto sexo en la misma especie, o «dimorfismo sexual».

Por ejemplo, en el mundo desarrollado, las mujeres acostumbran a tener una esperanza de vida mayor que los hombres y menos probabilidades que estos de sufrir un infarto de miocardio, cáncer (excluyendo el que se desarrolla en los órganos sexuales), alcoholismo, cirrosis, párkinson, esquizofrenia, trastornos del espectro autista (incluso teniendo en cuenta el sesgo diagnóstico)[23, 24] o abuso de sustancias. Debido a las desigualdades socioeconómicas y a las desigualdades sociales asociadas al género que exacerban la variación genética entre los sexos, las mujeres también presentan índices superiores de obesidad, ictus, cálculos biliares, enfermedades autoinmunes, osteoporosis, alzhéimer y trastornos de la alimentación. La autolesión es la segunda causa de muerte en todo el mundo, después del embarazo, de las chicas de entre quince y diecinueve años.[25] En el mundo desarrollado, millones de mujeres siguen sin tener acceso a servicios sanitarios básicos o a anticonceptivos modernos. Como resultado, la carga de enfermedades transmisibles y de trastornos perinatales y nutricionales sigue desequilibrada entre los sexos. Las personas transgénero también se enfrentan a un riesgo de muerte desproporcionado (el doble que el de la población general), en gran medida porque no tienen acceso a una atención sanitaria adecuada y porque sufren un índice elevado de violencia y de discriminación.

Entonces, ¿qué funciones desempeñan en realidad nuestros microbios a la hora de determinar el sexo? ¿Pueden de veras explicar el dimorfismo sexual? Hay insectos y nematodos que renuncian a toda responsabilidad en lo que a la determinación de su sexo se refiere, y la delegan en lo que yo describiría como «transbacterias». Probablemente, la bacteria transformadora del género más célebre sea la *Wolbachia pipientis*, que manipula a los insectos en los que se hospeda y selecciona el género que pueda satisfacer mejor sus propias necesidades de supervivencia. Puede provocar incluso el desarrollo espontáneo de un embrión en un huevo sin fertilizar (en un proceso conocido como «partenogénesis») o dejar infértil a su huésped impidiendo que el esperma y los huevos formen crías viables en lo que se conoce como «incompatibilidad citoplásmica».[26]

En lo que al ser humano se refiere (y hasta donde se sabe), los microbios no intervienen en la determinación del sexo, pero sí ejercen una influencia decisiva en las consecuencias que nuestro sexo tiene para nuestra salud, y esto ocurre desde el mismo momento de la concepción. Por ejemplo, los ratones macho que nacen sin haber tenido contacto alguno con bacterias (ratones sin gérmenes) desarrollan rasgos femeninos, mientras que las hembras sin gérmenes se masculinizan. Esto sucede porque las bacterias intestinales influyen en cómo actúan las hormonas del crecimiento durante el desarrollo y la madurez sexual. El microbioma es importante para garantizar que el hígado y los adipocitos generen correctamente las hormonas sexuales.[27]

El microbioma intestinal también afecta al desarrollo cerebral de un modo específico según el sexo y la edad. Por ejemplo, las microglías son células inmunitarias del sistema nervioso central que median en la salud cerebral. La pérdida de microbioma en edades tempranas, por ejemplo debido al uso de antibióticos, altera la función de las microglías, pero las consecuencias que esta alteración tiene para la salud son distintas en hombres y en mujeres.[28] Esto explica por qué roedores de distintos sexos a los que se administran antibióticos experimentan el dolor de manera diferente, así como los cambios dependientes del sexo en la función cerebral. Este trabajo sugiere que las interacciones entre el microbioma y el sistema inmunitario podrían explicar la susceptibilidad humana a desarrollar trastornos de la salud mental dependientes del sexo, como la depresión, o de degeneración neurológica, como el alzhéimer.

Por lo tanto, tomar antibióticos antes de la pubertad influye en el fenotipo sexual y, a su vez, el microbioma determina cómo distintos sexos responden al uso de antibióticos. Las consecuencias de la exposición a antibióticos en recién nacidos se estudiaron en 12.422 niños nacidos a término y pertenecientes a la cohorte de nacimiento del suroeste de Finlandia. La investigación concluyó que la exposición temprana a antibióticos había ejercido efectos a largo plazo en el microbioma intestinal y había reducido el crecimiento durante los seis primeros años de vida en los niños, pero no en las niñas. Y el uso de antibióticos más adelante en la infancia se asoció a un aumento del Índice de Masa Corporal tanto en los niños como en las niñas.[29] Por lo tanto, los niños y las niñas presentan vulnerabilidades distintas ante enfermedades crónicas, unas vulnerabilidades que el microbioma determina antes de la pubertad. Estas diferencias se pueden mantener a lo largo de toda la vida.

En todo el mundo y a todas las edades, el microbioma intestinal humano varía entre hombres y mujeres. En la investigación liderada por el Proyecto del Microbioma Humano, se secuenciaron los microbiomas de 242 hombres y mujeres sanos con muestras sacadas de quince puntos distintos de las vías respiratorias, la boca, el tubo digestivo y la piel. Siete de los quince puntos presentaron diferencias sexuales significativas, aunque algunas de ellas solo se detectaron en el nivel de filo (el rango taxonómico más amplio).[30] Si bien la piel presentó las mayores diferencias entre los sexos, los microbiomas analizados en todos los puntos del cuerpo eran muy específicos según el sexo.

El análisis de 2.338 adultos del distrito de Pinggu de Pekín corroboró esta observación y reveló un conjunto básico de diez grupos microbianos más ricos en mujeres que también se había detectado en otras mujeres participantes en China, Israel y los Países Bajos.[31] Las observaciones seguían presentes incluso después de haber tenido en cuenta variables genéticas, alimentarias y clínicas. Las diferencias eran más pronunciadas en adultos de mediana edad y, entonces, se empezaban a reducir gradualmente con la edad y con la menopausia, y el microbioma intestinal de las mujeres era mucho más diverso que el de los hombres. Sin embargo, estas bacterias específicas según el sexo no se detectaron en niñas prepúberes neerlandesas de entre seis y nueve años, lo que sugiere que las hormonas sexuales ejercen una influencia importante sobre esos cambios. Muchos otros estudios han encontrado asociaciones igualmente sólidas entre la presencia de bacterias intestinales específicas y las hormonas sexuales. Por ejemplo, la *Prevotella* presenta una correlación positiva sólida con la testosterona y correlaciones negativas con el estradiol. Para entender las implicaciones de esta observación, es necesario que comprendamos cómo interactúan el microbioma y las hormonas sexuales.

Hablemos de sexo: hormonas y microbios

El estrógeno, la progesterona y la testosterona son hormonas sexuales a las que se conoce colectivamente como «andrógenos». La honestidad de nuestras señales sexuales está muy mediada por los andrógenos (pregúntele a cualquier adolescente, si no) y, con toda seguridad, estaban a cien cuando Romeo y Julieta se vieron por primera vez. Sin embargo, estas hormonas también desempeñan una función importante en el desarrollo de los órganos y en el mantenimiento de la salud reproductiva cotidiana a través de una serie de vías moleculares bien establecidas.

El estrógeno es una hormona asombrosa que influye en todos los aspectos de la salud reproductiva de las mujeres (y que también es importante en los hombres). El microbioma está tan íntimamente implicado en la función de los estrógenos que hace poco se ha acuñado el término *estroboloma* (el conjunto completo de genes bacterianos que descomponen, o metabolizan, el estrógeno). Esto es crucial, porque las bacterias intestinales pueden influir en cuánto estrógeno activo circula por el organismo. Esta influencia la deben a que poseen enzimas que cambian la estructura química del estrógeno desligándolo de los ácidos biliares o de proteínas. Una vez libres, el intestino puede reabsorber con más facilidad las moléculas de estrógeno y devolverlas a la circulación, donde se acoplan a receptores de estrógeno y ejercen su efecto biológico.

Los ovarios no son el único órgano que produce estrógeno. Las células especializadas del intestino sintetizan asimismo estradiol, una hormona que aparece en cantidades mucho menores, y el microbioma también influye en este proceso. Y esto es importante porque esta hormona desempeña funciones específicas en el intestino. Por ejemplo, tanto el sistema inmunitario innato como el adaptativo tienen receptores para hormonas sexuales que dirigen el mantenimiento de las barreras intestinales, y la progesterona promueve incluso la producción de IgA, que a su vez reduce la permeabilidad intestinal a las bacterias y a las toxinas. La relación entre el intestino y las hormonas sexuales es tan importante que el nivel de inmunoglobulinas que circulan en sangre fluctúa en función del momento del ciclo menstrual de la mujer. El estrógeno también actúa como una hormona vasoactiva y aumenta el flujo sanguíneo local, al tiempo que refuerza el contenido en colágeno de la vagina y produce lubricantes. Los beneficios del estrógeno se hacen notar en la vejiga, la uretra, la musculatura del suelo pélvico y en cualquier lugar del cuerpo donde haya receptores de estrógenos.

La interdependencia entre la función de los andrógenos y el microbioma significa que las funciones de los microbiomas femeninos también se ven influidas por el estado menstrual de la mujer y por los ciclos menstruales, y esta relación fluctúa a lo largo de distintas escalas temporales. Como el microbioma desempeña una función importante en la definición de la biodisponibilidad del estrógeno, en teoría puede influir en todas estas funciones del organismo. Por ejemplo, el microbioma desempeña un papel importante en la definición, mediante el eje intestino-cerebro, de los síntomas que muchas mujeres experimentan antes o durante sus periodos, como hinchazón, dolores o ansiedad. También se acepta cada vez más que, como el microbioma interfiere con la biodisponibilidad de todos los andrógenos en el cuerpo de la mujer, también podría desempeñar un papel indirecto en la causa de enfermedades crónicas asociadas a la regulación de estos, por ejemplo en la endometriosis y el síndrome del ovario poliquístico (SOP), que afectan a hasta el 10 por ciento de las mujeres y reducen significativamente la salud, la fertilidad y la calidad de vida de quienes los padecen. También explica en gran medida el dimorfismo sexual en las enfermedades crónicas, porque la interacción entre el estrógeno y el microbioma puede modificar el riesgo de que una mujer desarrolle obesidad, síndrome metabólico, enfermedades cardiovasculares y cáncer de mama (el estrógeno también influye en el riesgo de cáncer de próstata en los hombres). El microbioma es ahora un nuevo objetivo que permitiría clasificar estas enfermedades en función del riesgo y prevenirlas.

A finales de la década de 1940, el doctor Carl Djerassi empezó a sintetizar progesterona a partir de ñames silvestres y propició así la serie de descubrimientos que se acabarían traduciendo en la píldora anticonceptiva. En Estados Unidos se aprobó su comercialización en 1960, y al cabo de dos años, ya la usaban 1,2 millones de mujeres estadounidenses. En Reino Unido hoy, aproximadamente el 26 por ciento de las mujeres entre dieciséis y cuarenta y nueve años usan anticonceptivos hormonales, y cada vez más mujeres utilizan una píldora que solo contiene progesterona, a la que también cometaboliza el microbioma.[32] A pesar de la adopción generalizada de este fármaco revolucionario, se sabía muy poco acerca de su interacción con el microbioma humano. A juzgar por una pequeña cantidad de estudios, parece que la píldora anticonceptiva combinada no modifica la diversidad del microbioma intestinal. Sin embargo, sí que puede alterar las funciones metabólicas de este; un estudio del Hospital General de Massachusetts sobre diez mujeres premenopáusicas sanas que tomaban la píldora anticonceptiva demostró que, a lo largo de seis meses, los niveles en sangre de la hormona sexual estradiol se asociaban positivamente con la cantidad relativa de microbios específicos en el intestino, como el *Eubacterium ramulus*.[33] Además, los microbios que metabolizan tipos específicos de aminoácidos se asociaron significativamente a niveles reducidos de estradiol y a niveles superiores de testosterona total en sangre.

El impacto del microbioma intestinal sobre la efectividad de la píldora puede ser aún más importante en mujeres con obesidad o en mujeres que sufren enfermedades crónicas asociadas en los ovarios, como el SOP, porque su microbioma ya tiene alterada la capacidad de cometabolizar andrógenos.[34] La píldora también ejerce un impacto significativo sobre el microbioma vaginal, y algunos análisis sugieren que podría reducir la biodiversidad bacteriana y, así, promover la inflamación del cérvix y aumentar el riesgo de transmisión del VIH.[35] Por lo tanto, es urgente que entendamos la relación entre el intestino y el microbioma urogenital, de modo que podamos tanto mejorar la seguridad de las estrategias anticonceptivas como reducir el riesgo de transmisión de ETS.

El generoma sigue influyendo en la salud de la mujer cuando el ciclo menstrual se detiene. Las mujeres posmenopáusicas tienen niveles reducidos de *Lactobacillus* en la vagina, pero más *Prevotella*, *E. coli*, *Streptococcus* y *Bacillus*. Las mujeres posmenopáusicas con un microbioma vaginal rico en *Lactobacillus* tienden a experimentar menos síntomas del síndrome genitourinario de la menopausia (SGM), como sequedad vaginal, picor e irritación, o síntomas sexuales como falta de lubricación, incomodidad o dolor. Aún no entendemos del todo la relación entre el microbioma y los síntomas que acompañan a la pérdida de estrógeno y de progesterona. Sin embargo, muchas mujeres adoptan la terapia hormonal sustitutiva (THS) para tratar los sofocos, los sudores nocturnos, los cambios de humor, el SGM y la pérdida de libido y, dados los datos de que disponemos acerca de la píldora anticonceptiva, es muy probable que las interacciones entre el microbioma y la THS también sean importantes.

Aunque, por lo general, la THS es segura, el microbioma desempeña un papel importante a la hora de determinar tanto la efectividad como los efectos secundarios del tratamiento. Las pruebas de ello se han obtenido en estudios donde se administró una THS a largo plazo a ratones hembra a los que se les había extirpado los ovarios. Los investigadores observaron que la THS provocó una reducción en la cantidad de bacterias que producen la enzima beta-glucuronidasa en el intestino, que ayuda a promover la biodisponibilidad de la hormona.[36] El tratamiento a largo plazo con estrógeno modifica la composición del microbioma, lo que, a su vez, modifica cómo el cuerpo de la mujer metaboliza las hormonas con las que se trata.

Los hombres son igualmente susceptibles a que los microbios intestinales interfieran con sus hormonas sexuales. Unos investigadores de la Universidad de Wuhan (China) llevaron a cabo un experimento que demostró una correlación entre la depresión y la presencia de una bacteria concreta que reduce el nivel de testosterona. Aislaron la bacteria *Mycobacterium neoaurum* de las muestras de heces de pacientes con déficit de testosterona. La bacteria pudo descomponer testosterona en el laboratorio.[37] Cuando el gen para esta hormona se activó en la *E. coli* y se administró a ratas, redujo los niveles de testosterona circulando en el cerebro y en la sangre, lo que a su vez se relacionó con un cambio conductual asociado a la depresión. En una muestra de 107 hombres con depresión, el 43 por ciento de ellos tenía esta enzima aniquiladora de testosterona en las heces, en comparación con el 16,7 por ciento del grupo de control.

Al igual que sucede con las mujeres, la obesidad y la resistencia a la insulina también influyen en esta dinámica en los hombres, y la composición de la microbiota intestinal de los hombres con diabetes tipo II y déficit de testosterona es distinta a la de los hombres sin diabetes.[38] Esto es importante no solo por sus implicaciones para el riesgo de desarrollar enfermedades crónicas como el cáncer, sino porque es posible que el futuro de nuestra especie dependa de ello.

Un terreno de caza fértil

El índice de fertilidad mide el número promedio de hijos por mujer y, a lo largo de los últimos cincuenta años, ha experimentado un descenso constante a escala global: ha pasado de 4,5 hijos por mujer a 2,3 hijos por mujer. Se espera que el índice de fertilidad global siga descendiendo durante las próximas décadas, lo cual tendría consecuencias dramáticas tanto para nuestra especie como para nuestra sociedad envejecida.[39] Se sabe que ciertos agentes patógenos de transmisión sexual, como la *Chlamydia trachomatis* y la *Neisseria gonorrhoeae*, son una causa importante de infertilidad femenina. Sin embargo, los agentes patógenos no explican por sí solos el estrepitoso desplome de la fertilidad humana, y tampoco se trata de un problema que afecte solo a uno de los sexos.

La concentración de espermatozoides promedio cayó de 101,2 millones por ml estimados a 49,0 millones por ml entre 1973 y 2018 (un descenso del 51,6 por ciento).[40] El eje intestino-testículos podría explicar parcialmente esta observación. En primer lugar, sabemos que la obesidad, la resistencia a la insulina y la dieta rica en grasas cambian la función reproductiva masculina y la producción de espermatozoides (o espermatogénesis). Y esto es importante porque estamos en plena pandemia de obesidad. Los modelos animales nos pueden ayudar a entender por qué: las ovejas alimentadas con una dieta occidental rica en grasas desarrollan un síndrome metabólico de obesidad y resistencia a la insulina. A su vez, esto influye en la absorción de la vitamina A, que altera la espermatogénesis. Curiosamente, se pudo replicar esta infertilidad inducida metabólicamente trasplantando microbiota fecal a animales sin síndrome metabólico.[41]

Sea como sea, para bailar tango hacen falta dos, y la reproducción exige que los espermatozoides naden contracorriente hasta llegar al óvulo y fertilizarlo. Para terminar este viaje épico, el espermatozoide ha de recorrer el tracto genital femenino y superar sus sistemas de defensa. Por eso, la investigación sobre la infertilidad también ha estudiado los microbiomas de la vagina, del cérvix y del endometrio, y parece que desempeñan un papel importante a la hora de determinar cómo el espermatozoide alcanza su objetivo. De momento, muchos de los estudios sobre la diversidad y la riqueza de especies en mujeres infértiles ofrecen resultados contradictorios y no han conseguido aclarar aún los determinantes concretos de un microbioma vaginal óptimo para la fertilidad. Aun así, empezamos a vislumbrar algunos datos.

Por ejemplo, durante el ciclo de ovulación indicado artificialmente en la fertilización *in vitro* (FIV), las mujeres experimentan fluctuaciones en la diversidad del microbioma vaginal, pero parece que esto sucede con independencia de la hormona liberadora de gonadotropina (o GnRH, por sus siglas en inglés), que se usa para «desactivar» la estimulación del ovario por parte del cerebro.[42] Esto significa que, a pesar de la sólida relación que el estrógeno y la progesterona tienen con el microbioma vaginal, es posible que haya mecanismos independientes de las hormonas que regulen el microbioma vaginal de las mujeres para garantizar que esté en los niveles óptimos para la reproducción.

Las mujeres que se someten a tratamientos de FIV para la infertilidad tienden a tener niveles de *Lactobacillus* inferiores a los de las mujeres fértiles, y lo mismo sucede con las mujeres que tienen partos prematuros. De ser cierto, sería algo contraintuitivo, porque la especie probiótica vaginal *L. crispatus* reduce significativamente la movilidad y la penetración de los espermatozoides. En un estudio sobre 192 mujeres a quienes se implantaron embriones nuevos, la microbiota vaginal permitió predecir correctamente el fracaso de la implantación en treinta y dos de treinta y cuatro mujeres a partir de la composición de su microbiota vaginal. La presencia y el grado de dominancia del *L. crispatus* era un factor importante a la hora de predecir el resultado del embarazo.[43]

Como todo lo demás en la ciencia del microbioma, es probable que el momento y el contexto lo sean todo a la hora de explicar estas observaciones. En primer lugar, la ubicación anatómica precisa del nicho de *Lactobacillus* es importante. Por ejemplo, la presencia de especies de *Lactobacillus* en los fluidos foliculares ováricos se ha asociado a índices superiores de transferencia de embrión y a mejores resultados de embarazo tras procedimientos de FIV tanto en mujeres fértiles como en infértiles. En segundo lugar, podría ser que el *L. crispatus* ejerza un efecto protector en la salud de las madres y en el desarrollo de los embriones en parejas fértiles y que su presencia impida la unión de espermatozoides y óvulos con anomalías. Sin embargo, cantidades muy superiores se convierten en un problema en varones con un recuento de espermatozoides bajo o con espermatozoides defectuosos.

Es más probable que la fertilidad se defina por la compatibilidad del semen del hombre y del microbioma del tracto genital de la mujer, que a su vez define la respuesta del sistema inmunitario de la mujer durante el proceso. El sistema inmunitario vaginal, programado por el microbioma local, podría atacar sin querer o bien a los espermatozoides o bien a sus pasajeros microbianos y desactivarlos o provocar su aglutinamiento, con lo que los espermatozoides quedan inservibles. Por lo tanto, es posible que la compatibilidad del microbioma entre los progenitores sea un determinante evolutivo de la selección de pareja y de la reproducción más importante de lo que se creía hasta ahora.

El microbioma moderno influye directa e indirectamente en nuestra capacidad para reproducirnos, y es posible que se acabe convirtiendo en nuestro objetivo más importante a la hora de corregir el vertiginoso desplome de las poblaciones industrializadas.[44] Mejorar nuestra salud intestinal y, más concretamente, abordar la epidemia de obesidad podría ser el primer paso para corregir este efecto. El microbioma se podría convertir en una vía terapéutica para parejas que tienen dificultades para concebir.

Se están llevando a cabo más estudios sobre probióticos que permiten modificar el microbioma vaginal y hacerlo más acogedor para los exhaustos espermatozoides, pero esta solo es una de las estrategias posibles. Los ratones macho con diabetes tipo I alimentados con una dieta rica en grasas producen espermatozoides defectuosos. Cuando se trató a estos animales con un TMF mejorado con un polisacárido natural extraído de un alga parda llamado «oligosacárido de alginato» (OSA), la movilidad de sus espermatozoides mejoró significativamente.[45] No sabemos si la TMF se traducirá con éxito en estudios sobre la infertilidad en humanos, pero solo es cuestión de tiempo que alguien lo intente.

El ser humano holosexual

El sexo y el género no son lo mismo y, a pesar de su importancia, el microbioma no define ninguno de estos constructos biológicos y sociales. El microbioma humano no es ni masculino ni femenino, es decir, los procariotas no se reproducen sexualmente y no se deberían antropomorfizar con fines ideológicos. En todo caso, se podría decir que los microbios decidieron que era mucho mejor evitar los pronombres en su búsqueda asexual de la eficiencia reproductiva. Desde una perspectiva evolutiva, el microbioma depende del ciclo reproductivo del holobionte para su propia supervivencia. Por lo tanto, el microbioma no es una dominatrix que nos somete a sus perversiones parasitarias, sino nuestra pareja para toda la vida, que nos empuja hacia la procreación y promueve la salud de un modo que es específico tanto para el sexo como para el género, porque es lo que mejor satisface sus intereses egoístas. El microbioma contribuye a la efectividad de las hormonas sexuales e influye en el desarrollo de los órganos sexuales y en la salud urogenital. El microbioma también influye en nuestros rituales de apareamiento, desde cómo nos acicalamos y olemos o el aspecto que tenemos hasta nuestra conducta social mediante la selección de pareja. A su vez, la estructura y la función del microbioma se ven influidas por nuestras prácticas sexuales. Está profundamente relacionado con los riesgos asociados al sexo y al género de desarrollar enfermedades crónicas, con la salud y con la fertilidad. Por mi parte, pienso en los seres humanos como seres «holosexuales», definidos ampliamente por la suma de sus atractivísimos genomas microbianos.

En la práctica, la prevalencia de las enfermedades sexuales no se distribuye de manera equitativa entre todo el espectro de géneros, y las personas que se identifican como LGBTQ+ soportan una carga desproporcionada. Por supuesto, la igualdad de género y la erradicación de la homofobia se enfrentan a obstáculos sociales, conductuales y políticos mucho mayores que los microbios, pero podemos recurrir al microbioma para reducir el dimorfismo de género y para reducir el riesgo de enfermedades en y a través de grupos sociales e identidades sexuales. Un microbioma urogenital e intestinal sano debería ser una medida legítima y objetiva de la salud sexual, sobre todo porque varía dependiendo de la orientación sexual del individuo. Sin embargo, no podremos usar el potencial de la nueva ciencia del microbioma holosexual si seguimos excluyendo a grupos LGBTQ+ concretos de esta investigación o si impedimos que algunos miembros puedan acceder a un ecosistema interno resistente. El microbioma se debería incluir en el comentario social continuo sobre el cambio de las normas de género y sexuales, tanto en jóvenes como en mayores. Y los responsables de diseñar políticas deberían asegurarse de que los más vulnerables queden protegidos.

Una estrategia de salud holosexual también debería garantizar la salud del generoma en todos los nichos del cuerpo y en todas las etapas del desarrollo sexual de un holobionte. Por lo tanto, a medida que nuestra línea de vida fluctúa con el ciclo mensual de la menstruación o con los cambios más permanentes de la menopausia, el embarazo, la hipertrofia de próstata o la crisis de la mediana edad, la deberíamos optimizar para la felicidad y no solo para prevenir el tratamiento de enfermedades. Es muy posible que el momento más importante para lograr la salud del holosexual llegue mucho antes de la pubertad, cuando el microbioma es más influenciable, y podemos centrarnos en su composición o sus funciones y hacer que beneficien al individuo. La consecuencia de no hacerlo podría ser toda una vida de riesgo de enfermedades crónicas.

Por supuesto, nada de esto tiene que ver con el amor, y quizás sea mejor que nunca lleguemos a conocer esa fórmula secreta concreta y que se lo dejemos a Shakespeare. Sea cual sea su género o su inclinación sexual, la felicidad en las relaciones dependerá de la persistencia, del sentido del humor y del perdón... y ninguno de estos factores tiene que ver con el microbioma. Son rasgos claramente humanos. Lo único que sé es que tengo una suerte increíble: la chica me perdonó y, hoy en día, seguimos caminando de la mano.

CAPÍTULO 6

El Big Bang

El 8 de septiembre de 2008 a las nueve de la mañana, la Chica estaba tendida sobre una camilla de quirófano, con el hinchado abdomen pintado de antiséptico rosa y cubierta con rígidas sábanas estériles de color azul. A pesar de que me conocía al dedillo el procedimiento quirúrgico, me acompañaron hasta que me puse a su lado, detrás de la cortina que le tapaba la vista del campo operatorio, y ella me pidió que le diera la mano, sin dejar opción a que me negara. Una obstetra ataviada con mascarilla, traje estéril de quirófano y guantes hablaba con un tono ininteligible a su asistente mientras practicaba una incisión horizontal en el bajo abdomen de la Chica. En cuestión de minutos, la obstetra extrajo un bebé rosado, al que puso boca abajo. Jacomo Kinross dejó muy claro lo poco que le gustaban la luz intensa, el frío y el público. Una pediatra lo revisó a conciencia y luego lo abrigaron, lo limpiaron y lo depositaron con cuidado desnudo sobre el pecho de su madre. La gran colonización acababa de comenzar.

En algunas mujeres, esto sucede antes del parto. La transmisión vertical de la microbiota describe el proceso por el que la madre pasa microbiota al bebé durante la gestación a través de la sangre que comparten. En unidades obstétricas de todo el mundo, las comadronas y los médicos hacen análisis en busca de agentes patógenos que se suelen transmitir de este modo, como la rubeola, el VIH, la sífilis o la toxoplasmosis, porque causan un daño terrible al feto. Sin embargo, es posible que nos hayamos centrado tanto en prevenir el daño que causan estos agentes patógenos que nos hemos olvidado de la función vital que también desempeñan los microbios maternos, que garantizan la buena salud tanto de las madres recientes como de sus recién nacidos.

De hecho, los microbios simbióticos que sus progenitores le brindaron al llegar al mundo son el regalo más valioso que le han hecho o que le puedan hacer jamás. Estas formas de vida microscópicas lo educarán y lo protegerán y trasladarán ese poder a sus genes. Tal y como hemos hecho con nuestro planeta, si queremos entender la importancia del microbioma para la salud humana, nos tenemos que remontar a su creación y examinar cómo evoluciona en nuestra vida temprana. Desde este punto de vista, el microbioma ejerce una influencia irreemplazable e irreversible en nuestros órganos.

El microbioma materno

El microbioma de las madres tiene superpoderes que protegen a todos los implicados en el ciclo reproductivo. En cambio, la doctrina médica clásica nos enseña que llegamos al mundo desde un «útero estéril», lo que significaría que no hay ni una sola forma de vida microbiana en nuestro interior. Desde un punto de vista evolutivo, es claramente beneficioso para cualquier neonato que se le mantenga al abrigo de los agentes patógenos. El saco amniótico y la placenta en la que todos nos hemos gestado actúan como una burbuja inmunitaria, diseñada específicamente para mantener a los bichos malos fuera. Y, aunque la placenta puede albergar bacterias de forma transitoria (por ejemplo, la bacteria *Streptococcus agalactiae*, una causa rara de infecciones en recién nacidos),[1] no cuenta con un microbioma propio.

Sin embargo, la ciencia del microbioma cuestiona la hipótesis del útero estéril, porque señala las múltiples maneras en que los microbios maternos se pueden comunicar con el feto en desarrollo. El intestino alberga la mayor colección de bacterias de las madres recientes y es una turbina metabólica colosal que posee una magnífica cartera de funciones maravillosas que se ponen a prueba durante la gestación, el parto y la lactancia. Por lo tanto, cambia junto con la madre para ayudarla a satisfacer esas necesidades.

El microbioma de una mujer embarazada permanece inalterado durante el primer trimestre de gestación, durante el que sigue dominado por los filos Firmicutes y Bacteroidetes, pero, una vez llegado el tercer trimestre, el microbioma habrá sufrido cambios drásticos. La biodiversidad total del intestino se simplifica y se centra en la enorme tarea de producir la energía necesaria para desarrollar a un nuevo ser humano,[2] aunque la variación microbiana entre una embarazada y otra es notoria, y el microbioma de cada mujer embarazada es único y personal.

Podemos pensar en el microbioma como en una orquesta. La música que toca es eterna, y las madres transmiten la partitura a sus hijos de generación en generación. El microbioma de la madre produce cientos de miles de tipos distintos de unas diminutas notas moleculares conocidas como «metabolitos», «lípidos» y moléculas grandes llamadas «proteínas» que llegan al bebé con la sangre. El bebé nonato escucha y se adapta en respuesta a estas señales moleculares durante la gestación, hasta que nace y es colonizado por sus propios músicos microbianos.

El tono, el modo y el volumen de la canción cambian a lo largo de nuestra vida, y durante el embarazo la orquesta se va organizando y creciendo a lo largo de los trimestres, llevando a un emocionante «himno a la alegría» justo antes del parto. El microbioma materno no despide a la orquesta antigua ni contrata a otra nueva para lograr este hito musical. Por el contrario, despierta a secciones durmientes de la orquesta y les ordena que interpreten todas las notas maternas necesarias en el orden correcto. El microbioma materno sigue interpretando su sinfonía en el bebé incluso después del parto, a través de la lactancia, el contacto físico y el juego. Por supuesto, la directora de orquesta es la madre y sus batutas son la alimentación, el estilo de vida y las funciones biológicas, algunas de las cuales escapan a su control consciente.

Se acostumbra a decir que las mujeres embarazadas comen por dos, pero no es así: comen por billones. En parte, es posible que esto explique por qué las mujeres embarazadas tienen antojos de comidas que normalmente no consumirían. Los microbios del intestino materno dependen de la alimentación de la madre para crecer, al igual que el bebé, y solo pueden producir metabolitos secundarios que beneficien a ambas partes si reciben el combustible adecuado. El microbioma altera sutilmente las sensaciones de saciedad, hambre o antojos concretos de la madre justo para eso, para conseguir lo que necesita. A medida que la dieta de la madre cambia durante el embarazo, la cantidad total de microbios en el microbioma oral aumenta y modifica cómo la futura madre experimenta la comida.

Se insta a todas las mujeres embarazadas a tomar suplementos de ácido fólico, una vitamina B esencial que el cuerpo necesita para sintetizar ADN y ARN. *Esencial* significa que el cuerpo humano no lo puede producir y que debe obtenerlo a través de la comida, como las verduras de hoja verde, la fruta, los cereales y el hígado. Un nivel de ácido fólico en sangre muy bajo al comienzo del embarazo puede provocar defectos en el tubo neural del bebé, como la espina bífida. A pesar de que el ácido fólico es importante para muchos otros aspectos de la salud, es tan deficitario en los productos que caracterizan a la dieta occidental que hemos empezado a enriquecerlos con él. Sin embargo, las bacterias intestinales también producen ácido fólico y nos aportan hasta el 20 por ciento de la cantidad diaria recomendada.[3]

El microbioma no solo nos proporciona vitaminas, sino también aminoácidos esenciales y decenas de miles de especies distintas de metabolitos descompuestos de alimentos no digeribles, como la fibra. Además, purifica las sustancias químicas artificiales de la comida, los medicamentos y el medio ambiente, que suelen ser ajenas al cuerpo, por lo que reciben el nombre de «xenobióticos». El microbioma descompone todas esas moléculas con fines puramente egoístas (liberar el carbono que necesita para obtener energía) y cuenta con un amplio repertorio de enzimas con que conseguirlo. Los subproductos de este proceso son los agentes buenos (o malos) que influyen en la salud intestinal. El microbioma es el centro de operaciones de una colosal superautopista bioquímica, o una enorme estación central que envía locomotoras repletas de cargamento a todos los rincones del organismo.

Cuando un bebé recién nacido tiene hambre, llora para reclamar alimento, pero mientras está en el vientre de la madre, solo tiene una opción: el menú de la madre. El intestino de la madre, la placenta y el hígado del propio bebé filtran la comida y actúan como una defensa metabólica contra las toxinas ambientales. Una vez filtrada, la energía puede llegar a los órganos del bebé, hambrientos y cada vez más grandes. Los metabolitos también actúan como señales que pueden influir en el desarrollo del sistema inmunitario del bebé antes de nacer. Es posible que el hecho de que el útero carezca de microbioma sea irrelevante, porque el microbioma materno puede susurrar a su bebé a través de la pared de la placenta.

Cuando el microbioma de la madre cambia debido a los problemas de salud de esta (por ejemplo, la obesidad), el riesgo de que el bebé desarrolle enfermedades no contagiosas aumenta y es posible que ese riesgo se mantenga durante toda la vida. Las mujeres con sobrepeso u obesidad suelen tener menos *Bifidobacterium* y *Bacteroides* y más especies concretas de Firmicutes. Estos cambios se asemejan a los informados en personas obesas no embarazadas, y los puntos en común entre las enfermedades son sorprendentes, dadas las exigencias fisiológicas y el drástico cambio de estilo de vida que experimentan la mayoría de las madres recientes. Estas bacterias en concreto son muy eficientes en la captación de energía a partir de dietas ricas en grasa, y el microbioma fecal en el tercer trimestre del embarazo muestra signos muy evidentes de estar causando inflamación intestinal, lo que podría explicar algunos de los cambios observados en la salud de las madres.[4]

Por ejemplo, se ha comprobado que el microbioma forma parte del mecanismo que interviene en las complicaciones metabólicas durante el embarazo, como la diabetes gestacional, un aumento temporal del nivel de glucosa en sangre de la madre. Las mujeres embarazadas se someten a análisis para detectarla, porque puede perjudicar al bebé. Los científicos han estudiado la conexión entre el microbioma y la diabetes gestacional y, en experimentos con ratones, se han encontrado pruebas sólidas del papel que desempeña el microbioma en este proceso. La transferencia de heces de mujeres en el tercer trimestre de embarazo a ratones dio lugar a resultados sorprendentes. La nueva microbiota intestinal activó la producción de adipocitos en los ratones y redujo significativamente la sensibilidad de estos a la insulina, la hormona que regula la glucosa en sangre. Por otro lado, los cambios en la diversidad del microbioma intestinal de la madre gestante que contribuyen a la diabetes gestacional son sorprendentemente persistentes y se pueden mantener hasta ocho meses después del nacimiento del bebé, lo que podría explicar por qué la diabetes persiste en algunas mujeres cuando ya han dado a luz.[5]

Y este no es el único ejemplo de cómo el microbioma influye en la salud de la madre. En el microbioma intestinal de embarazadas con preeclampsia, un estado transitorio de hipertensión arterial durante el embarazo, se han observado cambios similares a los identificados en el microbioma de madres con diabetes gestacional.[6] Esto significa que el microbioma materno podría ejercer múltiples influencias sobre la salud de la madre a través de vías comunes. Ahora empezamos a entender lo influyente que el microbioma materno llega a ser para la salud del bebé que se gesta, y hay un interés considerable en definir justo cuándo y cómo las madres comparten sus microbios simbióticos con sus hijos.

El microbioma fetal

La composición de la microbiota de un recién nacido es muy similar en todo el cuerpo... con la notable excepción del intestino.[7] Las primeras deposiciones del recién nacido reciben el nombre de «meconio» y es una mezcla espesa y semejante a un alquitrán negro verdoso del material ingerido por el bebé durante su estancia en el útero. Se compone de células del revestimiento intestinal, vello fino, moco, bilis, fluido amniótico y, seguramente, bacterias. El meconio presenta correlaciones sólidas con la microbiota de las heces de la madre a las veinticuatro horas del parto.[8] Si el meconio de un bebé a punto de nacer no es estéril, cabe preguntarse: ¿cuándo ha tenido lugar la colonización exactamente? ¿Y qué o quién lo ha colonizado?

A las tres semanas de gestación y antes de que el corazón empiece a latir o de que aparezcan las yemas de las extremidades, el sistema gastrointestinal del feto se compone de un solo tubo intestinal hueco. En la semana veinticuatro, el feto desarrolla la capacidad de absorber nutrientes por el intestino y, por lo tanto, es técnicamente «posible» que haya formas de vida microbianas viviendo en el intestino del bebé *in utero*. El sistema inmunitario es la primera línea de defensa del bebé en desarrollo y, hacia la semana once de gestación, empiezan a aparecer a distintos ritmos los diversos elementos celulares que lo componen. Los linfocitos del sistema adaptativo (linfocitos B y T) ya se pueden detectar en el intestino a partir de la semana dieciséis y, hacia la diecinueve, se han organizado en nodos linfáticos especializados. En el parto, los nuevos humanos cuentan con un intestino y un sistema inmunitario plenamente funcionales, y es como comprar un ordenador con un programa antivirus preinstalado que se activa en el momento en que lo encendemos por primera vez. Eso sí, necesita una actualización de sistema para determinar qué virus son perjudiciales y qué virus necesita para sobrevivir. ¿O no?

Toda bacteria dispuesta a vivir en el desierto de nutrientes que es el intestino en desarrollo del bebé al tiempo que sufre el ataque continuado de las hormonas del embarazo y de los sistemas de defensa celular de la madre y del bebé ha de ser resistente por necesidad. Y eso equivale a caminar en la cuerda floja porque, si hiperactivara sin querer al sistema inmunitario, podría dañar al bebé en desarrollo. Las arqueas extremófilas, acostumbradas a sobrevivir con recursos muy limitados en las fuentes hidrotermales del fondo del océano Pacífico, podrían, seguramente, vivir en un entorno tan pobre en nutrientes. Por lo tanto, la idea de que el intestino humano en desarrollo apenas esté habitado durante la gestación y de que haya muy poca cantidad de microbiota como el género *Micrococcus* es muy controvertida.[9] Estas sufridas bacterias suelen vivir sobre la piel, pero también en la tierra, el agua y el polvo, porque pueden sobrevivir en entornos con muy poca agua o con concentraciones elevadas de sal.

Si estas microbiotas existen realmente en el intestino en desarrollo, es muy probable que se originen en el microbioma materno, aunque aún no se ha definido su función concreta (si es que tienen alguna) a la hora de educar la memoria del sistema inmunitario neonatal. Los datos obtenidos a partir de experimentos llevados a cabo sobre corderos en gestación sugieren que las leves firmas metabólicas de las bacterias identificadas en el intestino del feto se pueden detectar luego en las heces de estos mismos corderos al nacer y en la sangre extraída del cordón umbilical. Esto indica que estas bacterias podrían enviar señales químicas al bebé en el útero e influir directamente en su desarrollo. Aún más preocupante es que estos experimentos sugieren también que los virus y las bacterias identificados en el intestino en gestación pueden portar genes de resistencia a los antibióticos, que la madre podría transmitir al microbioma intestinal del feto.[10] Y recuerde que la función de la materia oscura del microbioma sigue siendo una completa desconocida.

Si se demuestra sin lugar a dudas que el intestino en desarrollo cuenta con su propio microbioma en el útero, seguramente tengamos que volver a escribir el libro de la inmunología, porque significaría que la función que las bacterias y la microbiota desempeñan en la programación del sistema inmunitario es mucho más esencial de lo que suponíamos, y que la transmisión horizontal de los genes bacterianos, es decir, de bicho a bicho, en el útero podría moldear nuestro desarrollo. El eje intestino-microbioma materno-sistema inmunitario es, en mi opinión, el área de atención más importante a la hora de prevenir cualquier enfermedad crónica. Quien logre definir exactamente cómo se desarrolla este matrimonio dinámico tiene el Nobel asegurado.

El nacimiento del microbioma humano

Todos los bebés acaban naciendo antes o después (hacia los nueve meses, más o menos). Hasta ahora, la hipótesis generalmente aceptada entiende que la colonización del bebé comienza durante el parto, cuando pasa por el canal de parto y es ungido por primera vez con los microbios de la madre. La vagina materna posee su propio ecosistema microbiano, que evoluciona a lo largo del embarazo. Hacia el tercer trimestre, aumentan las especies de *Lactobacillus* y disminuyen las bacterias anaeróbicas a las que no les gusta el oxígeno. Este cambio es importante, porque protege al bebé durante el parto. Las madres con microbiomas dominados por *Lactobacillus* durante el primer trimestre tienen menos riesgo de experimentar un parto prematuro, porque los *Lactobacillus* compiten con los microbios patógenos e impiden que estos proliferen.[11] Qué constituye un microbioma vaginal materno saludable y qué no varía en función de la cultura y de la ubicación geográfica. Por ejemplo, se han observado variaciones en la diversidad microbiana en mujeres latinoamericanas y peruanas,[12] aborígenes australianas[13] y afroamericanas. Sin embargo, un hallazgo común a todos estos grupos es que las cantidades reducidas de *Lactobacillus* están estrechamente relacionadas con el índice de partos prematuros. Es posible que esto se convierta en la clave para entender las variaciones globales en la mortalidad de bebés prematuros.

Ahora, muchos científicos se preguntan si la manera en que nacen los bebés ejerce un impacto importante en cómo las madres siembran las bacterias en sus bebés y si esto, a su vez, tiene consecuencias para la salud del recién nacido a largo plazo. Las cesáreas pueden salvar vidas y es como mis dos hijos han venido al mundo. No pierda el tiempo sintiéndose culpable si los suyos han nacido así también. Hay muchos beneficios y están en buena compañía. El índice global de partos por cesárea se ha duplicado durante los últimos quince años y ahora llega al 21 por ciento, aunque cada año aumenta en un 4 por ciento. La probabilidad de que un bebé nazca por cesárea depende de la parte del mundo en que vaya a nacer. En el sur de África, menos del 5 por ciento de los bebés nacen por cesárea, mientras que el índice asciende al 60 por ciento en algunas partes de América Latina, como Brasil.[14]

Los microbios intestinales de los bebés que nacen por cesárea están enriquecidos con microbios presentes en la piel humana. Jacomo fue colonizado así mientras reposaba tendido sobre el pecho de su madre en la sala de partos y se preguntaba qué demonios estaba pasando. Sin embargo, cada vez está más claro que el desarrollo inmunitario de los bebés nacidos por cesárea es distinto al de los que nacen por vía vaginal, y tienen más probabilidades de desarrollar obesidad, alergias, piel atópica o asma, además de menos diversidad en el microbioma intestinal.[15]

«Dispersión» es el nombre oficial con el que se conoce a la primera colonización del recién nacido, y el orden y el tipo concretos de los microbios que se dispersan por el intestino dependen de las exposiciones materna y ambiental. Por lo tanto, el microbioma del bebé será distinto en función de dónde dé a luz la madre y de dónde le dé el pecho. Se secuenció el microbioma de sesenta bebés eslovenos nacidos en tres maternidades diferentes durante el primer mes de vida. Los investigadores del estudio observaron que, durante ese primer mes, la proporción relativa de enterococos estaba estrechamente relacionada con la localidad del hospital donde habían nacido los bebés.[16] El entorno del nacimiento determina en parte la dispersión del microbioma, y los bebés que nacen en casa tendrán un microbioma completamente distinto al de los que nacen en el ala de maternidad de un hospital. De todos modos, se desconocen las implicaciones a largo plazo de estos hallazgos.

Los bebés prematuros quedan ingresados en unidades de cuidados intensivos neonatales. La esterilización constante y el lavado de manos repetido que caracterizan a las UCI las convierten en un entorno muy austero para el microbioma. Aun así, la incubadora, la sala y las manos del personal sanitario proporcionan bacterias que colonizan el intestino del bebé. En concreto, las especies *Candida* y *Saccharomyces* son abundantes, pero todavía no se ha definido el impacto de estas sobre el desarrollo microbiano temprano. Los «prematuros extremos», o bebés prematuros de bajísimo peso al nacer, tienen dificultades anatómicas y fisiológicas importantes en comparación con los bebés nacidos a término. Gracias al extraordinario trabajo de equipos de neonatología de todo el mundo, muchos bebés prematuros sobreviven y llevan vidas felices y normales. No obstante, los bebés prematuros tienen más riesgo de desarrollar diabetes tipo II, enfermedades cardiovasculares y cerebrovasculares, hipertensión, enfermedad renal crónica, asma y anomalías de la función pulmonar, trastornos neurocognitivos y psicosociales y una peor adaptación social. Resulta muy tentador especular con el papel del microbioma como elemento causal de estos trastornos. Y, si efectivamente tiene algún papel, es mucho más probable que sea así como consecuencia de una alteración profunda en la programación metabólica e inmunitaria que de los contaminantes sobre la piel cuando comenzaron la vida en cuidados intensivos.

De todos modos, no sería normal que un bebé naciera sin ningún microbio. Sorprendentemente, hay una manera de recrear estas condiciones extraordinarias en el laboratorio. La «xenobiosis» es el estudio de animales sin gérmenes. Se trata de animales experimentales creados artificialmente que viven toda su vida en una burbuja de plástico, donde el aire se filtra, las camas, la comida y el agua se irradian y todo lo que tocan está esterilizado. Siempre que entran en contacto con un animal colonizado es exclusivamente con fines experimentales. Se les realiza análisis continuados en busca de infecciones y se los trata con cócteles de antibióticos. Sus crías nacen por cesárea a un mundo estéril y aislado, para evitar la exposición al microbioma materno. Se ha sometido a muchos tipos de animales, desde cerdos hasta ratones y ratas, a esta existencia digna de una película de Kubrick.

Louis Pasteur conceptualizó el método en 1885, aunque creía que era imposible que los animales pudieran vivir sin bacterias. Y, en parte, tenía razón. Los ratones nacidos en este mundo aislado tienen aspecto de ratones. Su genoma puede programar el crecimiento de todos los órganos clave, la esperanza de vida es similar a la de un animal colonizado y, por ver algo positivo, tienen poquísimas probabilidades de desarrollar un cáncer. Sin embargo, distan mucho de ser normales. Su crecimiento y su desarrollo se ven alterados y presentan diferencias anatómicas y fisiológicas importantes. Por ejemplo, el intestino ciego (la primera parte del colon o intestino grueso) es entre cuatro y ocho veces más grande en los ratones sin gérmenes, mientras que la superficie de sus intestinos delgados es significativamente menor que en los animales colonizados. Los ratones sin gérmenes están más delgados, porque las hormonas que señalan el apetito en el cerebro están dañadas, y, además, son menos eficientes a la hora de extraer energía de los alimentos. Necesitan suplementos de vitaminas esenciales, como la vitamina K, para garantizar que la sangre coagule y evitar que mueran desangrados. Su sistema inmunitario está severamente alterado y cualquier infección, por leve que sea, puede ser catastrófica.

Los animales sin gérmenes también se comportan de otra manera, pero, y esto es lo más espectacular de todo, los cambios de conducta se pueden corregir si se les coloniza el intestino con bacterias normales.[17] Recuerde que se cría a estos ratones para que sean genéticamente idénticos y que los experimentos han demostrado que la microbiota es necesaria para las respuestas de estrés normales, las conductas de ansiedad, la sociabilidad y la cognición. En otras palabras, para los factores conductuales que influyen en la asunción de riesgos, entre otras conductas. Por supuesto, no hay seres humanos sin gérmenes, y no deberíamos olvidar la naturaleza extrema de estos modelos animales a la hora de extrapolarlos a la salud humana. Pero lo importante aquí es que el microbioma intestinal podría ser de una trascendencia vital para la salud mental de nuestros hijos.

Leche mágica

Aunque no hay leche mejor que la materna, la lactancia es objeto de controversias políticas y morales, y hay veces en que resulta dolorosa o incluso imposible. La leche de fórmula ayuda a las mujeres (y a los bebés) que no pueden dar el pecho y salva vidas. Sin embargo, hemos desarrollado una dependencia extraordinaria. Cada año se fabrican 2.700 millones de toneladas de leche de fórmula, con un valor de mercado global de más de 100.000 millones de dólares estadounidenses.[18] Históricamente, el sesgo comercial en la promoción de la leche de fórmula ha sido un problema, hasta tal punto que en 1981 la Asamblea Mundial de la Salud de la ONU tuvo que recomendar un código de conducta internacional que rigiera la promoción y la venta de sustitutos de la leche materna. Aun así, se sigue publicitando agresivamente en la actualidad y, en febrero de 2022, provocó un desastre nacional en Estados Unidos. Un escándalo de seguridad en Abbott Laboratories, en Míchigan, obligó a la empresa a cerrar su fábrica de leche de fórmula. El problema era que Abbott abastecía al 15 por ciento del mercado estadounidense de la leche de fórmula, y, con la COVID-19, la guerra de Ucrania y la compra por pánico, se hundió la cadena de abastecimiento. El país experimentó una escasez nacional tan catastrófica que la ciudad de Nueva York declaró el estado de emergencia y el ejército empezó a traer en avión leche de fórmula europea como parte de la «Operation Fly Formula».

Crisis como esta, a las que se suman grandes dosis de promoción del miedo, llevan a que muchas mujeres se preocupen por hacer lo correcto y, con frecuencia, la cuestión de si dar el pecho o no se convierte en una fuente innecesaria de culpa y de angustia. Sin embargo, dar el pecho es una intervención asequible y que salva vidas en comunidades desfavorecidas, sobre todo cuando el agua potable escasea, y es innegable que desempeña un papel importante en la salud y la supervivencia de los bebés en esos entornos. Algunos de sus beneficios, como la prevención de infecciones en el bebé y del síndrome de muerte súbita del lactante, se han demostrado en todas las clases sociales y economías. Además, hay beneficios compartidos para la madre y el bebé, como la reducción del riesgo de obesidad y de enfermedades cardiometabólicas. En la madre, dar el pecho reduce el riesgo de cáncer de ovario y de mama, así como de osteoporosis. Cuanto más se pueda prolongar la lactancia, mayor será el beneficio... aunque los dientes del bebé son también cada vez más largos, y todo el mundo tiene un límite.

Dar el pecho es tan beneficioso porque es al microbioma lo que el Big Bang al universo. La diversidad de microbios en el intestino del recién nacido se desploma hasta que la lactancia se consolida. Dar el pecho activa una floración microbiana tan gigantesca que, tras la primera semana, el bebé ya cuenta con un microbioma intestinal que se mantendrá constante hasta que alcance, aproximadamente, el mes de edad. Aún no tenemos del todo claro cómo sucede. Sabemos que algunas bacterias se transfieren directamente de la piel del pecho. En poblaciones de todo el mundo, se ha identificado una correlación sólida entre las bacterias identificadas en el pecho y las identificadas en las heces de los recién nacidos. También se ha encontrado una relación muy potente entre la composición de la microbiota del bebé y la magnitud y la duración de la lactancia. Por ejemplo, un estudio sobre bebés en Tailandia concluyó que la cantidad de *Bifidobacteria* se correlacionaba con la duración de la lactancia materna y que los bebés alimentados con leche de fórmula tenían una cantidad significativamente menor de esta especie en el intestino.

Sin embargo, también sabemos que debe haber otro factor, más relacionado con el contenido molecular de la leche, que impulse el crecimiento de las bacterias en el intestino de los recién nacidos. Una cohorte bangladesí de nacimiento, a la que se analizó una vez al mes durante sesenta meses, identificó una red de quince taxones bacterianos covariantes, lo que significa que la leche materna no solo beneficia a la especie humana, y alimentar a un conjunto bacteriano tan diverso exige una matriz nutricional compleja, como la de la leche materna.[19] Otros estudios similares en Malaui, Tailandia, Eslovenia, China, Estados Unidos, Finlandia y Reino Unido también han demostrado que en el intestino en desarrollo conviven formas de vida microbiana comunes, lo cual demuestra la replicabilidad de la influencia de la leche materna en el crecimiento de microbios beneficiosos, sea cual sea la parte del mundo en la que se dé el pecho al bebé.

Aún no se ha podido definir el contenido exacto de la leche materna. Parte de la dificultad reside en la elevada personalización de esta en función de la madre y en que su composición varía a lo largo del periodo de lactancia. Aun así, podemos pensar en ella como en un «tejido vivo» que contiene material genético de la madre además de un microbioma vivo, literalmente hablando. Las leches de fórmula son buenas y cada vez son mejores, pero aún no han podido replicar la complejidad de la leche materna ni su componente vivo. El contenido acuoso de la leche materna está compuesto de lactosa, grasa (lípidos y hormonas esteroideas) y un grupo de azúcares complejos llamados «oligosacáridos de la leche humana» (OLH). La composición de la leche materna ayuda a cultivar bacterias especializadas que metabolizan OLH y especies adaptadas a vivir en la mucosa intestinal. Estas bacterias tienen muchas enzimas distintas que pueden descomponer las fuentes de carbono, que se vuelven abundantes una vez que se empieza a introducir la alimentación sólida. La leche materna también moldea la comunidad bacteriana, porque contiene muchos factores antimicrobianos, como lisozima, lactoferrina y anticuerpos, que impiden que los agentes patógenos proliferen o que las bacterias simbióticas se vuelvan demasiado poderosas.

La leche también contiene muchos tipos de anticuerpos, las proteínas protectoras que produce el sistema inmunitario. La orquesta del microbioma materno es muy astuta y tiene una memoria excelente para los patógenos, que comparte con su bebé a través de la leche. Los ratones expuestos a agentes patógenos dañinos (como la agresiva bacteria enterotoxigénica *Escherichia coli*, que provoca una diarrea terrible) desarrollan anticuerpos mediante su sistema inmunitario. Las madres pueden compartir esos anticuerpos con sus crías a través de la leche para que los ratoncitos lactantes puedan organizar una defensa contra esta bacteria si se topan con ella en el futuro. En otras palabras, al dar el pecho las madres comparten sus recuerdos inmunológicos de agentes patógenos y protegen a sus hijos indefensos.[20]

Aunque el impacto sobre el microbioma de la leche es menor, hay diferencias significativas en cómo las mujeres dan el pecho en distintas partes del mundo, y podría ser que se acabe descubriendo que esto afecta a la transferencia de cepas concretas. El biberón también influye en el microbioma, porque las bacterias vivas pueden subir a bordo del plástico.[21]

Si es el padre o la madre no gestante de un bebé y se siente excluido al leer esto, no se preocupe. Su microbioma también es muy importante y ejerce una influencia considerable en el desarrollo de la salud de su bebé. Cuando le agarre la mano por primera vez, los microbios que comparta con él o ella irán directos a su boca cuando se chupe el dedo. La interacción táctil desempeña un papel muy importante en la dispersión y la selección de microbios. De hecho, cuando el bebé empiece a gatear, las mascotas peludas y los compañeros de guardería intervendrán en la composición de su microbiota y garantizarán la diversidad del intestino.

Los primeros cien días

Colonizarlos con bacterias simbióticas tan pronto como nos sea posible es crítico para la salud de nuestros hijos. De hecho, es tan crítico que, en el reino animal, las madres se ponen patas a la obra, sobre todo si no pueden transferir los microbios necesarios con la leche materna: las osas panda alimentan a sus crías con sus heces para pasarles las bacterias que necesitarán para metabolizar la celulosa, la molécula de la que obtienen el valor nutricional del bambú, que es su alimento principal. Sin esas bacterias, los bebés panda no podrían digerir su fuente de alimento más importante. Los hipopótamos, los elefantes, los perros, los koalas y los insectos también lo hacen, por lo que este espectáculo de terror escatológico ha de tener algún beneficio. Al menos, los humanos podemos suspirar de alivio, porque la evolución nos ha salvado de este destino... o no.

Tras el periodo inicial de dispersión microbiana activada por el nacimiento y la lactancia, comienza el proceso de selección microbiana en el intestino. Se trata de la supervivencia del más fuerte, donde diferentes taxones se enfrentan en una batalla campal para plantar su bandera en los feudos gastrointestinales. Durante esta etapa temprana, el uso de antibióticos y las enfermedades ejercen un impacto significativo sobre los taxones que existen en menores cantidades y pueden diezmar ecosistemas enteros que, en algunos casos, el intestino no podrá recuperar nunca. A excepción de las enfermedades, las dos formas principales de selección son, por un lado, el sistema inmunitario en desarrollo y, por el otro, la alimentación. Tal y como estamos viendo, el microbioma mantiene una relación intrincada y dinámica con ambos factores.

Tras la selección, la ecología intestinal del bebé «queda a la deriva» a medida que se expone a eventos ecológicos más aleatorios y menos sostenidos que influyen en su diversidad. Por último, durante el periodo de «diversificación», los microbios mutan y comparten genes que les permiten competir y sobrevivir. Esto sucede con la aparición de los dientes y la introducción de los alimentos sólidos, que obligan al microbioma del colon a diversificarse y a adaptarse para metabolizar alimentos de origen vegetal y nuevos sustratos. Los alimentos sólidos cambian las condiciones del colon y seleccionan poblaciones bacterianas con actividades metabólicas relevantes, con lo que la diversidad microbiana del intestino aumenta de forma constante. La duración y el momento exactos de estos acontecimientos críticos en el intestino son variables y se superponen, pero, hacia los tres años de edad, el microbioma intestinal del niño tendrá una ecología y una estructura comparables a los de un adulto. A partir de esa edad, el microbioma es mucho más estable y mucho menos susceptible a agentes estresores ambientales concretos. El daño fundamental al microbioma durante los tres primeros años de vida puede tener consecuencias a muy largo plazo para la salud de esos niños.

A pesar de mis habilidades de crianza, que apenas raspan el aprobado, y de todos mis errores, mis hijos siguen creciendo. ¡Me parece casi milagroso! Es posible que su riesgo de desarrollar enfermedades crónicas se haya visto afectado por la forma en que llegaron al mundo, al igual que se habrá visto influido por cómo se los ha alimentado y criado. Lo único que le puedo decir es que la Chica y yo no cambiaríamos la mayoría de las decisiones que hemos tomado respecto a nuestros hijos y, como la mayoría de las personas, tampoco es que tuviéramos mucho donde elegir.

La estrategia del siglo XX en lo relativo a la protección de nuestros recién nacidos ha consistido en aspirar al eslogan publicitario de una célebre marca de lejía que «elimina todos los gérmenes conocidos de raíz». Ahora sabemos que esta estrategia requiere ciertos ajustes sutiles, porque nuestros hijos no son animales de laboratorio sin gérmenes. Es algo tan absurdo como imposible. No podemos esterilizar a un ser humano a no ser que lo hirvamos en una bolsa. Es muy posible que las perturbaciones en el microbioma materno y en el microbioma intestinal del bebé durante los primeros cien días de vida definan la capacidad inmunológica, neurológica y metabólica del futuro adulto y, a su vez, el riesgo de que desarrolle una gran cantidad de enfermedades crónicas. Nuestros hijos cargarán con las consecuencias de esta estrategia durante más tiempo que cualquier otra generación que haya caminado sobre la faz de la Tierra.

Si queremos «salvar» el microbioma, las etapas tempranas y, muy probablemente, los primeros cien días de vida son el momento clave para hacerlo. Mejorar la salud del microbioma neonatal no es solo cuestión de aumentar el índice de lactancia materna o de embadurnar a los niños nacidos por cesárea de microbios vaginales. Hay una estrategia aún mejor: dar prioridad al microbioma materno, que es vital para el desarrollo de un ser humano sano. El microbioma se ha de convertir en un elemento fundamental de la salud neonatal, y habría que tenerlo en cuenta desde el momento de la concepción. Esto significa que deberíamos pedir responsabilidades a las corporaciones globales que producen la comida, las medicinas y las condiciones ambientales extremas que moldean negativamente los microbiomas de nuestros hijos. Y tenemos que hacerlo con urgencia, porque nuestros hijos están heredando una orquesta microbiana desafinada respecto a las que tocaban para sus abuelas y para las madres que las precedieron. Pronto, la música se habrá perdido para siempre.

CAPÍTULO 7

Conciencia simbiótica

Aferré con mano temblorosa el taladro que me pasaba el neurocirujano.

—No la pifies —me dijo.

Cubierto en sudor, coloqué el taladro sobre el cráneo, justo encima de la sien, en una zona en la que se había rapado el cabello y retirado el cuero cabelludo de la paciente. Por suerte para ella (una mujer de veintitrés años a la que llamaremos Betty) y para mí, los taladros ortopédicos modernos que se usan para perforar el cráneo son extraordinariamente inteligentes y cuentan con un dispositivo de seguridad que corta la corriente en el instrumento en cuanto la broca toca los tejidos más blandos que hay bajo el cráneo.

El objetivo de la operación era extraer un gran volumen de gelatinosa sangre coagulada que presionaba el cerebro de Betty, que había sufrido un traumatismo craneal al ser derribada de su moto. La caída había provocado la ruptura de vasos sanguíneos en la superficie del cerebro y había un límite de tiempo antes de que la presión causada por el coágulo en expansión causara daños cerebrales permanentes y empujara el tronco del encéfalo hasta hacerlo pasar por la base del cráneo. Ahí, bajo las luces del quirófano y asándome en el mono quirúrgico, me puse a pensar en lo anodino que parece el cerebro. Toda una vida de experiencias, amor y aprendizaje perdida en un flan gris rojizo.

Por irónico que resulte, si hemos conseguido cartografiar la densa red de los 86.000 millones de neuronas que componen el superordenador biológico original, ha sido gracias a la inteligencia artificial. Sin embargo, ni siquiera lo que sabemos acerca del «interactoma» cerebral basta para descifrar por completo el sistema operativo del cerebro. Aun así, la colisión entre la neurociencia y la ciencia del microbioma empieza a aportar datos sorprendentes que redefinen cómo entendemos el desarrollo y la degeneración cerebral, cómo piensa el cerebro e incluso cómo responde ante las lesiones. Esto nos ha llevado a plantear una pregunta existencial: si el cerebro y el microbioma intestinal mantienen una comunicación constante, ¿qué papel desempeñan los microbios en la sensibilidad humana? ¿Podríamos estar experimentando una conciencia simbiótica colectiva? Para responder a estas preguntas, empezaremos por reflexionar acerca del funcionamiento del sistema nervioso y de su conexión con el intestino.

La barrera hematoencefálica

Una pared anatómica y fisiológica microscópica separa físicamente al cerebro del resto del cuerpo. Los vasos sanguíneos y los capilares que llevan oxígeno y nutrientes a las células nerviosas del cerebro están protegidos por junturas muy estrechas diseñadas para impedir la entrada a invasores no deseados, porque los agentes patógenos que provocan infecciones cerebrales son potencialmente mortales. En la mayoría de los casos, los responsables del daño son los virus y las bacterias, aunque no siempre es así. En 2012, médicos de la Universidad de Sichuan (China) informaron del caso de una niña de quince años que había estado un año quejándose de que se le dormían la mitad derecha del rostro y el brazo y la mano derechos.[1] Luego, empezó a sufrir convulsiones y, cuando se le hizo una resonancia magnética, esta reveló una lesión irregular en el hemisferio cerebral izquierdo. Se le hicieron más preguntas y, al final, la joven confesó que comía ranas que no estaban cocidas del todo y que le habían transmitido la tenia. Las larvas de la lombriz habían llegado al cerebro, donde crecieron hasta los 12 cm de longitud. Se las tuvieron que extraer quirúrgicamente. Esta enfermedad se conoce como «neurocisticercosis» y su causa más habitual es la ingestión de la tenia porcina (*Taenia solium*), pero la moraleja de mi historia es: no coma ranas crudas.

Por suerte, las historias de este tipo son muy poco frecuentes, porque, por lo general, el cerebro es extraordinariamente eficiente a la hora de mantener a los agentes patógenos fuera al tiempo que se baña en un suministro constante de los mejores metabolitos conocidos por la humanidad. De hecho, la tarea se le da tan bien que, hasta hace poco, se daba por sentado que el microbioma no podía cruzar la barrera hematoencefálica. Sin embargo, el microbioma intestinal ha coevolucionado con el cerebro a lo largo de millones de años, lo que significa que dispone de multitud de herramientas con las que franquear esta medida de seguridad.

La comunicación entre el cerebro y el intestino

El sistema nervioso periférico se refiere a todos los nervios al margen del cerebro y de la médula espinal, que componen el sistema nervioso central. Su función consiste en regular los procesos fisiológicos que suceden en el cuerpo de forma involuntaria y que nos mantienen vivos (como la frecuencia cardiaca, la tensión arterial, la respiración o la digestión), y también es responsable de la activación sexual. Consta de tres elementos, a los que se conoce como sistema nervioso simpático, parasimpático y entérico.

El sistema nervioso simpático es el responsable de activar la respuesta de lucha o huida. Tras el accidente de moto, el sistema nervioso simpático de Betty entabló una lucha a vida o muerte, literalmente hablando.

Por su parte, el sistema nervioso parasimpático gestiona los reflejos de reposo y digestión. Está dominado por el nervio vago, que controla el 70 por ciento del sistema nervioso parasimpático y que regula la frecuencia cardiaca, el sistema digestivo y el estado de ánimo. Cuenta incluso con una función inmunitaria. El nervio vago sigue una ruta larga y tortuosa por el cuerpo y, aunque parte de su trabajo consiste en enviar señales «de arriba abajo» en la red nerviosa, casi el 90 por ciento de todas sus fibras se encargan de enviar señales «de abajo arriba», desde varias partes del cuerpo hasta el cerebro, que las procesa.

El sistema nervioso entérico (SNE) está integrado en la pared intestinal y, a veces, se habla de él como del «segundo cerebro». Cuenta con más de 100 millones de neuronas y contiene más nervios que la suma de todos los nervios periféricos en el resto del cuerpo juntos. Como es responsable de gestionar gran parte del sistema operativo del intestino, tiene una enorme variedad de nervios (más de veinte subtipos de nervios distintos usan más de treinta tipos de neurotransmisores diferentes) y está conectado tanto con el sistema nervioso simpático como con el parasimpático. Como estos últimos trabajan en direcciones opuestas, se equilibran entre ellos. Cada día, el sistema nervioso del cuerpo hace malabares, con un pie en el acelerador (sistema simpático) y otro en el freno (sistema parasimpático). Siguiendo con esta analogía, el microbioma intestinal es el embrague y regula la potencia que se transfiere del motor a las ruedas.

Ahora empezamos a entender lo profunda que es parte de esta conexión entre el cerebro y el intestino. Los nervios vago y espinal transmiten las señales del cerebro y llegan hasta la mucosa intestinal que reviste el intestino. Estos nervios controlan directamente las secreciones intestinales, la absorción de nutrientes y fluidos e incluso el flujo sanguíneo que llega al intestino, lo que a su vez influye en el tipo y en la cantidad de microbiota que habita en este. Por ejemplo, los receptores del dolor en el intestino pueden detectar la bacteria patógena *Salmonella*, toda una experta en forzar los cerrojos de las células M, unas células inmunitarias importantes que viven allí. El sistema nervioso entérico actúa como una alarma antirrobo: cuando detecta la *Salmonella*, envía un mensaje urgente al cerebro, para advertirle de que se avecinan problemas.[2] Al mismo tiempo, reduce la cantidad de células M para impedir que entren más bacterias y cierra la puerta del castillo. Por si eso fuera poco, estimula el desarrollo de bacterias filamentosas defensivas que forran el intestino para defenderlo de los invasores. Por lo tanto, el sistema nervioso entérico también tiene funciones inmunológicas y es un elemento crucial en nuestra defensa contra los agentes patógenos.

El cerebro no solo cuenta con los cinco sentidos para entender el mundo. Dada su íntima conexión con el microbioma, dispone de billones de organismos microbianos sensibles que controlan el entorno e interactúan con él. Sin embargo, la conexión va aún más allá: como el microbioma intestinal interviene en la regulación de los tres elementos del sistema nervioso, también modula las respuestas de lucha o huida y de reposo y digestión, así como el funcionamiento cotidiano del sistema inmunitario. Esto significa que el microbioma influye en cómo experimentamos el estrés y lo cansados, cachondos o cabreados que estamos. Descifrar este código microbiano es de una urgencia cada vez mayor, porque esta comunicación cruzada determina también el riesgo de desarrollar enfermedades neurológicas agudas y crónicas.

Ataque cerebral

Cada año, 13 millones de personas tendrán un ictus (o embolia) y unos 5,5 millones de estas fallecerán como consecuencia de este.[3] El ictus ocurre cuando el riego sanguíneo a una parte del cerebro se ve interrumpido y causa la muerte de las neuronas que habitan allí y que son irreemplazables. Hace poco, se ha descubierto que los émbolos (coágulos de sangre) extraídos de las arterias cerebrales de pacientes que han sufrido un ictus tienen un microbioma diverso propio.[4] Y esto resulta peculiar, porque, en teoría, deberían ser completamente estériles. Nadie sabe muy bien cómo explicar cómo han llegado esos microbios hasta ahí ni qué hacen.

Por lo general, los ictus los sufren personas mayores con un microbioma envejecido y menos resistencia ante las lesiones en general. Por otro lado, numerosos estudios sugieren que los ictus son más severos en personas con un microbioma menos diverso. Por ejemplo, los pacientes que han sufrido un ictus tienen más cantidad de taxones *Streptococcus*, *Lactobacillus* y *Escherichia* y menos de *Eubacterium* y *Roseburia* en el intestino, y estas diferencias se correlacionan con la severidad del ictus. Muchas de estas correlaciones tienen que ver con cómo el estilo de vida y la alimentación modifican el riesgo de sufrir un ictus. Por ejemplo, la fibra dietética protege del riesgo de ictus, porque bacterias como los taxones *Eubacterium* y *Roseburia* la metabolizan y la transforman en moléculas antiinflamatorias que protegen el cerebro.[5] Si no se consume la fibra suficiente, las cantidades relativas de estas bacterias descienden y el riesgo de sufrir un ictus aumenta.

Los ictus también causan cambios recíprocos en el microbioma intestinal, porque, cuando el cerebro sufre daños de algún tipo, el riego sanguíneo al intestino se reduce, lo que libera radicales libres, unos átomos inestables que provocan daño celular.[6] La reducción del riego sanguíneo también promueve la proliferación de bacterias que prefieren entornos pobres en oxígeno, lo que modifica la diversidad intestinal y los niveles sistémicos de moléculas inflamatorias. El ictus daña la barrera intestinal y, por eso, muchas de las bacterias que causan infecciones torácicas en pacientes de ictus se originan en el intestino.[7] Esto también significa que el microbioma intestinal daña la integridad de la barrera hematoencefálica y altera la severidad de la lesión cerebral.[8] Por lo tanto, y al menos en modelos animales (ratones), los antibióticos reducen la severidad del ictus y, para nuestro gozo, este efecto neuroprotector se puede conseguir mediante el trasplante fecal.[9]

Dada la estrecha relación entre el intestino y el cerebro, los científicos están empezando a identificar biomarcadores que miden la actividad del microbioma y predicen la severidad del ictus. Por ejemplo, el microbioma intestinal descompone proteínas y nutrientes de origen animal (como la colina) y produce metabolitos inflamatorios como el N-óxido de trimetilamina. Los niveles elevados de este compuesto en sangre se asocian a un aumento del riesgo de padecer un ictus. Quizás haya llegado el momento de examinar en mayor profundidad cómo el microbioma intestinal se comunica con el cerebro e influye en el desarrollo de este.

El eje intestino-cerebro

El intestino, los microbios y el cerebro se comunican de tres maneras distintas. Una es la producción de neurotransmisores, como la serotonina; otra es mediante las hormonas del sistema endocrino, y, por último, mediante el sistema inmunitario. El microbioma puede usar los tres simultáneamente, y solo ahora empezamos a desentrañar algunos de los detalles del proceso.

Los neurotransmisores que produce el microbioma no cruzan la barrera hematoencefálica cuando estamos sanos, pero sí que pueden actuar directamente en el sistema nervioso entérico y en el periférico, que envían señales al cerebro. Los microbios también pueden crear precursores metabólicos de neurotransmisores capaces de cruzar la barrera hematoencefálica y, cada vez más, se cree que el triptófano, un aminoácido, es una especie de «interruptor maestro» para el proceso, porque se puede transformar en multitud de neurotransmisores distintos.[10] El nervio vago conecta el cerebro a una red «endocrina» hormonal que produce las hormonas esteroideas que median en la respuesta de estrés del cuerpo. Sin embargo, el intestino cuenta con células endocrinas propias que producen hormonas y con bacterias que viven junto al revestimiento intestinal y que pueden interferir con este sistema y modulan desde el apetito hasta el estado de ánimo. Hay unas células «neurópodas» muy subespecializadas que conectan directamente estas células endocrinas con el sistema nervioso entérico, lo que significa que las bacterias tienen línea directa con el sistema nervioso.[11] El sistema inmunitario influye en el funcionamiento de todos los órganos del cuerpo, y el sistema nervioso no es ajeno a ello. Por ejemplo, las microglías son las células residentes del sistema inmunitario innato y suponen hasta el 15 por ciento de todas las células que componen el cerebro. Los microbios pueden interactuar con ellas directa e indirectamente y, así, modificar la salud del cerebro y nuestra conducta. El microbioma puede manipular todos estos sistemas en conjunto e influir en nuestro estado mental.

El psicobioma

Cuando enfermamos, tendemos a manifestar lo que los médicos denominan «conducta de enfermedad»: un conjunto de respuestas sistémicas, como el aislamiento social y la pérdida del apetito. Estas conductas nos ofrecen una ventaja evolutiva, porque el aislamiento previene el contagio. Perder el apetito cuando estamos enfermos también promueve cambios metabólicos en el cuerpo que ayudan a mantenernos sanos, como por ejemplo limitar los nutrientes disponibles para los agentes patógenos que nos quieren mal. Sin embargo, hay bacterias que han aprendido a usar estos procesos en beneficio propio, y lo hacen mediante el nervio vago. La *Salmonella enterica* es responsable de una cuarta parte de todos los casos de diarrea y causa más de 94 millones de infecciones gastrointestinales cada año. En los modelos con ratones, la *Salmonella* bloquea los intentos del nervio vago de detectar la inflamación en el cerebro e impide la activación de las respuestas normales ante la enfermedad. En concreto, inhibe la respuesta de pérdida del apetito, de modo que el ratón sigue comiendo como si estuviera sano.[12] En otras palabras, estas bacterias alteran la función cerebral superior para aumentar sus probabilidades de supervivencia.

De todos modos, no hace falta que estemos enfermos para que el microbioma influya tanto en nuestro estado de ánimo como en conductas más complejas mediante estas mismas vías. En Europa, se ha visto que las personas que sufren depresión presentan cambios característicos en las bacterias intestinales.[13] Tras corregir el factor de confusión de los antidepresivos, un análisis del microbioma de 2.124 personas determinó que el nivel de especies de *Coprococcus* y de *Dialister*, unas bacterias que producen dopamina, la hormona del placer, eran menores en las personas con depresión. Al mismo tiempo, cantidades superiores de bacterias como *Faecalibacterium* y *Coprococcus* se asociaban a indicadores de mejor calidad de vida.

Como la dopamina controla las principales vías de recompensa en el cerebro, los estudios sobre alimentos y fármacos han comenzado a explorar la conexión entre el microbioma y la vulnerabilidad a la adicción. Por ejemplo, los ratones a los que se ha administrado un tratamiento antibiótico prolongado son más susceptibles a desarrollar una adicción a la cocaína.[14] De todos modos, es poco probable que los antibióticos fueran los responsables de la psicosis de Tony Montana.

Se han hecho observaciones similares acerca del papel que desempeña el microbioma en la regulación de la ansiedad. Bacterias como las *Bacteroides ovatus* producen metabolitos que descomponen las fuentes alimentarias de tirosina, que se encuentra en alimentos como la soja, el pollo, el aguacate, el plátano y los productos lácteos. Se trata de un metabolito que interfiere con una célula responsable de envolver los axones de las neuronas en un lípido que permite que la neurona envíe sus señales eléctricas a lo largo de los axones, semejantes a brazos, que se conectan a otras neuronas mediante sinapsis y las retransmiten.[15] Los ratones que tienen una cantidad insuficiente de *B. ovatus* no pueden extender bien este lípido, de modo que el cerebro no se puede desarrollar con normalidad y suscita conductas semejantes a la ansiedad.

El índice de problemas de salud mental como la depresión y la ansiedad es superior entre las personas con enfermedad inflamatoria intestinal y otras enfermedades intestinales que entre la población general. Las personas con síndrome del colon irritable también experimentan estos problemas y acostumbran a padecer niveles superiores de hipervigilancia, anticipación del dolor o hipersensibilidad emocional. Y cada vez hay más evidencias que confirman que el eje intestino-cerebro desempeña una función importante en la aparición de estos síntomas. Sin embargo, de momento aún no está claro qué va primero, si el intestino o el cerebro. En mi opinión, deberíamos entender estos procesos como eventos paralelos, no independientes.

El microbioma intestinal tiene cerebro

Soy disléxico, por lo que tengo una experiencia directa de los obstáculos a los que se enfrentan muchas personas neurodivergentes tanto en la escuela como en el mercado laboral. Mi cabeza bulle de ideas no convencionales (como la del microbioma) y, a lo largo de mi trayectoria académica, he tenido que reentrenar a mi cerebro para que desempeñe tareas de lo más sencillas a las que la mayoría de las personas no dedican ni un pensamiento, como escribir sin gazapos. Con el tiempo, me he dado cuenta de que la dislexia es mi superpoder y ahora no querría vivir sin ella.

En 1999, la socióloga Judy Singer acuñó el término *neurodiversidad* para desestigmatizar trastornos neuroevolutivos como la dislexia, el déficit de atención con hiperactividad (TDAH) o los trastornos del espectro autista (TEA) que, hasta ese momento, se clasificaban como discapacidades o patologías. El objetivo de Singer era celebrar la diferencia y reconocer que, además de presentar dificultades, estos trastornos ofrecen también un potencial extraordinario. En la actualidad, se está llevando a cabo un trabajo enorme para explicar cómo aparecen estos trastornos, y hay científicos que se preguntan si el microbioma podría tener algo que ver con su desarrollo.

Los nervios nuevos, creados durante el desarrollo del feto, migran lentamente hasta colocarse en sus posiciones definitivas a lo largo de toda la gestación. También han de establecer conexiones químicas (sinapsis) nuevas entre ellos, y los patrones de estas sinapsis son los que darán lugar a los recuerdos, los pensamientos y las funciones cerebrales superiores. La poda sináptica consiste en la destrucción de sinapsis incorrectas o que han dejado de ser útiles, y es un método importante para la regulación de todo el proceso. Una hipótesis plantea que el desarrollo de las neuronas codepende del microbioma intestinal, cuya diversidad y estructura se ven sometidas a cambios que ocurren en paralelo a los del cerebro en desarrollo. Dicho de otro modo, el microbioma modifica la estructura y la función de los circuitos neurales emergentes y crea neurodivergencia... y mi dislexia. Ahora, el objetivo es definir el mecanismo concreto por el cual ocurre todo esto.

A los dos años de edad, el cerebro ya ha alcanzado el 75 por ciento de su tamaño adulto. A los diez años, el cerebro del niño representa el 5-10 por ciento de su masa corporal y, en comparación con un cerebro adulto, consume el doble de glucosa y 1,5 veces más de oxígeno por gramo de tejido. Son cerebros muy hambrientos y dan cuenta de hasta el 50 por ciento de la producción metabólica de todo el cuerpo. El intestino produce la mayor parte de la energía necesaria para este crecimiento cerebral acelerado y gigantesco, y lograr que el cerebro en desarrollo se mantenga sano es muy complicado si en el intestino habitan los microbios equivocados.

Por lo tanto, el momento y la calidad del montaje del microbioma son muy importantes. Tal y como he explicado antes, la conducta alterada de los ratones sin gérmenes se puede corregir si se coloniza su intestino con bacterias normales. Sin embargo, esta intervención es dependiente de la edad. Por ejemplo, la recolonización tras el destete es más efectiva para corregir los déficits conductuales asociados a la ansiedad que la recolonización en edades más maduras.[16] Estas conductas se ven especialmente influidas por la serotonina, un neurotransmisor cuyas funciones no se recuperan con la recolonización intestinal tras el destete. Esto sugiere que el momento crucial para la influencia microbiana sobre nuestra conducta y nuestro bienestar psicológico se da en los periodos más tempranos de la vida, y cuando estos pasan, es posible que ya sea demasiado tarde.

Por ahora, la función que el microbioma desempeña en el desarrollo cerebral sigue siendo objeto de controversia, y la mayor de todas tiene que ver con los TEA. Se trata de trastornos que se manifiestan mediante un amplio abanico de síntomas caracterizados por cierto nivel de déficit en la conducta social, la comunicación y el lenguaje, así como por una gama muy reducida de intereses y de actividades que son únicos para cada individuo y que se llevan a cabo repetidamente. Múltiples ámbitos científicos han acumulado una cantidad colosal de trabajos que han intentado definir por qué los niños desarrollan autismo, y el microbioma no es más que una de las numerosas vías de investigación. Con independencia de cuáles sean sus causas, el índice de TEA en el mundo desarrollado está aumentando. Ahora afecta a uno de cada cincuenta y siete niños (1,76 por ciento) en el Reino Unido, y los índices superiores están en los niños de etnia negra (2,1 por ciento) y los más reducidos entre los romanís y los nómadas irlandeses (0,85 por ciento).[17] Las diferencias en la prevalencia del autismo en distintos grupos étnicos y diferentes ubicaciones geográficas son significativas y sugieren que el exposoma (y, por definición, el microbioma) podría desempeñar un papel importante.

La edad media para el diagnóstico de un TEA es de cinco años,[18] justo después de que el microbioma haya completado su composición, y son muchos los estudios que han hallado diferencias en el microbioma fecal de los niños con y sin TEA. En 1943, cuando el psiquiatra y médico austroestadounidense Leo Kanner publicó la primera descripción de once niños con autismo,[19] informó de una carta de trece páginas de longitud que le había enviado el padre de un niño llamado Donald T. En esta extraordinariamente detallada y conmovedora descripción de su hijo, el padre decía: «Nunca ha tenido un apetito normal». Ahora se sabe que muchos niños con TEA sufren también de síntomas gastrointestinales que van desde el estreñimiento a la diarrea y que es posible que no se informe de ello en todos los casos.[20] Aunque parece que la disfunción intestinal y el autismo están relacionados, no está claro qué va primero, como en todo lo que tiene que ver con el eje cerebro-intestino.

Un estudio chino sobre más de 773 niños con TEA y 429 niños neurotípicos sugiere que la relación podría ser más que una mera coincidencia. Los investigadores examinaron la dinámica de la microbiota intestinal en niños de edades distintas[21] y concluyeron que la dieta y la función intestinal influyen en la evolución del microbioma de los niños con TEA. Sin embargo, esta evolución es muy distinta a la de los niños neurotípicos. Los niños con TEA tienen un microbioma intestinal inmaduro y menos diverso, y los cambios más importantes ocurren antes de los tres años. Estas observaciones sobre el microbioma están estrechamente relacionadas con la severidad del cambio de conducta, las pautas de sueño y la función intestinal alterada en el grupo con TEA. La detección de las bacterias *Veillonella* y enterobacteriáceas, junto a solo diecisiete cometabolitos microbianos en las heces, permitió a los investigadores identificar a los niños con un TEA, porque estos factores los diferenciaban de los niños neurotípicos.

La severidad del TEA también estaba significativamente relacionada con la función del microbioma y con las vías bacterianas del metabolismo del triptófano, y esto es relevante porque el triptófano es un precursor de neurotransmisores. Hay más pruebas que indican que este no es el único metabolito producto de las bacterias intestinales que influye en el desarrollo cerebral. Por ejemplo, las bacterias intestinales pudren las proteínas, y el metabolito p-cresol es uno de los subproductos de este proceso. Cuando se administra p-cresol a ratones, causa selectivamente síntomas conductuales y déficits de conducta social asociados a los TEA.[22]

Sin embargo, la composición del microbioma también cambia, y cuando se trasplantan heces de ratones alimentados con p-cresol a ratones del grupo de control, estos no solo producen más p-cresol, sino que también desarrollan los mismos síntomas conductuales. Aún más interesante, cuando se trasplantan heces de ratones sanos del grupo control a ratones alimentados con p-cresol, la conducta de estos vuelve a ser la de ratones sanos.

Por lo tanto, a nadie le tendría que sorprender que trasplantar las heces y el microbioma de donantes humanos con TEA a ratones sin gérmenes también provoque la aparición de conductas autistas en los ratones.[23] Es muy probable que se trate de un efecto «orquestal».

De todos modos, estos experimentos tan ingeniosos no explican la función del microbioma de los progenitores en el desarrollo de trastornos de neurodivergencia. Y es imperativo que la descubramos, porque parece que el sistema inmunitario desorientado de la madre es uno de los factores importantes en el desarrollo de un TEA. En un análisis sueco llevado a cabo sobre más de 1,8 millones de personas, los hijos de madres que fueron hospitalizadas por cualquier tipo de infección durante el embarazo tenían un 79 por ciento más de probabilidades de acabar recibiendo un diagnóstico de TEA.[24] Sorprendentemente, esta observación se puede replicar en modelos animales (ratones) y un tipo concreto de bacterias, las «bacterias filamentosas segmentadas», parecen ser especialmente importantes a la hora de cambiar la conducta del sistema inmunitario de ratones hembra embarazados. Estas bacterias levantan el pie del freno del sistema inmunitario adaptativo e inducen la producción de un tipo de linfocito concreto (los linfocitos T colaboradores 17) que causa conductas anómalas en las crías.[25] Lo curioso es que estas bacterias no se comportan de la misma manera en ratones no embarazados, aunque no se sabe por qué.

Aunque desconocemos el origen concreto de las infecciones en las mujeres que participaron en el estudio sueco, allá donde hay patobiontes hay inflamación, y este es uno de los mecanismos principales mediante los que el microbioma influye en la conducta. El problema es que podría haber demasiados agentes patógenos promoviendo la inflamación o demasiados pocos simbiontes previniéndola. También es posible que haya factores de confusión (como un medicamento) o algo relativo a cómo se trataron esas infecciones que explique esta observación. Aún no sabemos si la COVID-19 promoverá la inflamación materna, pero es muy posible que sea así. Si es una mujer y está pensando en tener un bebé, este es otro muy buen motivo para vacunarse.

A medida que vamos entendiendo que los microbios del intestino son una pieza fundamental en el motor de los TEA y de la neurodivergencia, nos enfrentamos también a una pregunta clave: ¿qué vamos a hacer al respecto? Al igual que la diversidad determina la salud de nuestros ecosistemas ambientales e internos, la neurodiversidad es una medida importante de la resistencia y fortaleza de la sociedad, de las escuelas y de los lugares de trabajo. A pesar de la similitud genética entre las personas, la diferencia entre los cerebros de cada una es extraordinaria: no todos pensamos igual, y nuestra especie depende de ello para sobrevivir. Ahora que empezamos a desentrañar los misterios de cómo el microbioma influye en el desarrollo neurocognitivo, nos podemos aferrar a que ofrece un camino terapéutico nuevo en un ámbito en el que apenas existen soluciones. Esto es de una importancia crucial para quienes se han visto negativamente afectados por trastornos del cerebro en desarrollo, que pueden llegar a ser incapacitantes, como tan elocuentemente describió el padre de Donald T.

Psicobióticos

Los datos que vamos conociendo respecto al microbioma plantean la interesante posibilidad de que podamos cultivar selectivamente cepas específicas de bacterias que produzcan los metabolitos sanos que necesitamos para mejorar las funciones cerebrales superiores. Hasta la fecha, faltan ensayos con probióticos (en ocasiones denominados «psicobióticos») en humanos, por lo que la base de pruebas para su uso más amplio procede fundamentalmente de estudios con animales. Aun así, son estudios asombrosos.

Se ha observado que tanto el *Bacteroides fragilis* como el *Lactobacillus reuteri* revierten algunos de los cambios conductuales y gastrointestinales informados en modelos animales del TEA, aunque estas bacterias actúan de manera distinta. Por ejemplo, en un modelo animal (ratones) del TEA, el *L. reuteri* recupera déficits de conductas sociales porque actúa sobre el nervio vago e induce el aumento del nivel de oxitocina, una hormona prosocial, en las vías de recompensa del cerebro. Asimismo, modifica la conducta creando un metabolito llamado «tetrahidrobiopterina», que es uno de los cofactores en la producción de neurotransmisores como la dopamina, la serotonina y el óxido nítrico. También es cierto que los psicobióticos no funcionan en cualquier conducta asociada a los TEA y, por ejemplo, no ejercieron impacto alguno en las conductas de hiperactividad, controladas casi exclusivamente por la genética original del animal.

Hasta ahora, muchos de los estudios que se han llevado a cabo en este campo tan reciente se han centrado en la capacidad de las cepas probióticas para producir neurotransmisores. Por ejemplo, el probiótico *Bacteroides uniformis* CECT 7771 resolvió los atracones de comida en ratas y redujo las conductas ansiosas, al menos en parte, debido a los cambios en el nivel circulante de dopamina, serotonina y noradrenalina producidas por la bacteria.[26]

Es importante añadir que no tenemos ninguna prueba de que estas estrategias probióticas sean efectivas en seres humanos. Es posible que la mejor manera de mejorar la salud del cerebro sea prevenir la aparición de los trastornos. Y la mejor manera de conseguirlo puede ser, sencillamente, dormir a pierna suelta.

Duérmete niño, duérmete ya

Nuestras bacterias y sus funciones están estrechamente asociadas a nuestro ciclo del sueño, y la actividad del microbioma intestinal fluctúa de forma sutil a lo largo de un periodo de veinticuatro horas. El cerebro controla el ritmo circadiano mediante el núcleo supraquiasmático, una especie de «reloj maestro» neurobiológico. Sin embargo, los ciclos del sueño también se ven influidos por variaciones diurnas en la función del microbioma, por las oscilaciones diarias en la producción de metabolitos y por la programación epigenética del intestino. Los hongos y las cianobacterias presentan ritmos circadianos similares. Si el «ritmo» del microbioma se ve interrumpido, altera el funcionamiento regular de órganos como el hígado y provoca niveles de inflamación leves en el cerebro.[27] Esto explica, en parte, por qué las personas con insomnio presentan un riesgo mayor de síndrome metabólico y de enfermedades cardiovasculares.

Si, como yo, trabaja por turnos y ha de trabajar por la noche, su horario laboral también influye en su microbioma. Los científicos pueden saber si trabaja de día o de noche con solo echar un vistazo a su microbioma: un análisis de guardias de seguridad varones concluyó que la abundancia de bacterias del género *Faecalibacterium* es un biomarcador del horario de trabajo diurno, mientras que los *Dorea longicatena* y *D. formicigenerans* eran significativamente más abundantes en personas que trabajaban de noche.[28] El *F. prausnitzii* es una de las bacterias comensales más abundantes e importantes en la microbiota intestinal humana y está sólidamente relacionada con la salud intestinal.

¿Cómo saben las bacterias qué hora es? Algunas bacterias, como la *Bacteroides ovatus*, poseen relojes internos que no dependen de la luz. En lugar de eso, sus poblaciones «oscilan» siguiendo señales ambientales que se originan en la dieta y en el estilo de vida de cada uno. Las dietas que, por lo general, se consideran sanas, como las ricas en alimentos de origen vegetal y pobres en grasa, promueven su crecimiento, mientras que las dietas no saludables pobres en fibra y ricas en azúcares y en grasas, lo inhiben. Estas bacterias influyen en nuestro ritmo circadiano y en nuestro metabolismo, y ese es otro motivo por el que comer comida basura durante el turno de noche no le ayudará a dormir.

De hecho, si quiere reparar los nervios y el cerebro, es posible que comer menos sea justo lo que necesita: hace poco, hemos sabido que el ayuno intermitente promueve la regeneración neuronal, un proceso que depende de un metabolito llamado ácido indol-3-propiónico (o IPA, por sus siglas en inglés),[29] producido por una bacteria concreta, el *Clostridium sporogenes*. En un modelo animal con ratones, la administración de IPA después de una lesión en el nervio ciático aceleró significativamente la recuperación de la función sensorial, porque el IPA ayuda a coordinar la regeneración inmunodependiente del axón. Me resulta asombroso que el microbioma intestinal pueda ser una vía para recuperarse de lesiones nerviosas devastadoras. De todos modos, veamos qué podemos hacer cuando las lesiones son mentales.

Marionetas de los microbios

Dado que la microbiota que habita en nuestro interior puede influir en la sensación de saciedad, ansiedad, activación sexual y placer, quizás deberíamos empezar a plantearnos si nuestro libre albedrío es tan libre como nos gusta pensar. ¿Y si no somos más que sirvientes a los pies de amos microscópicos? La naturaleza nos muestra varios precedentes (horrorosos) de esta conducta. Veamos, por ejemplo, al hongo *Ophiocordyceps unilateralis*, que infecta a hormigas en bosques tropicales. Sus esporas se valen de una combinación de fuerza bruta y de enzimas para devorar el exoesqueleto de la hormiga. Una vez a bordo, el hongo se introduce en el cerebro de la hormiga, donde toma las riendas de las funciones superiores de esta liberando neurotransmisores y metabolitos.[30] De este modo, crea una «hormiga zombi» a la que ordena que se aleje de la seguridad de su colonia. A veces, le provoca convulsiones para que caiga, pero también altera su conducta de escalada y la dirige hacia el suelo del bosque, fresco, húmedo y mucho más acogedor para el hongo. Una vez allí, el hongo ordena a la hormiga que hinque los dientes en la vena de una hoja grande. A continuación, la hormiga muere. El hongo sigue comiendo y, poco a poco, crece desde el interior del cráneo de la hormiga, con un estroma largo, semejante a una lanza, antes de dispersar esporas para que repitan el ciclo. El cuerpo de la hormiga parece atravesado por una jabalina en la nuca.

Esta macabra manipulación del huésped bien podría estar ocurriendo en este mismo momento en su interior o en el mío, y es factible que solo existamos en una matriz microbiana. Al fin y al cabo, hay un beneficio evolutivo teórico para los microbios capaces de reproducirse y de dispersarse controlando nuestra conducta. De todas formas, le aliviará saber que es muy poco probable que esto suceda. Hay muchas más probabilidades de que los microbios influyan en nuestra conducta mediante un proceso simbiótico. Por ejemplo, el genoma y el exposoma determinan qué simbiontes intestinales habitan en nuestro interior y, a su vez, estos han sido elegidos para que influyan en el entorno intestinal local. Las consecuencias que ejercen sobre nuestra conducta son efectos secundarios de esta relación que, por ejemplo, cambia cómo regulamos el entorno intestinal. Del mismo modo, si la conducta de una persona cambia cuando le falta un tipo concreto de bacteria, es más probable que el cambio se deba a modificaciones en la fisiología intestinal que a modificaciones en su mente. En otras palabras, existimos en un estado de codependencia evolutiva con nuestros microbios meticulosamente equilibrado.

Por desgracia, el descubrimiento de los antisépticos y de los antibióticos, por un lado, y la vida urbana, por el otro, han alterado este delicado equilibrio. Y esto exacerba la explosión de trastornos mentales que vemos en las personas jóvenes. El frágil cerebro del simbionte humano no se ha podido adaptar a los ataques contra la ecología interna, lo que ha causado una perturbación fundamental en su desarrollo, además de una pandemia de enfermedades neurológicas y psicológicas.

Hablar en términos más concretos es difícil, porque la cantidad de factores causales es abrumadora y genera mucha confusión. Las adicciones digitales distorsionan la sensibilidad a la dopamina y los bucles de retroalimentación de la serotonina; las relaciones, el trauma, el aislamiento social, la educación, la situación socioeconómica, el consumo de drogas, los antibióticos, el alcohol y la cultura modifican el exposoma de la salud mental. El psicobioma hace lo que puede para sobrevivir en el exposoma que hemos creado, pero no es feliz en absoluto: entre 2017 y 2018, 7,3 millones de adultos en Inglaterra (el 17 por ciento de toda la población adulta) tomaban antidepresivos.[31] Y la cifra no ha hecho más que aumentar, porque casi uno de cada tres adultos informó de un nivel de estrés psicológico con significación clínica durante los confinamientos por la pandemia en 2020 y 2021.[32]

A menos que, como sociedad, decidamos invertir en sistemas de atención social para prevenir, detectar y manejar los problemas de salud mental y el deterioro cognitivo, seguiremos fallando a los miembros más vulnerables de nuestra sociedad. Estos sistemas también han de priorizar la salud intestinal como facilitadora de la salud mental. Esta solución no exige una carísima biotecnología microbiana, pero sí que aprovechemos el conocimiento del que ya disponemos para optimizar el microbioma materno y el desarrollo del eje intestino-cerebro en edades tempranas y para prevenir las enfermedades neurológicas asociadas al envejecimiento.

Debe saber que Betty se recuperó bien de la operación, pero sus lesiones eran demasiado graves y acabó falleciendo en la unidad de cuidados intensivos cuarenta y ocho horas después de la intervención. El tratamiento de todas las enfermedades neurológicas ha experimentado una revolución gracias a la mejora de las tecnologías de diagnóstico, los medicamentos y las técnicas quirúrgicas individualizadas, lo cual significa que los resultados para las personas como Betty no hacen más que mejorar. Estoy seguro de que, en el futuro, la manipulación del microbioma formará parte de este arsenal terapéutico.

Este es el siglo del eje intestino-cerebro. Por fin estamos tomando conciencia del microbioma. Freud estaría encantado.

CAPÍTULO 8

Cómo vivir hasta los cien años

Dice la leyenda que, en 1513, el explorador y conquistador español Juan Ponce de León zarpó de Puerto Rico en busca de la isla de Bimini... y descubrió Florida sin querer. Bimini, según habían explicado a Ponce de León, albergaba la fuente de la juventud: un manantial de agua rodeado de magnolios gigantescos que llevaban siglos «frescos como violetas» gracias a las propiedades mágicas del agua del manantial. Con toda seguridad, el agua contenía protozoos, fagos, hongos y bacterias, y apostaría a que es mucho más probable que los magnolios debieran su larga vida a esa simbiosis que a ningún tipo de magia.

La fuente de la juventud es un elemento recurrente en el imaginario humano y, después de que Heródoto la mencionara por primera vez en el siglo V a. C., generaciones sucesivas la han ido reinventando. Es uno de los conceptos preferidos de los milmillonarios, que, inevitablemente, llegan siempre a la misma conclusión: no hay dinero en el mundo capaz de cambiar la inevitabilidad del único hecho común a todos los seres vivos. Más recientemente, Jeff Bezos, el fundador de Amazon, invirtió en una *start-up* llamada Altos, cuyo objetivo es revertir el proceso de envejecimiento. Los poderosos nunca cejarán en su empeño de encontrar Bimini.

Hace mucho que los científicos ponderan cuestiones relativas al envejecimiento y a la mortalidad, y es posible que nadie lo haya hecho con más empeño que el inmunólogo ruso Iliá Ilich Méchnikov, para quien el intestino era un «pozo negro vestigial» de microbios fermentadores que desempeñaban un papel fundamental en esta antigua lucha. Su veredicto es tajante:

> La flora intestinal del hombre parece ser la causa principal de la corta duración de la vida humana, y la conciencia humana ha despertado para corregir esta injusticia.[1]

Méchnikov instaba a la población a evitar la comida cruda en la medida de lo posible, convencido de que era una fuente de microbios y de toxinas descontrolados. Incluso defendía la extirpación quirúrgica del colon para erradicar por completo el microbioma intestinal.

No es necesario perder el colon para vivir una vida sana. De hecho, le recomiendo encarecidamente que se aferre a él. Si la cuestión es alargar la vida, no hace falta saber nada del microbioma. Basta con seguir estas cuatro normas sencillas:

1. No fumar (ni vapear).
2. No tener sobrepeso.
3. No ir en moto.
4. Vivir en un país con un sistema sanitario asequible.

El problema es que no todas estas cosas dependen de uno. La mayoría de las personas con sobrepeso no deciden ser obesas, no podemos decidir dónde nacemos, el tabaquismo es una adicción química y la economía o el nivel de pobreza dictan dónde viven la mayor parte de las personas. Si es un peatón no fumador con un peso sano y está leyendo estas líneas en Japón, enhorabuena: la probabilidad estadística de que llegue como mínimo a los 84,2 años es excelente. Sin embargo, si está leyendo esto mientras fuma un cigarrillo y espera a que le sirvan una hamburguesa antes de dirigirse a un bar de moteros en Charleston (Virginia Occidental), es mucho más probable que viva 74,4 años o menos. Virginia Occidental tiene la esperanza de vida más corta de Estados Unidos. De todos modos, no se apure. Hay un millón de maneras de morir y, aún más importante, un millón de maneras de vivir. Ir en moto es estimulante, y no hay mejor lugar donde hacerlo que las carreteras rurales de Virginia Occidental, que siempre lo llevarán a casa.

Soy un gran defensor de envejecer sin elegancia y de la importancia de divertirse. Sin embargo, también admito que, como especie, se nos da muy mal adoptar conductas sencillas cuya eficacia para alargar la esperanza de vida sana está más que demostrada. Parte del motivo es que, en realidad, no lo necesitamos. La medicina moderna compensa las malas decisiones que tomamos y, si nos lo podemos permitir, viviremos más tiempo del que está previsto por nuestro diseño. El fenómeno de la población envejecida es pronunciado y carece de precedentes históricos. En los próximos cuarenta años, aproximadamente el 22 por ciento de la población mundial superará los sesenta años de edad: un salto de 800 a 2.000 millones de personas.[2] Y, por primera vez en la historia de la humanidad, hay más personas mayores de sesenta y cinco años que menores de cinco.

Aunque los datos demográficos sugieren que las personas mayores están más sanas que nunca, se mantiene la gran brecha entre los países con la peor esperanza de vida (Sierra Leona) y la mejor (Japón), con una diferencia de treinta y seis años de esperanza de vida en el momento de nacer. En el mundo desarrollado, el reto no es vivir una vida larga, sino disfrutar de una buena calidad de vida, mientras que en el mundo en vías de desarrollo, la prioridad sigue siendo sobrevivir.

El envejecimiento es un proceso biológico complejo que cada persona experimenta de manera distinta, pero se define como un deterioro funcional progresivo asociado con la fragilidad, la enfermedad y la muerte.[3] Las personas mayores presentan múltiples enfermedades que coexisten (un concepto al que llamamos «comorbilidad») y que se manifiestan mediante una pérdida de función fisiológica y de síndromes geriátricos amplios como el déficit cognitivo y los problemas de continencia, equilibrio y dificultades para andar.[4] El microbioma intestinal desempeña un papel clave en la definición de las respuestas anatómicas y fisiológicas al envejecimiento. Influye en las funciones digestivas, la densidad ósea, la actividad neuronal, la inmunidad y la resistencia a las infecciones por agentes patógenos. También es muy importante a la hora de determinar la efectividad de estrategias preventivas o de tratamientos farmacológicos que se usan de manera generalizada para tratar las enfermedades de la vejez. En definitiva, todo el que quiera diseñar políticas asociadas al envejecimiento ha de saber del microbioma intestinal.

La línea GEM

Aunque los factores que determinan cómo envejeceremos son infinitos, los podemos agrupar en tres fuerzas principales: el genoma, el exposoma y el microbioma. Son las tres fuerzas que moldean no solo nuestro riesgo de enfermedad, sino también nuestra experiencia de bienestar y de envejecimiento saludable. Piense en ellos como en los ejes de un gráfico tridimensional sobre el que podemos plasmar el progreso de nuestra vida (Figura 1).

Primero está el genoma: toda la información genética que compone nuestro cuerpo y un interviniente fundamental en nuestra capacidad para crecer, funcionar y envejecer con normalidad. Para una minoría de nosotros, las mutaciones genéticas que heredamos aumentan el riesgo de que enfermemos o muramos pronto. Aun así, los genes solo determinan el 25 por ciento de nuestra salud y de nuestra función cuando llegamos a la vejez,[5] mientras que el 75 por ciento restante se ve muy afectado por el efecto acumulativo de nuestra conducta y de nuestro entorno. Esto sucede porque las toxinas y los agentes nocivos externos acaban dañando nuestro código genético. La «epigenética» describe cómo las células controlan la actividad genética sin mutar ni cambiar de forma permanente la secuencia de ADN. Básicamente, se trata de una expresión genética de las interacciones entre los genes y el ambiente, que altera cómo los genes se activan o desactivan sin provocar daños permanentes en el código genético en sí. Como ya supondrá, las modificaciones epigenéticas de los genes también son un determinante clave en el riesgo de contraer enfermedades.

A continuación, el exposoma: todas las fuerzas ambientales que interactúan con nuestro genoma a lo largo de la vida. Esto incluye el lugar donde vivimos, el mar en el que nadamos y la tierra sobre la que caminamos, la comida que comemos, las personas a las que besamos, los cigarrillos que fumamos (o no), el coche que conducimos, las redes sociales que usamos, la familia con la que nos relacionamos, la iglesia a la que acudimos, el trabajo que tenemos y la clase social en la que hemos nacido. A diferencia del genoma, que es estable, el exposoma es dinámico y está influido por las múltiples sustancias químicas, proteínas, toxinas, plásticos, luz del sol y gases con los que entramos en contacto. El intestino es el mayor órgano sensorial ambiental, y proba-

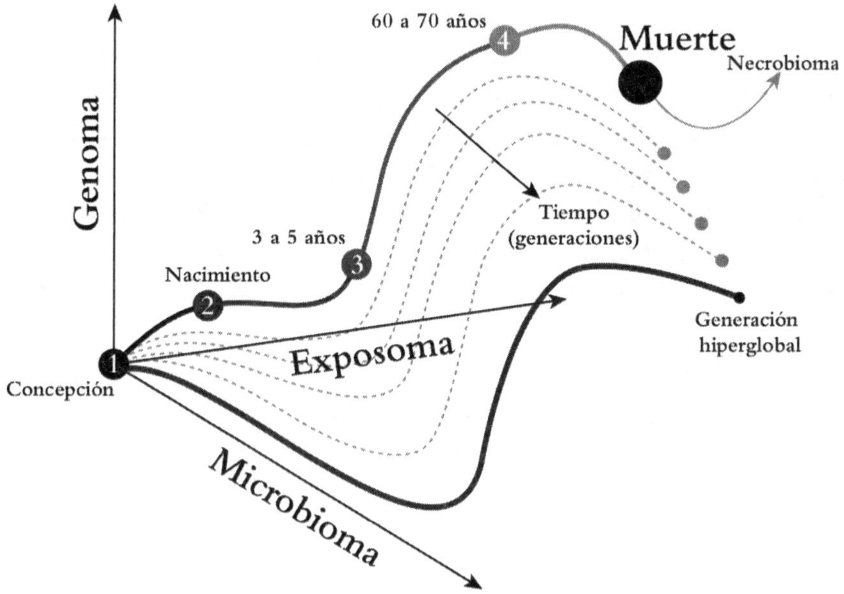

Figura 1. La línea GEM, una descripción teórica de cómo el genoma, el exposoma y el microbioma definen nuestra salud y cómo ha evolucionado a lo largo de generaciones sucesivas para influir en nuestro riesgo de desarrollar enfermedades crónicas.

rá, olerá e ingerirá todas esas cosas. A lo largo de un solo día, el sistema inmunitario intestinal se ve expuesto a una carga de antígenos mayor que la que el sistema inmunitario sistémico conoce a lo largo de toda una vida. Por eso tiene una arquitectura anatómica y fisiológica que le permite funcionar y educar la respuesta inmunitaria innata, otro determinante clave tanto para la salud como para cómo envejecemos. El tracto gastrointestinal es el órgano inmunológico más grande en términos de cantidad de linfocitos (glóbulos blancos que combaten la infección) y, en cualquier momento dado, el tejido linfoide asociado al intestino (o GALT, por sus siglas en inglés) alberga hasta el 20 por ciento de todos los linfocitos del organismo.

Para terminar, el microbioma: la colección de formas de vida microscópicas que ocupan toda la superficie y el interior de su cuerpo, incluyendo todas las formas de simbiontes, amensalistas y patógenos. El microbioma tiene un constructo inestable y dinámico que ejerce su mayor influencia en el desarrollo de nuestra línea de vida antes de los tres años de edad y, durante este periodo, permanece bajo la influencia del microbioma de los progenitores. A partir de ese momento, se transforma en una ecología más estable y representativa del intestino adulto que permanece relativamente constante a lo largo de la vida adulta hasta los sesenta o setenta años, cuando inicia su declive.

Las tres fuerzas vitales de genes, exposoma y microbioma, o GEM, actúan continuamente sobre nosotros y entre sí. Más que pensar en nuestra línea de vida, podríamos empezar a pensar en nuestra línea GEM.

La línea GEM es lo que los científicos llaman «fenoma», que describe todas las características físicas y químicas medibles del cuerpo humano. La influencia de estas características varía conforme envejecemos, por lo que la línea GEM no es recta, sino que se curva y se distorsiona según avanza. Mantiene la estabilidad interna al tiempo que se ajusta a las condiciones externas cambiantes y se puede adaptar mediante el crecimiento y la reorganización. Uno de los indicadores de la salud del microbioma es su resistencia a la hora de afrontar las fluctuaciones del exposoma o del genoma. Para ello, el microbioma necesita contar con una gran capacidad de reserva funcional, que obtiene a través de la diversidad. Por lo tanto, el envejecimiento sano es más que la mera ausencia de enfermedad. Deberíamos pensar en él como en una serie de características dinámicas que mantienen un equilibrio delicado a lo largo de la línea GEM, a todos los niveles de la vida celular y en todos los compartimentos del cuerpo.

Esto se complica si tenemos en cuenta que, a medida que envejece, el cuerpo se renueva continuamente y sustituye las células dañadas y genera otras, de modo que reconstruye las defensas debilitadas que cierran la entrada a las moléculas y los microbios que nos quieren dañar. A veces, y por nuestro propio bien, el tejido se ha de destruir para que el genoma lo reconstruya a la perfección. El ritmo de regeneración varía drásticamente entre órganos como la piel, los pulmones o el intestino (rápido) y los nervios (muy lento). La muerte celular programada, o apoptosis, es un proceso mediado por genes suicidas, aunque el microbioma puede usurpar la función. No es fácil sustituir las células muertas por células madre (que tienen la capacidad de transformarse en células de cualquier tipo), porque se ha de reproducir el tamaño, la integridad genómica y la identidad epigenética, tres elementos clave que tendemos a perder con la edad.[6] No nos debería sorprender que los microbios también puedan interferir con este proceso. La línea GEM no solo oscila con los ciclos de sueño, el ciclo menstrual (si lo tiene) o los cambios hormonales inducidos por el entorno, como la crisis de la mediana edad, sino que también vibra en sintonía con todas y cada una de las fluctuaciones a lo largo de los tres ejes de la vida. Existe en un estado cuántico que puede ser simultáneamente sano y perjudicial, porque la consecuencia de estas fluctuaciones es la inflamación, el regulador maestro del envejecimiento biológico.

Llega un punto (o varios) en la vida en el que uno de los ejes ejerce tanta presión sobre nosotros que la trayectoria de la línea GEM cambia drásticamente. Ese cambio drástico se manifiesta como una enfermedad. Y, para todos nosotros, llega un momento en el que la línea de la vida se detiene para siempre en la negritud, mientras que la vida microbiana seguirá adelante y descompondrá nuestro cuerpo para devolverlo a la tierra.

¿Podemos predecir en qué trayectoria está cada uno de nosotros? Y, aún más importante, ¿podemos hacer algo al respecto? No resulta fácil cambiar los genes (por ahora), pero sí que podemos cambiar el exposoma y manipular el microbioma. El microbioma es un objetivo importante en nuestra búsqueda de la vida eterna cuando somos demasiado vagos, tozudos, pobres o estamos demasiado manipulados como para cambiar nuestro comportamiento.

En la actualidad, solo podemos hacer predicciones amplias acerca de dónde y cuándo es probable que se detenga la línea GEM de una persona, porque carecemos de medidas históricas de estas complicadas interacciones moleculares sobre las que construir modelos más precisos. Sin embargo, genéticamente somos muy similares, nuestras conductas son bastante predecibles, y es muy probable que cohortes concretas de seres humanos experimenten exposomas similares. Desde este punto de partida, y excluyendo cualquier accidente, los epidemiólogos pueden usar medidas aproximadas para predecir nuestra esperanza de vida probable. Los modelos epidemiológicos de buena calidad nos ofrecen incluso consejos útiles sobre cómo mantenernos sanos, pero las líneas GEM son tan únicas del individuo como las huellas dactilares, y estas recomendaciones no tienen en cuenta la biología de los sistemas individuales o el impacto de un microbioma concreto de una persona específica. Nuestros modelos matemáticos carecen de precisión y personalización, y estas herramientas estadísticas seguirán siendo burdas hasta que podamos incluir el microbioma.

La línea GEM nos permite concebir cómo estas tres fuerzas dominantes influyen en nuestra salud a lo largo de generaciones. Las personas jóvenes nacidas durante la era de la hiperglobalización que comenzó en la década de 1990 con el rápido crecimiento de la globalización económica, cultural y política se enfrentan a una perturbación tan profunda de su microbioma y de su exposoma que el riesgo de que sufran trastornos del sistema inmunitario ha aumentado drásticamente. Su trayectoria es muy distinta a la de los que nacimos antes de esa era (Figura 1, pág. 163), y la nuestra a su vez apenas se parece a la de las personas nacidas antes de la Segunda Guerra Mundial.

Por supuesto, no todos los impulsores de enfermedad en el exposoma son iguales, y algunos actúan en microbiomas de distintas partes del cuerpo. El tabaquismo es un ejemplo especialmente bueno de ello.

El eje intestino-pulmón

Al igual que el intestino, el pulmón es colonizado por primera vez durante el parto y, luego, por aspiraciones muy pequeñas cuando inspiramos o tosemos. Este proceso pasivo sucede sobre todo mientras dormimos, cuando los músculos orales y de la faringe están relajados (lo cual explica, en parte, por qué el microbioma pulmonar de las personas que roncamos es ligeramente distinto al de las personas que no roncan). Los estudios que han analizado muestras pulmonares de personas que sufren apnea obstructiva del sueño han concluido que las personas que roncan tienen más Proteobacteria y Fusobacteria y menos Firmicutes.[7]

En las personas sanas, el microbioma pulmonar es claramente distinto entre las vías respiratorias altas, compuestas por los grandes tubos cartilaginosos sibilantes a los que llamamos «bronquios», y las vías bajas, compuestas por los alveolos, blandos y escurridizos. Las vías bajas contienen *Streptococcus*, *Prevotella* y *Veillonella*.[8] En infecciones pulmonares crónicas, es habitual encontrar estas bacterias en grandes agrupaciones, llamadas «biopelículas», que son mucho más difíciles de expulsar físicamente con la tos y que también son más resistentes a los antibióticos. La comunidad microbiana nasal también es importante: en las personas sanas, es similar a la microbiota de la piel (los filos más prevalentes son Firmicutes y Actinobacteria), y es increíblemente importante en su función como barrera para impedir que nos infecten agentes patógenos.

El tabaquismo es el principal factor modificador del microbioma pulmonar. Y no piense ni por un momento que vapear es en absoluto mejor para el pulmón, para el intestino o para usted. Llenar los pulmones con propilenglicol conlleva muchos de los mismos riesgos que la exposición al humo del tabaco, y hace que ciertas bacterias que ya son peligrosas lo sean aún más.[9] Unos 1.300 millones de personas en todo el mundo consumen productos de tabaco, la mayoría en forma de cigarrillos, y las enfermedades asociadas al tabaquismo provocan al menos 8 millones de muertes anuales en todo el mundo.[10] Fumar es la principal causa de cáncer de pulmón y de enfermedad pulmonar obstructiva crónica (EPOC), pero también está estrechamente relacionado con las causas de diversas enfermedades sistémicas muy desagradables, como la enfermedad inflamatoria intestinal y distintos tipos de cáncer, como el de vejiga. El humo del tabaco es muy tóxico y tiene un potencial cancerígeno muy elevado. De todos modos, el problema va aún más allá: fumar tabaco afecta al sistema inmunitario periférico, y es ahí donde el microbioma tiene mucho que decir.

Fumar cambia directamente el microbioma pulmonar, aunque aún no se han acabado de desentrañar los mecanismos precisos. Cada marca de cigarrillos tiene su propio microbioma, y los cigarrillos de la Unión Europea contienen hasta quince tipos distintos de bacterias, que van desde organismos del suelo y comensales hasta agentes potencialmente patógenos para el ser humano.[11] Sin embargo, es más probable que fumar altere el microbioma porque modifica el «microambiente» del pulmón: altera la actividad de los cilios que transportan moco a lo largo de su revestimiento e influye en el oxígeno, el pH y la producción de ácido de la mucosa. A su vez, estos cambios transforman la ecología pulmonar. La estructura de la comunidad que habita en los pulmones es distinta en los fumadores, que tienen mayor abundancia de *Prevotella*, *Veillonella*, *Streptococcus* y *Actinomyces*, así como de agentes patógenos oportunistas.[12] Cuanto más fumen y cuanto más tiempo fumen, mayores serán los cambios en el microbioma pulmonar y más difícil será recuperar una ecología normal. Incluso los virus comensales de las vías respiratorias bajas son distintos en fumadores y no fumadores.

Y las diferencias no se limitan al microbioma pulmonar. Los fumadores tienen una ecología distinta en todas las partes del cuerpo. Por ejemplo, los fumadores tienen un ecosistema intestinal muy alterado y menos cantidad relativa de especies de *Prevotella* y *Neisseria*, así como una cantidad relativa mayor de Firmicutes, sobre todo de especies de *Streptococcus* y de *Veillonella*, además del género *Rothia* (Actinobacteria) en el tracto gastrointestinal superior. Los fumadores también tienen más Bacteroidetes y cantidades reducidas de Firmicutes y de Proteobacteria en el intestino, en comparación con las personas que no han fumado nunca.[13] Estas diferencias son importantes, porque el intestino impulsa las interacciones entre el microbioma y el sistema inmunitario. Podrían explicar, por ejemplo, por qué fumar es un factor de riesgo tan potente para la enfermedad de Crohn, una enfermedad inflamatoria intestinal, y por qué influye en el riesgo de desarrollar cáncer de colon. Gran parte del daño que causa el tabaco se produce debido a cambios sostenidos en los microbiomas del intestino y de los pulmones, lo que a su vez afecta a las interacciones entre el microbioma y el sistema inmunitario.

Es probable que Jeanne Calment haya sido la mujer más longeva de toda la historia.[14] Se cree que, cuando murió, tenía 122 años y 164 días, y no había dejado de fumar hasta los 117. Por mayor que fuera, había vivido una vida extraordinaria, y creo muy probable que tuviera un microbioma muy sano. Sin embargo, mi recomendación a todos los fumadores que lean estas líneas sigue siendo: ¡dejen de fumar!

El microbioma envejecido

Los cambios sociales y fisiológicos asociados a la edad ejercen un efecto profundo en el intestino. Perdemos los dientes y nos cuesta masticar; las paredes del estómago se vuelven más finas y corremos más riesgo de sufrir infecciones; las hormonas intestinales son menos activas y empezamos a desarrollar enfermedades intestinales crónicas...

Y eso es sin tener en cuenta el aislamiento social, la movilidad reducida y la desnutrición.[15] Todos estos factores alteran el microbioma.

Aún no se ha definido con exactitud a qué edad comienza a envejecer el microbioma intestinal, pero, por lo general, se acepta que es en algún momento entre los setenta y los ochenta años. A medida que envejecemos, cambian las proporciones relativas de Firmicutes y Bacteroidetes y, por lo general (aunque no siempre), las personas mayores tienen más Bacteroidetes, mientras que los adultos jóvenes tienen más Firmicutes.[16] Sin embargo, las proporciones relativas de las bacterias cambian y nuestro microbioma se personaliza más en la vejez, porque ha tenido que lidiar con toda una vida de hábitos y de pecadillos. Por lo tanto, el microbioma anciano tiene una composición taxonómica y funcional más individualizada que la de otros grupos de edad. Aun así, las observaciones varían en función de dónde viven los participantes ancianos cuando se secuencia su microbioma. Esto es importante, porque significa que manipular el intestino anciano de manera intencional para mejorar la salud es más difícil; además, esta observación tiene más implicaciones significativas, así que téngalo en cuenta antes de enviar a su familiar anciano a una residencia.

Un equipo de investigadores de Cork (Irlanda) examinó la composición de la microbiota fecal de 178 sujetos ancianos y concluyó que se correlacionaba estrechamente con dónde estaban siendo cuidados.[17] El microbioma intestinal de los participantes cambiaba en función de si estaban en un hospital de día, en rehabilitación, en una residencia o en la comunidad. Las diferencias dependían de la dieta y de los microbios que compartían con el resto de los residentes una vez que ingresaban en un entorno concreto. La importancia de estos hallazgos reside en que el microbioma anciano es menos resistente que el joven y ha perdido plasticidad.

Se halló una correlación significativa entre los cambios en la microbiota que se detectaron en estos grupos y las medidas de comorbilidad, el estatus nutricional y los marcadores de inflamación. La microbiota de las personas ingresadas en residencias a largo plazo era significativamente menos diversa que la de quienes vivían en comunidad, y eso estaba relacionado con una mayor fragilidad. Todo el que trabaja con personas mayores entiende la importancia de la nutrición, pero la fragilidad en la población anciana en residencias se podría deber, en parte, a lo que sucede con el microbioma intestinal. Por lo tanto, aplicar estrategias nutricionales personalizadas que tuvieran en cuenta el microbioma individual y el impacto del cambio en el entorno sería una manera interesante de reducir el riesgo de fragilidad y de mejorar la función cerebral. Lo mismo sucede con todas las poblaciones institucionalizadas, como las escuelas o las cárceles, donde las dietas son uniformes y los microbios viajan con total libertad entre los alumnos y los presos.

Todavía no se sabe si es el envejecimiento lo que cambia al microbioma o si son los cambios en el microbioma lo que nos envejece. Existen reductos de centenarios viviendo en regiones geográficas concretas por todo el globo (como Okinawa en Japón, Cerdeña en Italia, Nicoya en Costa Rica e Icaria en Grecia), a las que el escritor Dan Buettner llama «zonas azules», porque parece que las personas que viven en estas regiones son más longevas. Desde la perspectiva del microbioma, se trata de un constructo epidemiológico falso, porque, a lo largo del tiempo, la longevidad no se ha limitado a estas regiones específicas. Para empezar, Méchnikov habría añadido una quinta zona, Bulgaria, aunque por desgracia no sería cierto hoy. Observó que los búlgaros bebían grandes cantidades de una bebida fermentada a base de yogur y en la que aisló el probiótico *Lactobacillus bulgaricus*, del que afirmó que era el responsable de la longevidad de los búlgaros, a pesar de que las pruebas sugerían que no se podía cultivar en el intestino. En realidad, las zonas azules están sometidas a factores de confusión excepcionales. Se podría decir que Londres contiene sus propias zonas azules, porque se observan grandes variaciones en la esperanza de vida entre los barrios y en relación con factores como el estatus social, la movilidad, la inclusión social, la alimentación, el estrés, el propósito y la exposición (o no) a contaminantes y toxinas como los cigarrillos y el alcohol, todos asociados al código postal exacto en el que vive alguien.

Es posible que las personas que superan los cien años de edad cuenten con miembros específicos de la microbiota intestinal que promueven la salud y que las ayudan a resistir ante agentes patógenos y otros estresores ambientales que aceleran la velocidad a la que envejecemos. Un análisis reciente de centenarios japoneses identificó algunos taxones de bacterias que solo se hallaban en el intestino de personas de más de cien años de edad. Una de las especies más enriquecidas en los centenarios era el *Clostridium scindens*, del que se sabe que posee una enzima relativamente rara llamada 7 α-dehidroxilasa que es necesaria para metabolizar la bilis. La bilis es un fluido digestivo verdoso y espeso que desempeña múltiples funciones,[18] y los ácidos biliares se asocian a muchos otros cambios en el proceso de envejecimiento. La bilis influye en la pérdida de masa muscular, la obesidad y el riesgo de desarrollar enfermedades cardiovasculares y cáncer e incluso el de sufrir enfermedades neurodegenerativas. Parece que los centenarios cuentan con un microbioma intestinal característico al que se le da especialmente bien generar ácidos biliares únicos que limitan la inflamación intestinal.

Las bacterias intestinales también pueden producir en el intestino moléculas que afectan de forma directa al envejecimiento. Un interesante experimento de la Universidad de Nueva York ilustró como una pequeña molécula producida por una sola bacteria puede cambiar de manera drástica la fisiología y la longevidad de un organismo completamente distinto.[19] El experimento usó el nematodo *Caenorhabditis elegans* como un modelo experimental de envejecimiento. Estos gusanos no pueden producir óxido nítrico, un gas que, en humanos, ayuda a aumentar el flujo sanguíneo al intestino, transmite señales nerviosas y regula la función inmunitaria. El nivel de óxido nítrico en el intestino se va reduciendo a medida que envejecemos. Si bien los gusanos no pueden producir óxido nítrico por sí solos, los científicos querían averiguar qué sucedería si se cultivaban junto a microbios (*Bacillus subtilis*) que lo podían hacer por ellos. Cuando lo hicieron, la esperanza de vida de los gusanos aumentó en casi un 15 por ciento, hasta unas dos semanas. El ácido nítrico activó dos genes maestros en el gusano (*HSF-1* y *DAF-16*) que aumentaron la resistencia al estrés y, por lo tanto, contribuyeron a alargar su vida. Ahora, la pregunta es si esa misma bacteria ejerce el mismo impacto en el intestino humano. Aún no conocemos la respuesta.

La inflamación y el envejecimiento: el *inflamm-ageing*

La conversación molecular continua entre la microbiota intestinal y el sistema inmunitario permite a los seres humanos tolerar e influir en la ecología intestinal, pero también promueve un estado inflamatorio de bajo grado. Uno de los efectos más importantes del envejecimiento es que los sistemas inmunitarios adaptativo e innato pierden la capacidad de influir en la conversación.[20] A medida que envejecemos, al cuerpo le cuesta más equilibrar las vías proinflamatoria y antiinflamatoria, lo cual influye profundamente en el proceso de envejecimiento. En la práctica, este proceso se da a ritmos diferentes en órganos distintos y lleva a lo que se conoce como el «mosaico del envejecimiento».

El término *inflamm-ageing* describe las consecuencias de las variaciones en la capacidad de una persona para afrontar la carga creciente de impulsores ambientales de la inflamación.[21] Y explica por qué la línea GEM cambia a medida que envejecemos. Cuanto más vivimos, a más antígenos se ve expuesto el sistema inmunitario, y ahora la exposición se prolonga durante varias décadas más que en el pasado evolutivo reciente. Los centenarios logran mantener un complejo equilibrio de las vías proinflamatorias y antiinflamatorias, por lo que el resultado neto es un *inflamm-ageing* más limitado y equilibrado. Las alteraciones de este equilibrio explican, en parte, el aumento de enfermedades no contagiosas asociadas al envejecimiento y a la inflamación, como la aterosclerosis, las enfermedades cardiovasculares, la diabetes tipo II, el síndrome metabólico, la osteoporosis o el deterioro cognitivo y la fragilidad.

Conforme envejecemos, el sistema inmunitario va perdiendo capacidad para responder de un modo adecuado cuando es llamado a la acción. Desarrollamos «senectud inmunitaria» en paralelo al deterioro del sistema inmunitario y, aunque son varios los estresores ambientales que podrían activar el estado de senectud, parece que esta es susceptible a la manipulación alimentaria y a las interacciones entre el microbioma y el huésped.[22] El resultado es que perdemos capacidad para organizar una defensa inmunitaria cuando realmente necesitamos una, por ejemplo cuando necesitamos combatir un agente patógeno (como Ray, en la pág. 16) o curar una herida. ¿Y cuál es el órgano en el que más influye la inflamación de forma que altera la calidad de nuestra vida envejecida? La respuesta es obvia: el cerebro.

CÓMO PERDEMOS LA CABEZA

La barrera hematoencefálica se va cansando a medida que envejecemos. Entonces, los microbios, sus toxinas y sus proteínas empiezan a cruzar hacia nuestro subconsciente y enturbian nuestros recuerdos.

Casi el 80 por ciento de los casos de demencia se deben al alzhéimer, que aparece cuando unas proteínas llamadas «placas amiloides» y unos ovillos neurofibrilares se acumulan en los nervios que forman el centro de la memoria del cerebro.[23] A pesar de los increíbles avances en la comprensión de cómo se forman estas proteínas, las opciones de tratamiento se limitan, por ahora, a ralentizar el avance de la enfermedad y a aliviar los síntomas.

Otras enfermedades neurodegenerativas, como el párkinson, la demencia con cuerpos de Lewy (DCL) y el síndrome de Shy-Drager (o atrofia multisistémica) también son consecuencia de la producción de una proteína amiloide llamada «α-sinucleína». Muchas de las personas diagnosticadas con estas enfermedades se quejan de estreñimiento o de cambios en los hábitos intestinales antes de que el deterioro del sistema nervioso central se haga evidente. Es posible que este síntoma no sea más que un reflejo de los cambios neurológicos que afectan al segundo cerebro en el intestino, pero también podría ser que apuntara a otra cosa.

El microbioma de las personas con alzhéimer es distinto al de las personas de la misma edad y género sin demencia. Por ejemplo, se ha visto que tienen más Proteobacteria y Bacteroidetes y relativamente menos bacterias del filo Firmicutes y del género *Bifidobacterium*.[24] Ahora, los científicos intentan determinar la relevancia de esta observación, pero lo que está claro es que la microbiota desempeña un papel importante. Por ejemplo, los ratones sin gérmenes modificados genéticamente para que desarrollen alzhéimer no lo desarrollan a menos que su intestino sea colonizado por bacterias mediante un TMF de animales sanos con la misma predisposición genética para esta forma de demencia.[25] Y basta con que se les haga un TMF de humanos con alzhéimer para que desarrollen el mismo deterioro cognitivo mediado por la formación de placas amiloides en el cerebro.

En realidad, las bacterias intestinales pueden producir proteínas con estructuras muy similares a las de las proteínas amiloides, e incluso se han hallado pruebas en ratas de que ciertas cepas de *E. coli* pueden influir en la deposición de α-sinucleína en el cerebro.[26] Aunque no se sabe con seguridad cómo estas bacterias transportan la proteína al cerebro, el nervio vago parece la vía más probable, ya que los ratones a los que se inyecta α-sinucleína (la proteína que causa la demencia) no desarrollan la enfermedad si se les secciona el nervio vago. Esta observación se mantiene en humanos.[27]

El microbioma también parece importante en el desarrollo de enfermedades neurodegenerativas igualmente devastadoras que afectan a personas jóvenes. La esclerosis lateral amiotrófica (ELA) es una enfermedad de las neuronas motoras, es decir, destruye las células que controlan la actividad de los músculos esqueléticos, como caminar, respirar, hablar y deglutir. Un estudio reciente del Instituto Weizmann de Ciencias informó de que los ratones modificados genéticamente para desarrollar ELA sufrían una enfermedad más agresiva si se les administraban antibióticos o crecían en un entorno sin gérmenes.[28] Esta observación se explicaba solo con once especies de bacterias, por lo que, a continuación, los investigadores trasplantaron selectivamente cada una de ellas a ratones sin gérmenes modificados para que desarrollaran ELA. El *Ruminococcus torques* y el *Parabacteroides distasonis* exacerbaron el curso de la enfermedad, mientras que el *Akkermansia muciniphila* ejerció un efecto protector. Parte del motivo por el que resultó beneficioso fue que promovía la concentración de una vitamina esencial, la nicotinamida (la vitamina B3, que se encuentra en el pescado, la carne de ave, los frutos secos, las legumbres, los huevos y los cereales), en el sistema nervioso central. Las funciones motoras de los ratones mejoraron cuando se enriqueció su dieta con nicotinamida. En seres humanos, los investigadores descubrieron que las personas con ELA tenían un microbioma y una configuración de metabolitos similares que llevaban a un descenso del nivel de nicotinamida en el líquido cefalorraquídeo en comparación con miembros de la familia o con las personas con quienes convivían.

Se trata de un trabajo emocionante que sugiere que podríamos apuntar a las funciones del microbioma intestinal a lo largo de nuestra vida para mejorar la salud del cerebro y que, quizás, podríamos prevenir el deterioro de nuestras funciones cognitivas y motoras si optimizáramos el microbioma intestinal. Esta investigación ofrece esperanzas reales de que, en un futuro próximo, sea posible modificar el microbioma para desarrollar los tratamientos de momento ausentes para las enfermedades neurodegenerativas.

La metahipótesis

En el primer libro de su obra maestra, *Las metamorfosis*, el poeta romano Ovidio describió las cuatro edades del hombre y, con su descripción, nos ofreció una estructura útil para entender la importancia del microbioma para la salud humana (que también queda plasmada en la Figura 1 de la pág. 163).

La primera edad remite al microbioma materno. Aquí, los cambios en las señales de la orquesta microbiana que intercambian la madre y el bebé en desarrollo causan modificaciones epigenéticas en los órganos y en el sistema inmunitario en desarrollo. Esto traza el curso del resto de nuestra vida y de nuestro desarrollo cerebral, nuestras conductas, nuestra personalidad y nuestro riesgo de desarrollar enfermedades crónicas.

La segunda edad tiene lugar entre los primeros tres y cinco años de vida y, dentro de este periodo, los primeros cien días son los más críticos. Si se interrumpe la siembra y dispersión del microbioma en desarrollo, los sistemas inmunitario y metabólico no pueden completar la programación de los ejes sistémicos de órganos (cerebro, hígado, pulmones, huesos y corazón). El riesgo de enfermedad vuelve a cambiar y el riesgo de desarrollar alergias, atopia, enfermedades autoinmunes y problemas de salud mental se vuelve más definido.

La tercera edad es la más larga y ocurre entre los cinco y los setenta años de edad. Durante esta fase, la estructura ecológica del microbioma se mantiene relativamente estable, aunque sus funciones pueden oscilar hora a hora y día a día. La producción de sustancias químicas se ve influida por la alimentación, los fármacos y las drogas y los xenometabolitos (no producidos por el huésped) con que interactuamos, lo que, a su vez, determina el riesgo de que desarrollemos enfermedades como obesidad o cáncer. Esta es la etapa en la que más complicado resulta modificar el microbioma en beneficio de nuestra salud, porque es la fase en la que goza de mayor estabilidad.

La cuarta edad se da entre los setenta años (si llegamos, claro está) y la muerte. La estructura del microbioma vuelve a ser más dinámica e influye en el equilibrio entre el *inflamm-ageing* y la inmunosenescencia. A su vez, esto determina el deterioro cognitivo, la movilidad, la fragilidad, la calidad del final de nuestra vida y nuestra muerte. Es tan importante para nuestra experiencia de vida como nuestro nacimiento. El microbioma mantiene su influencia incluso después de la muerte mediante la descomposición del cuerpo (es lo que se conoce como «necrobioma»).

El modelo de las metamorfosis ilustra que el microbioma no es constante y que sus necesidades cambian a medida que pasamos de una edad de la vida a la siguiente. Todos llegamos al mundo por distintos caminos, en ciudades o pueblos diferentes y expuestos a diversos niveles de contaminación y de resistencia a los antibióticos, tamaños de familias y mascotas. Podemos controlar algunos de estos factores, mientras que otros escapan a nuestro control. Todas y cada una de las interacciones microbioma-exposoma-genoma se han de entender a lo largo de líneas temporales que abarcan generaciones enteras. Esto explica por qué los alemanes orientales y occidentales presentaron un riesgo distinto de desarrollar alergia y atopia a lo largo del tiempo, a pesar de su similitud genética y de su contigüidad geográfica. Explica también por qué el riesgo de cáncer de colon de los *millennials* cuadruplica al de los *baby-boomers*. Explica la explosión de trastornos neuroevolutivos, obesidad, enfermedades cardiometabólicas y enfermedades autoinmunes. Y explica por qué incluso los veganos enferman a veces. Esta «metahipótesis», como se la conoce, no significa necesariamente que no podamos alterar el riesgo de desarrollar enfermedades crónicas en cualquiera de estas etapas, pero sí que cuanto más tarde en nuestra vida comprendamos este principio, más difícil nos será corregir el riesgo.

La vida después de la muerte

En el siglo XXI no morimos bien. No podemos decidir ni dónde ni cómo morimos, y he visto a demasiadas personas morir solas en el hospital, lejos de sus familias. La muerte no solo se ha vuelto más infrecuente en las sociedades desarrolladas, sino también cada vez más estéril, y nos hemos alejado de ella física y socialmente. Sin embargo, la vida es valiosísima, y no entramos pacíficamente en el sueño eterno. «Luchamos» contra el cáncer, ganamos batallas contra la sepsis y hacemos lo que sea necesario para seguir presentes, incluso cuando ya no lo estamos. Y si nos queremos rendir, si no queremos luchar o manifestamos que no queremos sufrir, se nos niega esa opción. La sociedad no nos permite otra alternativa que sufrir. No podemos elegir no continuar viviendo.

En 2020, la COVID-19 lo cambió todo. La muerte era omnipresente y tuvimos que lidiar con ella a una escala hasta entonces inconcebible. Seguir viviendo se convirtió en la decisión que no podíamos tomar. El horror fue (y continúa siendo, en el momento en el que escribo) abrumador. Las unidades de paliativos estaban colapsadas, y las personas enfermas y vulnerables morían solas en casa, con poco o ningún acompañamiento. El trauma agudo del duelo se exacerbó en familias que quedaron destrozadas y a las que se separó a la fuerza de sus seres queridos. Es posible que la soledad fuera uno de los síntomas más incapacitantes de la COVID-19.

Yo no querría vivir para siempre. No me cabe duda de que si los milmillonarios logran encontrar una manera de llevar la línea de meta un poco más allá y de esquivar la muerte, será un método prohibitivamente caro que solo conseguirá que la brecha de la atención sanitaria se abra todavía más. Cuánto mejor sería que decidieran invertir sus extraordinarios recursos en encontrar maneras nuevas de elevarnos a todos al mismo nivel de vida o incluso de mejorar la calidad de nuestra muerte.

Vivir una vida larga y sana no tiene secreto: céntrese en la actividad física y en la alimentación y dé un propósito a su eje intestino-cerebro. Es posible que la mejor estrategia para envejecer bien sea evitar el ingreso en una residencia. Limitar intermitentemente la ingesta de alimentos también podría ser una de las mejores estrategias individuales para alargar la vida. Privar a los microbios de nutrientes desencadena una serie de eventos que modifican la resistencia a la insulina del organismo, así como su índice metabólico. También activa el proceso celular de la autofagia, que regenera nutrientes a partir de macromoléculas y elimina el material dañado del entorno celular. No me sorprende en absoluto que el ayuno intermitente ejerza su mayor impacto directo sobre el microbioma intestinal. Funciona como una dieta antiinflamatoria que nos enriquece de bacterias intestinales que son importantes para la salud general, como los *Lactobacillus* y los *Bifidobacterium*, al tiempo que reduce las cantidades de filotipos perjudiciales para la salud, como el *Helicobacter*.

El microbioma es tan importante para nuestros últimos cien días de vida como para los cien primeros, y soy optimista cuando pienso en la función que los microbios desempeñarán en mi muerte. Cuando el cuerpo entra en las últimas etapas de la vida, los microbiomas influyen en la ralentización del metabolismo, en los fallos de las barreras inmunitarias y en el enturbiamiento de la mente. Influyen en la mucosidad que secretamos y que se acumula en las vías respiratorias y en la sensación de falta de aire. Influye en el dolor que sentimos y en la efectividad de los fármacos que nos ayudan a estar «cómodos». Entender el microbioma nos permitirá mejorar la calidad de los cuidados paliativos y aumentar la dignidad con la que morimos. Espero que cuando muera (sea cuando sea que mi línea GEM decida que ha llegado el momento), esto se entienda mejor.

La muerte será el final para mí, mientras que, para mis microbios, no será más que otra oportunidad. Los saprótrofos y el necrobioma se pondrán manos a la obra y otro mundo empezará a vivir en mí y compartirá mis recuerdos moleculares y mis átomos con la tierra que los necesita. Es lo que Elton John llamaría «circle of life», o círculo de la vida. Pensar en ello me llena de optimismo y de agradecimiento, porque sé que parte de mí será reciclada en el cosmos microbiano y más allá.

SEGUNDA PARTE

El exposoma

CAPÍTULO 9

El microbioma global

Mi abuela abandonó el Reino Unido cuando mi abuelo falleció en la década de 1960. Se volvió nómada y exploró el mundo hasta que decidió asentarse en Tórtola, una de las Islas Vírgenes Británicas. Allí, se implicó en la política isleña al tiempo que hacía lo que podía para lidiar con la pérdida y con un mundo que cambiaba rápidamente. En los años ochenta, cuando mi hermano y yo aún éramos muy pequeños, emprendimos épicos viajes transcontinentales para visitarla. Eso nos exigía subir a bordo de maltrechas avionetas Dakota con hélice y ruidosas barcas de madera a motor; cualquiera de estos vehículos podría haber caído en picado o haberse hundido en las aguas infestadas de tiburones. Mi abuela nos esperaba en el aeropuerto con su polvoriento Escarabajo gris y conducía, animada y hablando sin parar, a lo largo de oscuras carreteras montañosas flanqueadas por bananos. Agarraba el volante con una sola mano mientras, con la otra, sujetaba un cigarrillo en una característica boquilla negra y dorada.

Me cuesta expresar lo fabuloso que era todo eso para un niño de seis años. Me despertaba, desorientado y sobreexcitado, en el luminoso amanecer de su casita, que se alzaba entre los manglares de su diminuta playa particular. Uno de mis pasatiempos preferidos consistía en observar el agua tranquila y cristalina para examinar las formas de vida que desconocía y que no existían en Brent: peces enormes, peces de colores brillantes y formas raras, estrellas de mar, cangrejos e incluso anguilas. Me devolvían la mirada, tan desconcertados como yo. Cada día, mi abuela nadaba entre ellos, ajena a los tiburones. La pequeña isla sigue ahí, pero los manglares han desaparecido. Los peces, también.

La cuarta edad del hombre

Acostumbramos a pensar en las consecuencias del cambio climático en términos de la pérdida de biodiversidad de árboles, plantas, peces, insectos y animales con rostros, personalidades y cuentas de Instagram. Sin embargo, la mayor biomasa y biodiversidad del planeta procede de los microbios. Ni siquiera vemos a la mayoría de ellos, porque el 70 por ciento de todas las bacterias y arqueas viven a al menos cinco mil metros de profundidad, con una biomasa total estimada de unos 23.000 millones de toneladas.[1] Recuerde que solo hay unos 385 millones de toneladas de humanos.

Los microbios son esenciales para la supervivencia del planeta, y el cambio climático está alterando de formas fundamentales las delicadas comunidades microbianas que habitan en el suelo, la atmósfera y el mar. Su importancia es tan grande que, en 2019, la Alliance of World Scientists puso fecha de caducidad a la humanidad y nos advirtió de que los microbios son los responsables de reciclar los elementos esenciales para la vida en la Tierra, como el carbono, el nitrógeno, el hidrógeno, el oxígeno, el fósforo y el azufre.[2] Los microbios han desarrollado varios métodos que les permiten usar estos elementos como fuentes de energía, de modo que van pasando cíclicamente y de forma continua entre usted, yo y nuestro entorno. Cuando destruimos el entorno, dañamos también nuestro ecosistema interno.

Los vertidos industriales asociados a la extracción, el transporte y el consumo de petróleo suman un promedio de 1,3 millones de toneladas anuales. Cuando suceden, las formas de vida microscópicas sufren tanto como cualquier otro ser vivo. El vertido de la plataforma *Deepwater Horizon* fue una de las peores catástrofes medioambientales de la historia: durante ochenta y seis días, se vertieron 4,9 millones de barriles de petróleo y 250.000 toneladas de gas natural en el golfo de México.[3] El impacto sobre los ecosistemas marinos ha sido catastrófico y, aunque la destrucción del microbioma oceánico no se entiende tan bien, tiene la misma importancia. Más de 2.000 naufragios históricos que abarcan 500 años de historia descansan sobre el fondo del mar del golfo de México. El submarino alemán *U-166* y una embarcación de madera conocida como *Mardi Gras*, ambos en el área de arrendamiento de Mississippi Canyon, se vieron expuestos al petróleo depositado. El análisis de los microbiomas de los naufragios mostró cambios en la ecología microbiana, con aumentos significativos de secuencias de Piscirickettsiaceae en los sedimentos de la superficie y una biodiversidad reducida.[4] Cuando la microbiología del lecho oceánico cambia de este modo, altera toda la cadena alimentaria marina, que depende del acceso a un banquete microscópico diverso y estable. En última instancia, esto influye en la cantidad de pescado y marisco con la que podemos contar, pero también en la calidad y la seguridad de estos.

Sin embargo, es posible que las bacterias nos ofrezcan una solución a la hora de gestionar catástrofes ambientales futuras. Durante el vertido de la *Deepwater Horizon*, proliferaron colonias de *Marinobacter* y *Alcanivorax*, unas bacterias que habitan en las microalgas, a medida que se empezaron a alimentar de los hidrocarburos petroquímicos.[5] El cambio fue tan drástico que, de repente, estos microbios aficionados a los hidrocarburos representaban casi el 90 por ciento del ecosistema microbiano de las aguas contaminadas en la zona. Por lo tanto, quizás podríamos transformar estos microbios en probióticos oceánicos capaces de consumir los vertidos tóxicos con más seguridad que los dispersantes, que son sustancias químicas que descomponen el petróleo en moléculas pequeñas. Por supuesto, la proliferación masiva de probióticos modificados genéticamente tiene sus propias dificultades, y es muy posible que la mejor estrategia de todas sea acabar con la dependencia del petróleo.

Los petroquímicos se usan para fabricar miles de productos, de los cuales es probable que el plástico sea el más importante. Nos hemos envuelto cuidadosamente en tanta cantidad de este material sintético que ahora existimos en un periodo geológico nuevo, conocido como «plasticeno».[6] Esto tiene consecuencias importantes para nuestra salud, entre otras cosas porque, sin darnos cuenta, consumimos unos 5 g de plástico semanales. Una manzana al día mantiene al médico en la lejanía, pero también contiene un promedio de 195.500 partículas de plástico por gramo, mientras que las peras contienen un promedio de 189.500 partículas de plástico por gramo.[7] Los plásticos también entran en nuestra cadena alimentaria por el mar, donde son consumidos y filtrados por el plancton, los organismos bentónicos (que viven y se alimentan en el fondo del mar) y los crustáceos.

El plástico ha pasado a formar parte de nuestro entorno y, en consecuencia, está alterando nuestra microbiología, de modo que los sistemas microbianos del planeta se tienen que adaptar al cambio. Los nanoplásticos nos dañan tanto mediante la alteración mecánica directa del intestino y de la barrera intestinal como alterando el funcionamiento del sistema endocrino. La diversidad del microbioma intestinal de ratones a los que se suministra agua con micropartículas de poliestireno se reduce en solo veintiocho días.[8] Algunos de los miembros de la microbiota del colon se adhieren a la superficie de los microplásticos y acaban formando biopelículas. También se han encontrado pruebas de que los microplásticos influyen en el funcionamiento del sistema inmunitario, ya sea directamente o alterando el microbioma,[9] lo cual tiene implicaciones importantes para el riesgo de desarrollar enfermedades crónicas. Por ejemplo, el consumo de microplásticos causa infertilidad en los ratones macho debido a cambios en el sistema inmunitario mediados por el microbioma intestinal.[10]

Solo se ha reciclado un 9 por ciento de todo el plástico que hemos producido y cada botella de plástico tarda cien años en biodegradarse: tenemos que encontrar una solución a la contaminación plástica. El componente principal del plástico es el tereftalato de polietileno (PET), que se usa por su durabilidad extrema, y es posible que las bacterias sean nuestra mejor oportunidad para afrontar las consecuencias que tiene para el medio ambiente. En 2016, se aisló la bacteria *Ideonella sakaiensis*, junto a levaduras y hongos, en el sedimento de una planta de reciclaje de botellas de plástico de Osaka.[11] Esta bacteria ha desarrollado adaptaciones que le permiten descomponer y metabolizar el plástico produciendo unas enzimas llamadas «hidrolasas». La enzima concreta responsable del proceso se ha aislado y mutado genéticamente, con el objetivo de diseñar microbiomas ecológicos capaces de disolver montañas de desechos plásticos. Queda por ver si esto se puede transformar en una estrategia eficiente y rentable.

Nuestra adicción al consumo alimenta y exacerba el cambio climático. En 2020, la masa creada por el hombre alcanzó los 1,1 teratones, que superan la biomasa global total del planeta.[12] Esto convierte al ser humano en el mayor acumulador que haya pisado la faz de la Tierra. Si seguimos así, se prevé que, en 2040, la masa antropogénica triplicará la biomasa global. Para alcanzar este hito productivo, hemos destruido gran parte de los paisajes naturales del planeta y transformado más del 70 por ciento de la superficie terrestre, lo que ha ejercido un impacto colosal sobre el microbioma planetario. Desde la primera revolución agrícola de 10.000 a. C., la humanidad ha reducido a la mitad la biomasa de plantas y ha cultivado desproporcionadamente especies domesticadas transformando el 40 por ciento de la masa de tierra firme para llevar a cabo prácticas agrícolas no sostenibles. Usamos unas tres cuartas partes del agua dulce disponible y, día tras día, prendemos fuego a los ecosistemas más valiosos y biodiversos del planeta. La agricultura industrializada ha alterado fundamentalmente el «agrobioma» mediante el empobrecimiento del suelo, la contaminación, la deforestación y una enorme pérdida de biodiversidad. Al igual que transforma cómo entendemos al ser humano, el análisis metagenómico de las poblaciones de suelos agrícolas está aportando nueva información acerca de especies de bacterias y hongos hasta ahora desconocidas y que se podrían aprovechar para promover el crecimiento y la resistencia de los cultivos al tiempo que reducimos la dependencia de los pesticidas (o eso esperamos, al menos).

El microbioma intestinal tiene una gran capacidad para metabolizar sustancias químicas ambientales, como los pesticidas, mediante un grupo básico de familias enzimáticas. Las bacterias intestinales determinan la toxicidad de los contaminantes que consumimos y, por eso, estos nos afectan de un modo distinto a cada uno. Los contaminantes ambientales también cambian la composición y las funciones de las bacterias intestinales y causan enfermedades crónicas. Los residentes del área metropolitana de Baltimore (Estados Unidos), por ejemplo, se han visto expuestos a niveles inusualmente elevados de clorpirifós, uno de los pesticidas organofosforados más habituales. Causó tantos problemas de salud que, en 2020, la ciudad prohibió el uso de pesticidas que contuvieran este agente. El daño que esta toxina ha infligido al intestino y al microbioma intestinal se ha asociado al elevado índice de obesidad y de diabetes entre los habitantes de la ciudad.[13] Subestimamos enormemente el papel de la microbiota intestinal como intermediaria en la toxicidad de los contaminantes ambientales.

Las bacterias son expertas en adaptación y, cuando comparten sus mutaciones genéticas, evolucionan y se adaptan a climas nuevos y tóxicos con mucha más rapidez que nosotros. Esta batalla por la supervivencia sucede fuera y dentro del cuerpo, lo que significa que, en este preciso momento, el cambio climático está teniendo lugar también en su interior. Si su intestino fuera un arrecife de coral en las Islas Vírgenes Británicas, ya estaría completamente blanqueado y sin brillo. Si fuera la selva del Amazonas, estaría ardiendo en llamas.

El microbioma global

El genoma humano es increíblemente parecido de una persona a otra, con independencia del color de la piel, la casta o el estatus social. Por el contrario, el microbioma varía muchísimo. Los genes apenas intervienen en la determinación de la composición de nuestro microbioma:[14] un estudio reciente en el que participaron 2.252 gemelos sugiere que su influencia podría ser de solo el 1,9 por ciento.[15] Por lo tanto, las diferencias que se observan en el microbioma de distintos grupos étnicos no se deben a las diferencias genéticas, sino que ocurren como respuesta a desencadenantes ambientales, como la alimentación, la cultura y el clima, y es posible abusar de algunos de estos factores. La raza y la casta son constructos sociales y no constituyen una base para la ciencia del microbioma. Sin embargo, es importante entender las variaciones étnicas del microbioma por dos motivos: el primero es que nos dicen por qué algunos grupos sociales son especialmente vulnerables a la enfermedad; el segundo es que nos dicen cómo podemos modificar el exposoma o el entorno para hacer algo al respecto.

Aunque el microbioma intestinal de personas de todo el mundo contiene grandes cantidades de las cuatro familias, o filos, principales, las cantidades relativas de cada una pueden variar mucho. Por ejemplo, si hablamos de filos, el intestino africano rural está dominado por los *Prevotella*, mientras que, en Occidente, predominan los *Bacteroides*.[16] Estas variaciones globales en el mapa de la ecología intestinal se correlacionan estrechamente con la ubicación geográfica, y esto ha revelado grupos bacterianos enteros que son abundantes en habitantes de zonas industrializadas y casi inexistentes en personas que viven en zonas no industrializadas. De hecho, los microbiomas occidentales tienen entre el 15 y el 30 por ciento menos especies de bacterias que los microbiomas no occidentales. Si hablamos de especies, esta variación global es aún más pronunciada y extraordinaria. Por ejemplo, subespecies distintas de la misma bacteria, como la *Eubacterium rectale* y la *Prevotella copri*, existen en el intestino de chinos y estadounidenses. Otras de las especies comensales importantes que se suelen encontrar en el intestino sano, como los *Faecalibacterium prausnitzii*, también varían en las poblaciones globales, debido a una sutil varianza genética en el código microbiano.[17] Esto es importante porque bacterias como el *F. prausnitzii* son miembros muy activos del microbioma e influyen en multitud de vías metabólicas humanas; su presencia o ausencia relativas podrían explicar las variaciones en el riesgo de enfermedad en distintas poblaciones. Muy pocas cepas de bacterias se dan en múltiples cohortes no relacionadas; la especie *Bacteroides* parece extraordinariamente constante, mientas que *P. copri* es uno de los colonos intestinales más variables.

Apenas hemos empezado a entender el profundo impacto que la vida occidentalizada ha ejercido sobre nuestra ecología interna. Las muestras paleofecales de nuestros antepasados son más semejantes a los microbiomas de seres humanos no industrializados que a los de seres humanos industrializados, y el intestino moderno alberga cantidades mucho mayores de genes de resistencia a los antibióticos y de deterioro de mucinas que el intestino antiguo.[18] Los cambios en la ecología intestinal se corresponden directamente con la carga de enfermedad crónica: el cáncer de colon y las enfermedades inflamatorias intestinales tienen una prevalencia elevadísima en Occidente e índices muy bajos en el África rural.

Una pequeña cantidad de estudios llevados a cabo sobre poblaciones indígenas que conservan estilos de vida tradicionales ha empezado a analizar las principales fuerzas medioambientales que motivan esta diferencia.[19] Se ha estudiado a comunidades de Venezuela, Perú, Tanzania,[20] Botsuana,[21] Malaui y Madagascar.[22] Sin embargo, la gran mayoría de la investigación de que disponemos se ha llevado a cabo en Estados Unidos, Europa y China, por lo que persisten grandes vacíos en la descripción del microbioma en poblaciones globales. Por ejemplo, en los sesenta y cuatro estudios que examinaron el microbioma intestinal de personas que vivían en África en enero de 2021, solo aparecen representados veinticinco de los cincuenta y cuatro países del continente.[23] Lo que sabemos no refleja el verdadero estado global del microbioma humano, y nos queda mucho que descubrir acerca del movimiento dinámico de personas por todo el globo y entre entornos rurales y urbanos.

Urbanización

En la actualidad, el 55 por ciento de la población mundial vive en zonas urbanas, un porcentaje que en 2050 habrá ascendido al 68 por ciento. La ONU predice que la urbanización, junto con el crecimiento total de la población mundial, habrá sumado otros 2.500 millones de personas en las zonas urbanas para 2050, y que más del 90 por ciento de este aumento se dará en Asia y en África.[24] Tokio es la ciudad más poblada del planeta, con más de 37 millones de personas en su área metropolitana; según la International Health Metrics Evaluation, la enfermedad que mata a más personas en esta ciudad digital y tan desarrollada es el alzhéimer, y entre las diez primeras causas de muerte, también encontramos cuatro tipos de cáncer distintos (de pulmón, colorrectal, de estómago y de páncreas). De todos modos, la ciudad con la mayor densidad de población del mundo es Manila (Filipinas), que alberga a 46.200 personas por kilómetro cuadrado. La diferencia entre la esperanza de vida de los habitantes de ambas ciudades es de trece años, y los residentes en Manila se enfrentan a un riesgo mucho mayor de contraer enfermedades asociadas a la privación, como cardiopatías isquémicas e ictus, además de tuberculosis o violencia entre personas. Es una historia de dos ciudades en dos líneas GEM distintas.

Los seres humanos urbanos pasan muchísimo más tiempo entre cuatro paredes que las personas que habitan en entornos rurales, y el diseño arquitectónico de los edificios influye en nuestra exposición a organismos. De hecho, cada uno de los edificios que habitamos tiene su propia biogeografía microbiana. Un equipo de científicos de la Universidad de Puerto Rico descubrió que los microbios de las paredes y de los suelos de las casas están segregados geográficamente y que las paredes interiores urbanas contienen marcadores bacterianos humanos del uso del espacio.[25] El diseño de los edificios en los que vivimos y trabajamos influye no solo en el riesgo de exposición a agentes patógenos, sino también en nuestra probabilidad de vernos expuestos a microbios simbióticos que nos podrían beneficiar. Esto podría ser crucial a la hora de entender nuestra susceptibilidad a las alergias. Por ejemplo, la microbiota del polvo doméstico presenta diferencias significativas en entornos rurales y urbanos, con mayor abundancia relativa de las familias Ruminococcaceae, Lachnospiraceae y Bacteroidaceae en hogares rurales que en hogares urbanos. Los niños menores de cinco años expuestos a mayores concentraciones del microbioma del polvo en interiores también tienen un riesgo mayor de contraer infecciones respiratorias de las vías bajas.

Los microbiomas intestinales de los habitantes de las ciudades tienen más vías metabólicas para la descomposición de fármacos y de compuestos orgánicos y menos cantidades de especies rurales de *Prevotella* y de *Clostridiales* fermentadores, con Enterobacteriaceae y especies de *Bacteroides*, útiles para metabolizar una dieta diversa. Sin embargo, el diseño de las ciudades también influye en las bacterias a las que nos vemos expuestos. En 2021, se publicó un atlas global de 4.728 muestras metagenómicas de sistemas de transporte público en sesenta ciudades a lo largo de tres años, en lo que fue el primer catálogo mundial sistemático del ecosistema microbiano urbano.[26] Este extraordinario trabajo identificó 4.246 especies conocidas de microorganismos urbanos, y una pequeña cantidad de estas especies (treinta y una, para ser exactos) eran claramente distintas a los organismos comensales humanos que se encuentran en el intestino y en la piel. Esto significa que las ciudades poseen un núcleo pequeño pero estable de microbios no humanos que podrían ser importantes para nuestra salud. Igual que Berlín Oriental y Berlín Occidental, cada ciudad alberga sus propios nichos geográficos, culturales y ambientales.

Es probable que la contaminación del aire también influya en los cambios en la composición y la función del microbioma intestinal humano. La exposición a largo plazo a micropartículas, dióxido de nitrógeno (NO_2), ozono (O_3) y óxidos de nitrógeno (Nox) se asocia a un aumento del riesgo de obesidad, desregulación de la glucosa y diabetes tipo II. Inspiramos contaminantes ultrafinos que llegan a la sangre y al intestino. Un estudio en California demostró que la exposición al ozono durante veinticuatro horas estaba relacionada con una reducción de la diversidad microbiana en el intestino y con el aumento del

Bacteroides caecimuris. La exposición al dióxido de nitrógeno también se asoció a cambios en la ecología intestinal y a la pérdida de varios taxones. Antes de que hayamos tenido siquiera la oportunidad de zambullirnos en un mar contaminado de plásticos, el aire que respiramos ya ha alterado nuestro microbioma intestinal.

El microbioma y las funciones de este en personas indígenas que entran y salen de entornos rurales y urbanos cambian para adaptarse a estas tensiones y este estrés ambientales. Sin embargo, la historia completa tiene que ver con mucho más que con los contaminantes ambientales.

La familia moderna

Las familias tienden a compartir el mismo entorno y el mismo exposoma e, igual que las interacciones sociales moldean el microbioma de primates salvajes, lo mismo sucede con los seres humanos. Las relaciones familiares o de parentesco caracterizan a todas las sociedades, porque permiten una estructura que ofrece seguridad y apoyo para la reproducción, la socialización, la educación y la estabilidad económica. Mantener microbiomas sólidos en las relaciones familiares brinda un beneficio evolutivo.

El tamaño de la familia promedio varía significativamente en función del punto del globo donde vivamos. Si vive en Senegal, es probable que conviva con 8,33 personas más, y no quiero ni pensar en lo complicada que debe de ser la hora del desayuno. Si vive en Alemania, convivirá con otros 1,91 familiares, y sus mañanas serán mucho más tranquilas. La globalización está cambiando el tamaño de las familias, las dinámicas familiares y las redes sociales, lo que a su vez modifica nuestra capacidad para intercambiar bacterias.

La estructura del microbioma es relativamente estable y muy específica entre los miembros de una familia típica. Un equipo de científicos de la Universidad de Chicago siguió durante seis semanas a las comunidades microbianas asociadas a siete familias.[27] Esta cohorte incluía a tres familias que se mudaron de casa durante el periodo de estudio. El estudio descubrió que las comunidades microbianas difieren sustancialmente entre los hogares y que el microbioma doméstico lo siembran y lo dispersan en su gran mayoría las personas que lo habitan. Estas observaciones fueron tan contundentes que el microbioma no solo permitió identificar el hogar de cada familia, sino también emparejar a cada persona con su casa mediante sus microbiomas respectivos. De igual forma, se pudo emparejar agentes potencialmente patógenos para los humanos observados en las cocinas con las manos de los ocupantes. Y, aún más interesante, la comunidad microbiana del antiguo hogar de los participantes se trasladó junto con ellos y repobló rápidamente su nuevo hogar. Así que, cuando se mude, sus microbios irán con usted en el camión de la mudanza y formarán parte de la nueva decoración.

La frecuencia con que interactuamos con la familia también influye en los microbios que compartimos. Por ejemplo, volver a casa de los padres para el día de Acción de Gracias u otras fiestas religiosas es una manera importante de reconectar con el microbioma familiar. Los investigadores llevaron a cabo un análisis metataxonómico de muestras fecales recogidas el 23 y el 27 de diciembre en un grupo de veintiocho voluntarios sanos que celebraban la Navidad.[28] Hallaron dos firmas diferenciadas de biomarcadores microbianos: quienes habían decidido ver solo a su familia inmediata durante las vacaciones de Navidad y los que visitaron tanto a su familia como a su familia política. Los participantes que visitaron a sus suegros presentaron una reducción en las especies de *Ruminococcus*, lo que quizás signifique que no los obligaron a comer coles de Bruselas. Este tipo de bacteria también se ha asociado al estrés psicológico y a la depresión... Que cada uno lo interprete como quiera. Sin embargo, compartir el microbioma con los parientes no siempre es una experiencia positiva.

Se ha intentado estudiar la dinámica de las redes del microbioma familiar en varias ocasiones. El Fiji Community Microbiome Project (FijiCOMP) exploró la función de la transmisión de bacterias en poblaciones humanas con 287 personas que vivían en cinco poblaciones agrícolas de las islas Fiyi.[29] En esta reducida comunidad de personas con entornos domésticos, dietas y microbiomas homogéneos, se pudo usar el ADN de las bacterias para predecir con precisión ciertos pares de personas con vínculos estrechos. También se hallaron pautas de transmisión sólidas en los hogares. En comparación con los hombres, era más probable que las mujeres albergaran cepas estrechamente relacionadas con los miembros de la familia y los contactos sociales.

Este trabajo sugiere que la relación que mantenemos con los microbios no depende solo de los edificios en que vivimos, sino también de las personas con que convivimos. También significa que la susceptibilidad de algunas familias a padecer determinadas enfermedades crónicas se podría explicar, en parte, por la presencia de microbios procedentes de las personas con las que convivimos. Los estudios con gemelos han aportado más pruebas en este sentido. El microbioma intestinal de gemelos en los que uno tiene una enfermedad inflamatoria intestinal (EII) y el otro no demuestra que el gemelo sano tiene firmas de microbioma semejantes a la de la EII, aunque no haya desarrollado la enfermedad.[30] De momento, desconocemos si las firmas del microbioma similares a la EII preceden al inicio de la EII, pero es plausible que los microbiomas ambientales de nuestras familias determinen, en parte, el riesgo de desarrollar esta enfermedad, además del riesgo de no desarrollarla, como hemos visto en los estudios con gemelos sobre la alergia en el capítulo 4 (véase pág. 92).

Las familias modernas cada vez están más dispersas geográficamente, y tenemos que viajar cada vez más lejos para estar con nuestros seres queridos. Los aviones que arrojan combustibles fósiles a las capas superiores de la atmósfera no solo perforan la capa de ozono, sino que también transfieren agentes patógenos, simbiontes y microbios amensalistas a los pasajeros humanos mediante una vasta red de conductos de aire. Los barcos de contenedores, el transporte mecanizado e internet llevan nuestra alimentación, ganado, conductas, conocimientos, teorías de la conspiración y normas sociales hasta los últimos rincones de nuestra ciudad, del globo e incluso al espacio. La movilización física y metafísica de la humanidad está redibujando por completo el mapa de las enfermedades infecciosas y permite que los agentes patógenos viajen con rapidez; para cuando se tuvo que conectar a sistemas de respiración artificial al primer paciente de Wuhan, la COVID-19 ya se había extendido por todo el mundo. Y, a medida que el mundo se calienta cada vez más, los mosquitos que transmiten la malaria usan esta misma red para alejarse del ecuador y desplazarse a partes del norte de Europa, donde ahora viven la mar de bien. El aumento de la temperatura global consecuencia del cambio climático está seleccionando a los microbios con tolerancia térmica que pueden ser perjudiciales para los mamíferos. Es lo mismo que les sucedió a los dinosaurios.

El transporte de holobiontes también ha afectado significativamente a la propagación de las enfermedades crónicas. En 2020, la Organización Internacional para las Migraciones estimó que había 272 millones de migrantes en todo el mundo, lo que equivale al 3,5 por ciento de la población mundial.[31] Si bien muchos de estos migrantes se habrán trasladado por motivos laborales, millones de ellos se han desplazado debido al conflicto, la violencia o el cambio climático. La migración a esta escala trae consigo múltiples desafíos sociales y sanitarios. Esto no significa que los migrantes sean portadores de enfermedades y constituyan un peligro para la salud pública ni que sean una carga. Por el contrario, la migración acostumbra a beneficiar a las economías nacionales y a la economía global, y es más perjudicial para el migrante en términos de su riesgo individual de contraer enfermedades no contagiosas. Los estudios sobre migrantes, como los que se han llevado a cabo en hawaianos de origen japonés, han demostrado que basta una generación para que la población inmigrante asuma el riesgo de enfermedades crónicas de Occidente, como el cáncer de colon.[32] Aunque el cambio en la alimentación desempeña un papel importante en la adquisición de este riesgo, la migración altera muchos otros aspectos del exposoma. Por ejemplo, los cigarrillos, las sustancias químicas, las infecciones y los antibióticos podrían ser igualmente responsables de la modificación del microbioma y, a su vez, del riesgo de contraer enfermedades no infecciosas.

En marzo de 2020, dejamos de volar de repente, cerramos nuestras oficinas y nuestras escuelas y encerramos a nuestros ancianos. En un abrir y cerrar de ojos, interrumpimos la circulación de microbios en la comunidad global y en las comunidades locales y sustituimos estas intrincadas redes con llamadas por Zoom y soledad. Aún desconocemos el verdadero impacto que este cambio ha ejercido en el microbioma local, pero justo cuando parecía que la situación volvía a la normalidad, Vladimir Putin inició una guerra que disparó el precio del petróleo y cambió de nuevo cómo viajamos, cocinamos, calentamos nuestro hogar y contaminamos nuestro entorno. No concedemos a nuestro microbioma ni un respiro.

Tórtola

La historia de las Islas Vírgenes Británicas es turbulenta: su población se ha tenido que enfrentar a la esclavitud, a epidemias de cólera y a invasiones europeas sucesivas. Hoy se enfrentan a la urbanización, a dietas americanizadas y al cambio climático. La población total de Tórtola aumentó en aproximadamente un 15 por ciento entre 2010 y 2022, y ahora más del 60 por ciento de la isla está compuesto por expatriados, muchos de los cuales trabajan en la boyante industria de los servicios financieros. Traen consigo sus microbiomas urbanos, con los que colonizan sus nuevos hogares, y transforman el intercambio social de bacterias de la pequeña isla. El bienestar económico y social de Tórtola sigue dependiendo en gran medida de su maravilloso paisaje, de sus playas y de sus 120.505 m^2 de frágiles arrecifes de coral. Los holobiontes ya no llegan en avionetas traqueteantes, sino en colosales cruceros y en yates de alquiler llenos de agentes patógenos, petróleo, plástico y dinero. En 2019, 894.991 personas visitaron las Islas Vírgenes Británicas. No sé qué le habría parecido a mi abuela, aunque sospecho que se habría encendido otro cigarrillo.

Espero que reconocer la emergencia climática inmediata que ha estallado en el interior de todos nosotros nos motive a tomar las decisiones adecuadas. Salvar el microbioma planetario y personal de la hiperglobalización no solo significa consumir menos, reciclar más, plantar árboles o conducir coches eléctricos. Exige que revaluemos por completo la relación que mantenemos con los microbios y que les concedamos la importancia que merecen. Hemos de rediseñar las ciudades, los espacios urbanos, las oficinas, los hospitales y los hogares de manera que promuevan la diversidad del microbioma, y debemos incluir el mantenimiento de los sistemas microbianos planetarios en las políticas para atajar el cambio climático. El metaverso no nos mantendrá sanos; necesitamos conexiones en el mundo real.

Nuestra pasión por fabricar está obligando a las formas de vida microbianas a vivir en nichos homogéneos perjudiciales, y su conducta beligerante no es más que un reflejo de que también ellas tienen dificultades para sobrevivir. Se han tenido que adaptar a comer plástico, petróleo y pesticidas, y nadie me convencerá de que comer eso sea agradable. Si les ofrecemos algo de amor, podemos colaborar con ellas para promover una agricultura sostenible y modificarlas para que reciclen CO_2, carbono y nitrógeno, para que produzcan oxígeno e incluso para que eliminen los residuos tóxicos que contaminan nuestro entorno y nuestros cuerpos. Para ello, debemos estar dispuestos a innovar y a pagar el precio que sea necesario. Una respuesta verdaderamente global significa que tenemos que capacitar a todas las naciones y a todas las culturas para que puedan analizar y entender sus microbiomas, y no podemos depender de organizaciones científicas que sufren de resacas coloniales y que transmiten selectivamente un conocimiento tan vital.

La cuarta edad del hombre necesita al microbioma.

CAPÍTULO 10

Guerra contra los microbios

¡Caballeros, aquí no se puede pelear! ¡Esta es la Sala de Guerra!

¿Teléfono rojo? Volamos hacia Moscú

En 1493, Cristóbal Colón zarpó del puerto de Cádiz en su segunda expedición a las Américas. Como esta vez lo hacía con la intención de asentarse allí, iba acompañado de mil colonos repartidos en diecisiete embarcaciones. En una carta a los reyes Isabel y Fernando de Castilla, escribió:

> Traje conmigo caballos, yeguas, mulas y todas las demás bestias, así como semillas de trigo y cebada y todos los árboles y todas las mejores frutas, todo en gran abundancia.

También llevó consigo billones y billones de microorganismos. La expedición llegó a las Américas el 8 de diciembre y, en cuanto soltaron a los cerdos, estalló un brote de fiebre porcina que diezmó a la tripulación y a la población indígena. Esta fue la primera gran pandemia americana, y fue maligna y terrible. También fue el comienzo del «intercambio colombino» y de la transferencia de enfermedades, ideas, alimentos, cultivos, tabaco y animales entre poblaciones que llevaban 12.000 años aisladas. Supuso un punto de inflexión importantísimo en la evolución filosimbiótica del microbioma humano. Cuesta imaginar que el humilde tomate o la omnipresente patata no existieran en

Europa hasta ese momento. Hoy, en Estados Unidos, representan casi la mitad de todas las verduras que se consumen. Los intestinos de los conquistadores debieron de florecer con bacterias encantadas y felices de poder hincar el diente a las fibras y los polifenoles del Nuevo Mundo. Claro que también tuvieron que lidiar con los ocasionales helmintos, amebas, nematodos o parásitos tropicales, aunque eso no fue nada en comparación con lo que les sucedió a las poblaciones indígenas, que sucumbieron a terribles agentes patógenos europeos, como la viruela, para los que carecían de defensa inmunitaria.

Cinco años después, el 20 de mayo de 1498, el explorador portugués Vasco da Gama se convirtió en el primer europeo en llegar a la India bordeando el extremo meridional de África. Su misión consistía en encontrar una fuente barata y abundante de especias, y su llegada a la costa malabar india, en lo que hoy es Kerala, marcó el comienzo del comercio directo entre Europa y el Sudeste Asiático. Su descubrimiento significó que, a partir de ese momento, los portugueses controlaban la región costera productora de especias, y establecieron un monopolio extraordinariamente rentable sobre el comercio de especias indias. Y eso provocó un conflicto global. Lo que siguió fue el peor colonialismo posible, con todas las potencias europeas compitiendo avariciosamente por el control de las rutas comerciales globales. Al final, la Compañía Británica de las Indias Orientales, una institución comercial fundada en 1601, se alzó con la victoria definitiva. Después de varias guerras por las especias, superó a los neerlandeses y se convirtió en una de las organizaciones privadas más potentes y longevas que el mundo haya visto jamás. La Compañía recaudaba impuestos, traficaba con esclavos y cometía atrocidades en nombre de la reina, que le había concedido una carta real que la autorizaba a declarar guerras. Alimentó el crecimiento del Imperio británico hasta 1858, cuando el gobierno británico puso fin a la regencia de la Compañía en India. En solo 400 años, la creación de una red comercial global que también transmitía conocimiento, simbiontes y patógenos transformó por completo al microbioma humano. El intercambio no fue equitativo.

Todos los imperios necesitan soldados que libren sus batallas, y el derrame de sangre coordinado ha ejercido un impacto significativo sobre las formas de vida microbianas. En la actualidad, el mundo invierte 1.981.000 millones de dólares estadounidenses anuales en defensa, y no parece que el ser humano haya perdido ni un ápice de entusiasmo por el homicidio cinético y cada vez más autónomo. Los gobiernos han convertido a los microbios patógenos en armas de guerra y han desplegado cruentos programas de guerra biológica diseñados para desencadenar pandemias y envenenar o asfixiar a ciudades enteras. Las guerras más recientes han sometido al microbioma global a una presión intolerable debido al daño medioambiental, a la industrialización de la producción de alimentos y al desplazamiento de millones de refugiados, que con frecuencia no poseen nada a excepción de sus microbiomas. Debido a la variación inherente al entorno, región, tribu o armas elegidas, cada conflicto tiene su propio microbioma, y las consecuencias de su destrucción son duraderas y multigeneracionales, tanto para los soldados como para los ciudadanos inocentes. Para entender cómo y por qué sucede esto, hemos de adoptar una perspectiva histórica respecto al conflicto y a su impacto ambiental y ecológico.

Matar en nombre de...

Los ejércitos modernos han sido uno de los grandes impulsores de la innovación antiséptica, y su amor por la guerra expedicionaria y la logística ha llevado a la propagación del uso de antibióticos y de las estrategias de prevención de patógenos en todo el globo. Sin embargo, antes del desarrollo de la teoría de los gérmenes, los cirujanos militares operaban en pleno campo de batalla con las manos desnudas y delantales de carnicero y vertían vino o aceite hirviendo sobre las heridas de bala. La amputación era uno de los tratamientos habituales, y la habilidad del cirujano se medía por la velocidad con que la practicaba. Durante la guerra de Secesión estadounidense, la amputación fue la intervención quirúrgica más frecuente para los 60.266 pacientes de la Unión que sufrieron fracturas debidas a heridas de bala, y el índice de mortalidad por gangrena era del 60 por ciento.[1]

En cuanto Louis Pasteur dio el pistoletazo de salida a la teoría de los gérmenes, matar a los microbios pasó a ser tan importante como matar al enemigo. Las bien descritas innovaciones en higiene y antisepsia desarrolladas por Florence Nightingale, Ignaz Philipp Semmelweis y Joseph Lister proporcionaron a los médicos militares herramientas sencillas con las que limitar la contaminación fatal de las heridas y tratar la sepsis. Ahora, cada vez que he de examinar a un paciente, me arremango y me lavo las manos (y todos llevábamos las manos untadas de alcohol durante la pandemia por coronavirus) como resultado directo del trabajo de estos visionarios. Aunque Lister lo enjuagaba todo con abundante ácido carbólico, parece que no creía en la higienización y se preparaba para operar quitándose la chaqueta y fijándose con alfileres una toalla no esterilizada sobre el chaleco. Imagino que se dejaba verdaderas fortunas en la tintorería.

En los campos de batalla más actuales, la cantidad de bajas por heridas de combate se ha ido reduciendo gradualmente y ha pasado del 8 por ciento en la Primera Guerra Mundial, al 4,5 por ciento en la Segunda Guerra Mundial, el 2,5 por ciento en la guerra de Corea, el 3,6 por ciento en la de Vietnam y el 2,1 por ciento en la del Golfo.[2] La adopción generalizada de antibióticos ha sido uno de los factores importantes de este cambio. En la actualidad, los ejércitos avanzan gracias a las vacunas, aunque no son obligatorias. Durante la guerra de Irak de 2003, por ejemplo, el ejército británico decidió insistir en la naturaleza voluntaria de la vacuna contra el ántrax.

Entre 1941 y 1945, la medicina militar tuvo que diseñar urgentemente una estrategia de prevención para los casos de enfermedades contagiosas como la faringitis estreptocócica.[3] Para cuando llegó el día D, habían tenido que abandonar por completo su antibiótico químico predilecto, el Prontosil, porque el programa antibiótico industrializado había provocado resistencia bacteriana en solo cinco años. La primera línea de frente necesitaba otra estrategia. Los científicos británicos que desarrollaron la penicilina al comienzo de la guerra tenían claro que carecían de la capacidad industrial requerida para escalar la producción y, tras una larga negociación, los gigantes farmacéuticos estadounidenses Merck, Squibb, Pfizer y Abbott asumieron la producción de este antibiótico. La producción británica y estadounidense se multiplicó de 21.000 millones de unidades en 1943 a 6,8 billones en 1945.[4] En noviembre de 1942, se administró por primera vez penicilina a los soldados estadounidenses heridos en Orán (Argelia), aunque el primer uso militar a gran escala fue la invasión del día D en Normandía en junio de 1944. Aunque la penicilina no ganó la guerra, se estima que salvó la vida a uno de cada siete soldados heridos en combate, además de permitir que se llevaran a cabo tratamientos más invasivos que también salvaron vidas. El microbioma humano nunca volvería a ser igual.

La biopolítica moldea el microbioma

En 1933, el genio francocanadiense autodidacta de la microbiología que fue Félix d'Hérelle ya había fundado el Laboratoire du bactériophage, donde desarrolló y produjo la fagoterapia. Al principio, su trabajo estuvo financiado por el gobierno británico-indio que, en 1927, había lanzado la «Bateriophage Inquiry» («Investigación sobre bacteriófagos») para evaluar las propiedades de los fagos en el tratamiento y la profilaxis del cólera y de la peste y había conseguido unos resultados extraordinariamente positivos.[5] Giorgi Eliava, un médico y bacteriólogo de Georgia que había trabajado con d'Hérelle durante una prolongada visita al Instituto Pasteur en 1918, fue otra figura clave en la investigación sobre los bacteriófagos. Eliava y d'Hérelle, que tenía tendencias izquierdistas, se hicieron muy amigos y, en 1923, Eliava fundó un centro de investigación bacteriológica en Tbilisi, con la bendición del dictador soviético Iósif Stalin, que financió gran parte de su trabajo. En 1933, d'Hérelle abandonó Yale para unirse a su protegido y, entre 1934 y 1936, fundó otros dos laboratorios de producción de fagos en Kiev y en Járkov, invitado por el gobierno. D'Hérelle se quedó en Rusia hasta 1937, cuando Eliava y su esposa fueron arrestados por el crimen de ser intelectuales. Se cree que el verdadero crimen de Eliava fue haberse enamorado de la misma mujer que Lavrenti Beria, el jefe de la policía secreta de Stalin. Fuera cual fuera la razón, Beria la consideró lo suficientemente grave como para ejecutar a Eliava y a su esposa. El instituto prosiguió con su investigación pionera a pesar de la muerte de Eliava y, en la década de 1940, desarrolló fagos contra infecciones anaeróbicas como la gangrena. Los médicos del Ejército Rojo usaron la fagoterapia durante la guerra de Finlandia, y se dice que el ejército alemán ocupó Georgia, entonces en la Unión Soviética, con el propósito expreso de hacerse con los fagos producidos en uno de los centros científicos de d'Hérelle.

Mientras, los estadounidenses tampoco se habían quedado de brazos cruzados. El físico Max Delbrück fundó en 1940 el célebre «grupo de los fagos», una red informal de científicos que también hizo grandes avances en el área de la biología. Jim Watson, que descubriría la estructura de doble hélice del ADN, completó su doctorado bajo la supervisión de Delbrück y demostró que los fagos pueden intervenir en la recombinación genética. A pesar de todo, la estrategia sanitaria de los aliados durante la Segunda Guerra Mundial se centró firmemente en el tratamiento con antibióticos.

El amor que el ejército ruso sentía por los fagos no desapareció tras la desintegración de la Unión Soviética. En la década de 1990, los soldados georgianos que luchaban en la región independentista de Abjasia llevaban encima botes de espray llenos de fagos contra cinco bacterias (*Staphylococcus aureus*, *Escherichia coli*, *Pseudomonas aeruginosa*, *Streptococcus pyogenes* y *Proteus vulgaris*), y los fagos siguen estando ampliamente disponibles en muchas ciudades rusas, donde se pueden comprar sin receta en las farmacias. La fagoterapia y las medidas profilácticas se convirtieron en símbolos ideológicos de las divisiones y los desacuerdos entre los países occidentales y los del Este. En el Oeste, los antibióticos se convertirían en el arma predilecta, y el mal uso de estos acabaría teniendo consecuencias graves para la ecología humana.

Tras la Segunda Guerra Mundial, la necesidad de tratamientos antibióticos seguía vigente y se convirtió en un motivo de tensión continuada entre el Este y el Oeste. La penicilina era de una importancia tal que, al comienzo de la Guerra Fría, se usó como herramienta de espionaje. El mayor Peter Chambers, un oficial de inteligencia estadounidense que intervino en la Operación Claptrap, intentó sobornar a soldados rusos para que compartieran con él secretos del Ejército Rojo a cambio de penicilina con la que tratar la gonorrea y la sífilis que sufrían.[6] Durante la década de 1940, la Unión Soviética y China habían adquirido cierta capacidad de producción de penicilina, y esta producción aumentó después de 1945, cuando los aliados compartieron con ellos su conocimiento. Sin embargo, durante la Guerra Fría la producción de antibióticos se convirtió en otra carrera armamentística. En los años cincuenta, la URSS y los países de Europa del Este habían encontrado el modo de producir antibióticos genéricos, basados en tecnología antibiótica robada a Occidente. La guerra contra los microbios se había industrializado y era global.

La resistencia es inútil

La respuesta humanitaria a los conflictos recientes en Oriente Medio se ha visto dominada por los microbios ambientales y los agentes patógenos locales. Tras la invasión aliada de Irak en 2003, los médicos del ejército estadounidense empezaron a informar de una bacteria resistente a múltiples fármacos a la que llamaron *Iraqibacter*.[7] En realidad, se trataba de *Acinetobacter baumannii*, una bacteria que no hizo más que aumentar el verdadero horror de las heridas, que se infectaban o no cicatrizaban. Además, distaba mucho de ser el único organismo resistente al tratamiento. En Afganistán, las fuerzas aliadas se enfrentaron a índices elevados de bacterias agresivas y resistentes a varios fármacos, como el *Staphylococcus aureus*, que producía leucocidina de Panton-Valentine (P-V)[8] y, así, causaba infecciones terribles en los tejidos blandos. Por si la guerra no fuera lo suficientemente mala por sí misma, los médicos de combate modernos se han de enfrentar también a la administración de antibióticos y a la resistencia a múltiples fármacos.

Sin embargo, el combate no solo influye en la relación que mantenemos con los agentes patógenos, sino que también altera los microbios comensales y amensalistas, lo que es igualmente importante.

El síndrome de la guerra del Golfo es un trastorno crónico y multisintomático que afecta a veteranos de la guerra del Golfo de 1990-1991. Se le asocia un amplio abanico de síntomas agudos y crónicos, como fatiga, dolor muscular, deterioro cognitivo, insomnio, erupciones cutáneas y diarrea. Todos ellos son síntomas que acostumbran a aparecer cuando el sistema inmunitario no funciona bien. Aunque aún no hay consenso acerca del origen de la enfermedad, se cree que tiene que ver con la exposición a comprimidos de bromuro de piridostigmina, un tratamiento preventivo contra gases neurotóxicos, pesticidas o sustancias químicas presentes en pozos de petróleo, entre otros compuestos. Estos agentes no solo perturban el microbioma intestinal, sino que alteran la barrera intestinal y provocan una respuesta inflamatoria sistémica en modelos animales.

Parte de los soldados veteranos que sufren este síndrome presentan síntomas gastrointestinales, y los microbios que se encuentran en su intestino son distintos a los que habitan en los que no presentan estos síntomas. En concreto, tienen más Bacteroidetes, Actinobacteria, Euryarchaeota y Proteobacteria, y una cantidad superior de bacterias de las familias Bacteroidaceae, Erysipelotrichaceae y Bifidobacteriaceae. Estas bacterias están relacionadas con niveles superiores de inflamación en sangre y con el empeoramiento de los otros síntomas.[9] Aunque, por supuesto, podría ser un efecto en lugar de una causa, lo cierto es que el microbioma está implicado de una manera o de otra.

De los 15.000 veteranos examinados durante un estudio, casi el 50 por ciento tenían sobrepeso y aproximadamente un 30 por ciento eran obesos. Los veteranos obesos eran más susceptibles de presentar otros problemas de salud, como trastorno de estrés postraumático (TEPT).[10] El microbioma intestinal se relaciona íntimamente con la obesidad y con la salud mental a través del eje intestino-cerebro, y sería factible que ejerciera una función indirecta en la aparición de los síntomas del síndrome de la guerra del Golfo. La sucesión de eventos del mecanismo de acción podría ser la siguiente: un estímulo ambiental durante el despliegue en una zona de guerra perturba el microbioma intestinal de un sujeto susceptible, y entonces el microbioma es incapaz de recuperar la estructura o la función previa al despliegue. Esto altera el sistema inmunitario y el eje cerebro-intestino, lo que a su vez causa fatiga y exacerba el riesgo de obesidad y de disfunción intestinal. También es posible que esto comparta algún mecanismo con trastornos como el síndrome de fatiga crónica e incluso con la COVID de larga duración, en los que la repentina manipulación del sistema inmunitario provoca síntomas inespecíficos y sistémicos que no se pueden tratar con facilidad. De momento no es más que una teoría, aunque es innegable que la guerra moldea tanto el microbioma humano como el planetario a través de fuerzas ambientales tan amplias como destructivas.

Conflicto climático

Las guerras han servido para controlar el crecimiento demográfico local y global a lo largo de la historia humana. Gengis Khan fue un homicida prolífico y muy eficiente. Comenzó matando a su hermano, y al final de su reinado había sido responsable de la muerte del 11 por ciento de la población mundial. También convirtió a los caballos en armas de guerra, lo que garantizó que la transmisión zoonótica de microbios fuera una constante en los conflictos futuros. A pesar de todo, la Segunda Guerra Mundial gana con mucha ventaja el premio a la mayor cantidad de bajas en tiempos modernos: sesenta y seis millones de muertos.

Que los combatientes mongoles antiguos lograran un índice de mortandad comparable a los alcanzados en el combate mecanizado moderno no tiene nada que ver con las espadas ni con la pólvora. En los conflictos de antaño, el daño de verdad lo causaban las plagas y los microbios patógenos, que diezmaban a los ejércitos, a la población civil y a los refugiados. La guerra es un medio asombrosamente eficaz para propagar agentes patógenos y para dañar el microbioma de las poblaciones indígenas mediante el hambre, el desplazamiento, las toxinas y la inflamación. También es un método efectivo para remodelar los ecosistemas terrestres y marinos, que a su vez regulan el nuestro.

La guerra biológica infligida por los conquistadores españoles sobre el entorno local y sobre la microbiología interna de los pueblos indígenas tuvo consecuencias apocalípticas. Hacia 1550, habían muerto unos 24 millones de aztecas, con 1,5 millones de muertos en los estados mayas y 8 millones en los incas. La gripe, la viruela, el sarampión y las paperas mataron a millones de personas, y los investigadores actuales creen que el «cocoliztli», una fiebre entérica semejante a la tifoidea, fue responsable de la mayoría de las muertes que acabarían provocando el hundimiento del Imperio azteca. Un equipo de investigadores del University College London (UCL) ha concluido que la pérdida de estas vidas dejó desatendidas casi cincuenta y cinco millones de hectáreas de terreno agrícola, un área del tamaño de Francia.[11] Con el tiempo, los bosques recuperaron la flora y la fauna nativas y empezaron a absorber CO_2 y a producir oxígeno. La reforestación fue tan importante que absorbió una cantidad de dióxido de carbono suficiente para enfriar el planeta, y la temperatura global promedio descendió 0,15 °C entre finales del siglo XVI y principios del XVII. Bastó para que el Támesis se congelara a su paso por Londres.

Como tras el apocalipsis azteca, la temperatura global también descendió tras la Segunda Guerra Mundial. Sin embargo, esto sucedió por un motivo muy distinto. A pesar de la carnicería, los seres humanos se las habían apañado para seguir reproduciéndose, y la población mundial ascendió de 2.000 millones de personas antes de la guerra a aproximadamente 2.300 millones. Esta vez no había granjas vacías; al contrario, las economías industriales de Europa y Estados Unidos alcanzaron un nivel de productividad inaudito hasta entonces. La expansión a esta escala significó el consumo de una cantidad enorme de combustibles fósiles (carbón, petróleo y gas natural). Esto no solo produjo dióxido de carbono, sino también partículas en suspensión, como hollín y aerosoles de sulfato de color claro que bloquearon la luz del sol y enfriaron el planeta. Estos cambios fueron efímeros, y el efecto invernadero no tardó en imponerse y en comenzar a calentar drásticamente el planeta, como sigue haciendo ahora. El conflicto de la Segunda Guerra Mundial moldeó nuestro microbioma, sí, pero fue la industrialización de las prácticas agrícolas y el colosal crecimiento de la manufactura lo que alimentó nuestra adicción a la dieta globalizada, y fue la dependencia de los fármacos y de los antibióticos lo que causó el verdadero daño a nuestra ecología interna.

Durante los últimos setenta años, hemos creado máquinas de guerra de una eficiencia pasmosa, diseñadas para destruir el mundo natural. Los agentes químicos como el gas mostaza ejercen múltiples efectos nocivos sobre los microorganismos del suelo, cuya actividad enzimática inhiben. Las municiones altamente explosivas esparcen por el suelo metales pesados que exacerban la resistencia a los antibióticos, y las minas antipersona dejan el suelo inutilizable y dañan a la fauna silvestre. Herbicidas y defoliantes como el Agente Naranja que Estados Unidos usó en Vietnam diezmaron ecosistemas selváticos de valor incalculable. En 1991, se destruyeron 800 pozos de petróleo en Irak, y los veinte millones de toneladas de petróleo que se desparramaron formaron redes de ríos negros a lo largo de 200 km^2 de terreno bajo una nube oscura y tóxica de petróleo ardiendo.[12] La guerra y la preparación para la guerra crean un «conflictoma» de microbios ambientales y humanos alterados que siguen causando estragos mucho después de que se hayan depuesto las armas.

El cambio climático exacerba el desplazamiento de las personas como consecuencia de la guerra, y la ONU estima que durante el año 2021 los conflictos causaron el desplazamiento forzoso de unos 89,3 millones de personas en todo el mundo.[13] Puede elegir entre multitud de campos de refugiados para contar esta historia: Kakuma en Kenia; Zaatari en Jordania o Um Rakuba en Sudán. Todos ellos albergan a personas vulnerables que han quedado a merced de agentes patógenos y de portadores de enfermedades, y la COVID-19 ha sembrado la devastación en muchos de estos campos. Estas ciudades improvisadas, polvorientas, hacinadas y ruidosas son el entorno perfecto para la transferencia genética horizontal. El análisis metataxonómico de quinientos refugiados procedentes de Siria, Irak y Afganistán en Alemania demostró que los recién llegados contaban con un microbioma distinto al de sus huéspedes europeos, con más Bacteroidetes y menos Firmicutes, muy probablemente debido a la desnutrición, y con una carga superior de genes resistentes a los antibióticos.[14] Los niños y las familias sometidos al tormento del conflicto también sufren las enfermedades crónicas y los problemas de salud mental que cabe esperar en una población traumatizada y en situación de pobreza. La pérdida de simbiontes microbianos podría desempeñar un papel importante en la determinación de su resistencia ante agentes patógenos y enfermedades crónicas, y el microbioma representa una novedosa vía para proteger a estas poblaciones vulnerables.

El frente doméstico

El hambre es una consecuencia inevitable en cualquier conflicto y, después de los antibióticos, la comida es el modificador más importante del microbioma intestinal. En marzo de 1945, el gabinete de guerra británico tuvo que gestionar un país que se enfrentaba a una escasez de alimentos grave y a una crisis de racionamiento. Con un déficit previsto de 1.800.000 toneladas de carne, había que hacer algo.[15] Se animó a los ganaderos y a los granjeros a adoptar las recién descubiertas estrategias profilácticas antibióticas para prevenir la enfermedad, reducir costes, mantener la producción, preservar la comida y minimizar el riesgo económico. Por ejemplo, la pullorosis es una enfermedad de las aves causada por la bacteria *Salmonella pullorum*. Se transmite por contagio vertical, suele afectar a los pollitos y tiene un índice de mortalidad elevado. Antes de la guerra, los granjeros tenían que frotar las bandejas de puesta y los huevos con sosa cáustica caliente o usar ácido carbólico o cal clorada. Se fumigaban los huevos y los polluelos recién salidos del cascarón con productos oncogénicos y muy tóxicos, como formaldehído o permanganato de potasio.[16] En 1948, la sulfaquinoxalina de Merck fue el primer antibiótico autorizado oficialmente para su inclusión rutinaria en el pienso para aves de corral, con el objetivo de combatir los protozoos causantes de la coccidiosis. La desdichada vida de los pollos de granja se alargó y fue así como comenzó la «invasión del pollo» en la dieta occidental. No es que fuera para chuparse los dedos que digamos. En la actualidad, el 95 por ciento de estos desgraciados animales en el Reino Unido se crían industrialmente para satisfacer nuestro consumo de 3 millones de pollos diarios.

La adopción global de los antibióticos en las granjas no responde únicamente a la necesidad de prevenir las enfermedades asociadas al hacinamiento y a las condiciones antihigiénicas de los comederos animales. Ya en 1946, los científicos observaron que los antibióticos estimulaban un crecimiento más eficiente en los pollos y los cerdos cuando se les alimentaba con el hongo *Streptomyces aureofaciens* enriquecido con el antibiótico clortetraciclina.[17] Las consecuencias fueron dramáticas. En 1935, un pollo promedio tardaba 112 días en alcanzar el peso de mercado de 1,27 kg. En 1985, solo necesitaba 35 días para llegar a los 1,4 kg y, ahora, en ese mismo periodo de tiempo alcanza unos asombrosos 2,44 kg.[18] Esto es resultado de una combinación de intervenciones, pero los antibióticos en el pienso pueden incrementar el aumento del peso corporal de un pollo en hasta un 8 por ciento y reducir el índice de conversión alimenticia (ingesta de pienso/aumento de peso corporal) en hasta un 5 por ciento en comparación con una alimentación sin antibióticos. Eran muy buenas noticias para los granjeros y ganaderos, porque los antibióticos eran baratos. El efecto era tan importante en todas las formas de animales de granja que la fabricación de productos con antibióticos como promotores del crecimiento se disparó y la Administración de Alimentos y Medicamentos (o FDA, por sus siglas en inglés) de Estados Unidos aprobó el uso de antibióticos como aditivos animales sin prescripción veterinaria en 1951. En 1958, hasta el 50 por ciento de los cerdos británicos recibían pienso con antibióticos, y casi todos los lechones tenían acceso a alimentos con tetraciclinas. En 1966, el ministro de Agricultura de Alemania Occidental estimó que el 80 por ciento de los piensos mixtos para cochinillos, terneros y pollos contenían aditivos antibióticos.[19] Por lo tanto, es muy probable que los antibióticos fueran un motivo clave para la disfunción del microbioma de los alemanes occidentales que, durante la Guerra Fría, sufrieron más enfermedades mediadas por el sistema inmunitario que los alemanes orientales.

Sin embargo, el aumento de la producción de carne no se limitó a Occidente. En Alemania Oriental, la RDA construyó granjas de cerdos y de pollos industriales de muchas plantas mucho peores de lo que George Orwell podría haberse imaginado. Conocidas como *Schweinehochhäuser*, estas monstruosidades debían ser un símbolo del ingenio comunista. Se podía criar a más de quinientas cerdas en varias plantas y se las transportaba en ascensor. También necesitaban muchos antibióticos. Desde entonces, el consumo de carne ha seguido aumentando de un modo espectacular en todo el mundo. Ahora, China consume el 28 por ciento de la carne del mundo, incluyendo la mitad de todo el cerdo producido. Brasil proporcionó el 43 por ciento de las importaciones de carne en China en 2020, y la mayoría de estas vacas habían crecido en una vasta región tropical del Amazonas llamada «el Cerrado». La mitad del Cerrado y aproximadamente un 20 por ciento del Amazonas brasileño se han deforestado para facilitar la actividad ganadera.

La lechería mundial se quedó seca durante la Segunda Guerra Mundial. Se necesitaban más vacas que, a su vez, necesitaban más terreno y más alimento. Había que ordeñarlas con la máxima eficiencia, de modo que pudieran producir 2.725 litros de leche anuales cada una.[20] Hoy, esa cifra se ha disparado hasta superar los 10.000 litros anuales. En 1940, se usó el antibiótico gramicidina para tratar un brote de mastitis entre las vacas de Nueva York, y en 1943 se probaron las preciosas reservas de penicilina para tratar la mastitis tanto en el Reino Unido como en Dinamarca, y los tubos de ordeño tratados con antibióticos contra la mastitis se volvieron muy populares. Llegada la década de 1950, hasta el 10 por ciento de las muestras de leche en Estados Unidos estaban contaminadas con penicilina, debido a la sobredosis que ingerían los animales o al uso ilegal de antibióticos.[21]

Los antibióticos sintéticos han entrado en nuestra comida y en nuestra bebida, algo que podemos agradecer a una guerra mundial. Hoy, en el Reino Unido se cría a más de 1.000 millones de animales para el consumo de solo 65 millones de personas. Los metanógenos en el intestino de estos animales producen tanto metano que la industria cárnica origina el 60 por ciento de todos los gases de efecto invernadero emitidos por la industria de la alimentación.

Las plantas ganaderas, de acuicultura y de procesamiento se han convertido en grandes consumidoras de antibióticos a base de arsénico, sulfonamidas y compuestos de amonio cuaternario; para la década de 1960, estas sustancias químicas ya habían entrado en nuestro suministro de alimentos. Y esto no solo sucedía en tierra firme. A partir de los años setenta, la salmonicultura se disparó a lo largo de la costa escandinava del mar del Norte, y las infecciones bacterianas y fúngicas impulsaron el uso rutinario de antibióticos como la oxitetraciclina, la amoxicilina y la sulfadimetoxina-ormetoprima. Casi el 80 por ciento de estos antibióticos entraron en el entorno marino, donde fueron seleccionados para la resistencia antibiótica en sedimentos y en las poblaciones de peces y de marisco salvajes. En 2018, la acuicultura usaba al menos sesenta y siete compuestos antibióticos para mantener este crecimiento en once de los quince productores principales del mundo, el mayor de los cuales es también China.[22]

A pesar de la industrialización de las prácticas ganaderas de la posguerra, la seguridad alimentaria y el hambre durante el conflicto siguen siendo una amenaza real para la vida, y los países africanos soportan esta carga de un modo desproporcionado. En Sudán del Sur, más de un millón de personas sufren inseguridad alimentaria. En 2018, la ONU adoptó la Resolución 2417 y condenó formalmente el uso del hambre como un arma de guerra. Sin embargo, hoy seguimos al borde de una catástrofe alimentaria mundial, precipitada de nuevo por la guerra en Europa.

La bioseguridad y el microbioma militar

Corren infinidad de teorías de la conspiración respecto a los orígenes del virus SARS-CoV-2 en una instalación gubernamental de Wuhan (China). Aunque no hay pruebas convincentes que validen la acusación, en el mundo existen más de 3.000 laboratorios bioseguros (que sepamos), y muchas agencias gubernamentales están buscando *biohackers* para que se unan a la lucha en el campo de la bioseguridad, que crece muy deprisa. El futuro de la guerra incluirá el uso de microbios diseñados sintéticamente como armas ofensivas. La terrible verdad es que, con el acceso global a las tecnologías CRISPR (véase pág. 41), desarrollar agentes patógenos para causar daños nunca había sido tan fácil ni tan barato como ahora. De la misma manera que la viruela fue un arma para los conquistadores, en la actualidad se pueden desarrollar organismos similares ya sea con fines terroristas o para guerras entre estados. Estos aterradores microbios autónomos no solo se programarán para causar discapacidad, muerte o epidemias, sino también para recoger información, para usos en criptografía o incluso para la identificación de objetivos.

Tras la COVID-19, algunas organizaciones como el Joint Biosecurity Centre (JBC) británico proporcionan información clave acerca de la propagación de agentes patógenos y del riesgo de amenazas biológicas emergentes. Sin embargo, me resulta interesante que casi ninguna agencia gubernamental se centre en la biorresistencia del microbioma humano como una forma básica de defensa nacional. Contar con un microbioma óptimo no significa que no vayamos a contraer la COVID-19, pero sí puede reducir las probabilidades de que nos mate. El microbioma es una gran oportunidad para la ingeniería ecológica contra agentes patógenos ofensivos. Y lo mejor de todo es que no necesitamos una biología sintética puntera, sino que basta con que tengamos un gobierno genuinamente interesado en promover la salud intestinal. Y esta estrategia no solo beneficiará a los humanos. La Organización Mundial de Sanidad Animal (OMSA) informó de 22 millones de casos de gripe aviar en aves silvestres en sesenta y ocho países en 2021 y 2022, lo que llevó al sacrificio de 92,4 millones de aves.[23] A nuestros animales de granja tampoco les vendría mal ser más biorresistentes.

Los médicos militares del futuro irán más allá de la antisepsia y adoptarán la teoría del microbioma. Lo harán no solo para mantener a sus fuerzas operativas en plena forma cuando se enfrenten a todo tipo de entornos hostiles, sino también para minimizar las consecuencias del trauma físico cuando, inevitablemente, suceda lo peor. Una estrategia centrada en los cuidados a nivel supraorgánico optimizaría las funciones microbianas críticas al tiempo que lanzaría ataques muy precisos contra los agentes perjudiciales, en lugar de la opción nuclear de erradicar a todas las bacterias posibles con antibióticos de amplio espectro, con los que solo conseguiremos promover la aparición de más *Iraqibacter* malignos. El microbioma influye en todo, desde la cicatrización de las heridas hasta la coagulación de la sangre o la regeneración de los órganos, y es posible que influya incluso en nuestra susceptibilidad al trastorno de estrés postraumático.[24] Cuidar de él cuando nos hieren es muy buena idea y, como tantas otras innovaciones relativas al trauma, esto se acabará extrapolando a la atención a civiles.

Los conflictos bélicos destruyen las relaciones simbióticas mutualistas de las que dependemos para estar sanos. La guerra cambia la economía, la cultura, el clima y la conducta y desplaza a las personas, de modo que transforma nuestros microbiomas de maneras que van muchísimo más allá del uso de antibióticos o del consumo de drogas. El conflicto es una fuerza evolutiva muy importante que modifica por completo la línea GEM durante generaciones y, hasta la fecha, nada ha influido más en nuestro microbioma que la Segunda Guerra Mundial. En el siglo XXI, por desgracia, el conflicto global sigue siendo algo habitual, y múltiples generaciones han experimentado ya «conflictomas» que han alterado los mensajes orquestales que se pasan de madre a bebé. Por lo tanto, no debería sorprendernos que estas experiencias traumáticas y perturbadoras provoquen enfermedades crónicas como el cáncer, el síndrome de la guerra del Golfo y el trastorno de estrés postraumático, que no aparecen hasta después de que la guerra haya terminado.

Siglos de conflictos cada vez más globales han sometido a la mente humana y a nuestro entorno a un estrés inconcebible, y el microbioma ha respondido haciendo lo que cualquier población humana haría si se viera atacada: ha tomado las armas. La guerra ha acelerado la estrategia global antimicrobiana, que luego se ha visto anulada por el fracaso de la biopolítica; no deja de ser deprimente que la historia se esté repitiendo una vez más. La política exterior ejercida mediante la fuerza militar tiende a fracasar, y lo mismo sucede con la política exterior en relación con los microbios. A lo largo de los últimos cien años, hemos perpetrado bombardeos masivos contra el microbioma humano como castigo por ataques menores contra nuestra salud y, así, hemos destruido poblaciones enteras de simbiontes inocentes. Ahora está igual que aquellos desolados campos de Flandes de los que hablaba John McCrae en su poema. El resultado es que todos sufrimos de un trastorno de estrés del microbioma. La solución es un tratado de paz, pero de momento no veo a nadie ondeando una bandera blanca bolígrafo en mano.

CAPÍTULO 11

Una vida biótica

Cuando mi hija tenía cuatro meses, empezó a toser y a respirar con dificultad y con sibilancias muy agudas. Le subió la fiebre y dejó de comer. La Chica estaba preocupada, pero yo lo tenía claro. Se trataba de bronquiolitis, causada por el virus respiratorio sincitial humano (VRS). Le dimos paracetamol, pero no mejoró, y la Chica dijo que deberíamos ir al hospital, pero yo lo seguía teniendo claro. Veinticuatro horas después, Liberty Kinross estaba palidísima, deshidratada y agotada. Yo ya no tenía nada claro en absoluto.

Las pruebas obtenidas durante un análisis retrospectivo de 13.516 nacimientos en Israel, donde un hermano nació por vía vaginal y el otro por cesárea, sugieren que los niños nacidos por cesárea tienen el doble de probabilidades de desarrollar bronquiolitis durante los primeros dos años de vida.[1] Liberty fue ingresada en la unidad de cuidados intensivos pediátricos, donde le diagnosticaron bronquiolitis y una neumonía bacteriana superpuesta. La reanimaron con oxígeno y bajo una lámpara que le daba calor; le introdujeron por la nariz una sonda de plástico que le llegaba al estómago, para poder alimentarla con leche de fórmula, y le pusieron vías intravenosas en los rollizos bracitos para administrarle los antibióticos que le salvarían la vida. Sentado en la oscuridad junto a su cuna, reflexioné sobre mi estupidez supina y me enfrenté al sentimiento de culpa. Cualquier padre o madre que haya hecho guardia junto a la cama de un hijo enfermo de gravedad sabe lo dolorosísimo que es.

El lugar donde la atendían es importante en esta historia. Era el mismo St. Mary's Hospital de Londres donde, en 1928, Alexander

Fleming descubrió la penicilina. Su trabajo, desarrollado por Ernst Chain, Howard Florey y la frecuentemente olvidada Margaret Jennings, salvó cientos de millones de vidas. Sin él, es muy probable que mi hija hubiera muerto entonces, entre el caos y el ruido de la unidad de urgencias pediátricas, rodeada de monitores, alarmas y luces brillantes y estériles.

Observé a la enfermera mientras llevaba a cabo el ritual de calcular la dosis de antibiótico. Cuando estuvo segura, diluyó en agua el vial estéril de antibiótico en polvo y lo conectó a la vía intravenosa. El fluido, de color amarillo claro, pasó por el tubo de plástico y desapareció en el brazo de mi hija. La pulsera de plástico transparente en la que aparecían su nombre, su fecha de nacimiento y el número que le había asignado el hospital le apretaba la muñeca, inerte. El antibiótico, llamado «ceftriaxona», mató las bacterias que la estaban asfixiando y destruyó gran cantidad del microbioma intestinal en desarrollo de Liberty. Sentí muchísimo alivio.

He perdido la cuenta de las recetas de antibióticos que he escrito a lo largo de mi carrera profesional, pero son muchísimas. Se las he administrado a prácticamente todos los pacientes a los que he operado. Con un gran poder antibiótico viene una gran resistencia antibiótica, y soy responsable del papel que desempeño en esta tragedia totalmente anunciada. Durante su discurso de aceptación del Nobel, Fleming afirmó:

> Es posible que llegue un momento en el que cualquiera pueda comprar penicilina en las tiendas. En ese caso, correremos el riesgo de que el hombre ignorante se administre dosis insuficientes y, al exponer a sus microbios a cantidades no letales del fármaco, los vuelva resistentes.

Sin embargo, no predijo el impacto global que su descubrimiento tendría sobre nuestro microbioma. Nadie lo predijo.

Antibióticos

De camino a mi trabajo en Paddington, paso a diario frente a un museo dedicado a Fleming y me tengo que recordar que no «descubrió» los antibióticos, de la misma manera que Colón no «descubrió» el Nuevo Mundo. Muchos antibióticos se producen de forma natural y se han usado durante toda la historia humana. Por ejemplo, en lo que hoy es Sudán, se han descubierto trazas de antibióticos en momias nubias que se remontan al año 550 a. C. Se cree que se ingerían con cerveza o pan, ya que la tierra donde se cultivaba el cereal contenía la bacteria *Streptomyces*. Muchos alimentos y productos naturales actúan como antibióticos orgánicos. La cultura védica del norte de India, activa a finales de la Edad del Bronce, veneraba la miel, que consideraba uno de los grandes dones de la naturaleza. Desde entonces, la han usado todas las grandes civilizaciones, que han aprovechado sus propiedades cicatrizantes, y el servicio nacional de salud (NHS) británico la sigue utilizando en la actualidad. La miel es una sustancia bioactiva compleja que, entre otras cosas, actúa como antibiótico natural contra más de sesenta especies de bacterias.[2] Y hace miles de años que la medicina tradicional china (MTC) usa plantas del género *Artemisia* para tratar la malaria, aunque el *qinghaosu* (artemisinina), el agente antimicrobiano activo de la planta, no se extrajo hasta la década de 1970.[3] Los polifenoles del té negro y del té verde, el quitosano del caparazón de algunos crustáceos, el extracto de bambú y el aceite de nim también se han usado como antibióticos, al igual que algunos minerales e incluso metales altamente tóxicos como el mercurio, que se utilizaba para tratar la sífilis.

Hasta principios del siglo XIX, coevolucionamos con elementos bactericidas procedentes del microbioma del suelo. La era antibiótica moderna comenzó con el descubrimiento de la quimioterapia y el nacimiento de lo que hoy conocemos como industria farmacéutica. Paul Ehrlich, un médico alemán y polímata discípulo de Robert Koch, estuvo en el corazón latiente del renacimiento microbiano. Ehrlich era una mente científica extraordinaria, y sus descubrimientos en hematología, inmunología y cáncer siguen influyendo en la profesión médica actual. Es famoso sobre todo por el descubrimiento de lo que denominó «quimioterapia» y que no se refiere al tratamiento oncológico tal y como lo conocemos hoy. Ehrlich formuló el concepto de que las moléculas se pueden ligar a receptores celulares específicos y actuar como una llave que solo puede abrir la cerradura para la que ha sido diseñada, y se propuso usar esta teoría para crear una panacea para todas las enfermedades. Así, se embarcó en una búsqueda sistemática e industrial de estas llaves químicas. En 1909, en lo que fue su 606.º intento, descubrió la arsfenamina.

La arsfenamina es un derivado del mercurio que el ayudante de Ehrlich, Sahachiro Hata, modificó y transformó en un fármaco llamado Salvarsán para el tratamiento de la sífilis. Este fue el primer agente con un efecto terapéutico específico que se fabricó en masa a partir de la teoría química y fue el primer «bombazo comercial» farmacéutico. Su segunda versión, llamada Neosalvarsán, fue el medicamento más recetado a escala mundial hasta el descubrimiento de la penicilina, lo cual nos dice mucho acerca de cuánto han influido las ETS en la evolución del microbioma.

Ehrlich allanó el terreno a toda la industria farmacéutica e inventó la farmacología moderna para librar la guerra contra las bacterias. Sin él, no habría habido Prontosil.

En la década de 1940, mientras los británicos hacían ensayos con la penicilina y ponían fin a la fiebre del oro del Neosalvarsán, un botánico estadounidense llamado Benjamin Duggar descubrió un compuesto cristalino amarillo con unas propiedades antibacterianas únicas: la aureomicina. La encontró en la tierra de cementerios con concentraciones elevadas de *Streptomyces aureofaciens*, una bacteria del orden Actinomycetales semejante a un hongo. Se trataba del mismo moho que llegaba a la cerveza nubia, y fue otro redescubrimiento monumental. El *Streptomyces* es el género más grande de Actinobacteria y consta de más de quinientas especies. Hoy, casi todos los antibióticos de uso médico se derivan del filo Actinobacteria, lo que significa que la mayoría de los antibióticos que se producen tienen su origen en el microbioma del suelo. Estos organismos son prolíficos productores de metabolitos especializados, como los antibióticos estreptomicina, tetraciclina, cloranfenicol, eritromicina y vancomicina.

Si bien muchos microbiólogos consideran a Selman Waksman el verdadero padre de los antibióticos, debo confesar mi sesgo en favor de Alexander Fleming, dado que trabajo en su hospital. Waksman recibió el Premio Nobel en 1952 por el descubrimiento de la estreptomicina, el primer antibiótico moderno derivado de Actinobacteria y eficaz contra la tuberculosis. También fue el primero que, en 1941, usó el término *antibiótico* como sustantivo para describir cualquier pequeña molécula compuesta por un microbio que impide la proliferación de otros microbios. No todos los antibióticos matan a otras bacterias, y algunos sencillamente inhiben el crecimiento de estas, caso en el que se dice que son «bacteriostáticos». Con todos estos descubrimientos, la industria tenía a su disposición múltiples antibióticos con mecanismos de acción diversos. Y la Segunda Guerra Mundial aceleró drásticamente su manufactura y su distribución. Lo demás es historia. O quizás no.

El resistoma

Como las bacterias han estado en una carrera armamentística por los recursos disponibles, han desarrollado contramedidas antibióticas. Muchos agentes antibióticos tienen un anillo de cuatro átomos conocido como «β-lactama». Las primeras enzimas diseñadas para romper este anillo y neutralizar la acción antibiótica, llamadas «β-lactamasas», aparecieron hace unos 2.000 millones de años,[4] y se han hallado los genes que codifican la resistencia a la β-lactama, la tetraciclina y los antibióticos glucopéptidos en muestras de permafrost de 30.000 años de antigüedad y en el microbioma intestinal de una momia andina precolombina de Cuzco (Perú, 980 d. C.-1170 d. C.).[5] Por lo tanto, el microbioma humano ha servido como reservorio de genes de resistencia desde mucho antes de que se generalizara el uso de antibióticos. Nuestros microbios, ya sean patógenos o simbióticos, han intentado encontrar la manera de evitarlos desde el momento en el que los seres humanos empezaron a usarlos de forma consciente. Sin embargo, la cantidad de genes de resistencia a los antibióticos en el intestino creció exponencialmente tras el redescubrimiento moderno de estos, cuando, sorprendentemente, no se sabía que un mismo patógeno podía ser resistente a múltiples antibióticos a la vez.

Las bacterias adquieren la mayoría de los rasgos de resistencia por transferencia genética horizontal. Cuando un antepasado común se aposenta en el intestino, puede compartir rápidamente múltiples genes de resistencia con sus vecinos usando una amplia variedad de trucos, como los plásmidos y los integrones, de modo que todo el ecosistema puede acceder al código. Es como tener un *hacker* en nuestro interior, superando constantemente las defensas de nuestro sistema operativo para difundir desinformación entre nuestras poblaciones de simbiontes vulnerables. El conjunto de bacterias que habitan en nuestro interior y que cuentan con genes de resistencia se conoce como «resistoma».

Uno de los principales impulsores de la resistencia a los antibióticos procede del entorno de la agricultura industrial. Los primeros informes de resistencia antibiótica se remontan a 1951 y a animales destinados al consumo humano, como pavos alimentados con piensos experimentales con estreptomicina.[6] Tanto en Oriente como en Occidente, la mayoría de los intentos llevados a cabo durante los últimos noventa años para regular el uso de sulfamidas, productos de amonio cuaternario y antibióticos en la agricultura fracasaron hasta mediados de la década de 1990, cuando Suecia defendió y consiguió que se prohibieran los antibióticos como promotores del crecimiento, gracias en gran parte a la crisis por el brote de la enfermedad de las vacas locas en el Reino Unido. Dinamarca es el principal exportador de carne de cerdo del mundo y, a mediados de la década de 1990, también prohibió la avoparcina, un antibiótico que, como la vancomicina, se usa en la producción de piensos animales. Tras la prohibición, los investigadores observaron que el nivel de enterococos resistentes a la vancomicina hallados en el ganado danés y en las personas se redujo en solo dos días, y la industria de la carne de cerdo danesa pudo mantener la producción. En 2006, la Unión Europea prohibió por fin el uso de antibióticos como promotores del crecimiento en el pienso y el agua para animales, y entre 2011 y 2020 la venta de estos se redujo en un 43 por ciento.[7] El uso veterinario de agentes antimicrobianos también alcanzó su punto álgido en 2015 y ha descendido desde entonces. Sin embargo, los antibióticos se siguen usando ampliamente como promotores del crecimiento en todo el mundo; las políticas son heterogéneas y se incumplen de manera sistemática, porque somos adictos a la carne.

Por supuesto, también administramos muchos antibióticos a los seres humanos. Un estudio reciente del Departamento de Salud Global de la Universidad de Washington analizó el índice de recetas de antibióticos en todo el mundo y concluyó que el consumo global de antibióticos, expresado en dosis diarias definidas (DDD), había aumentado en un 65 por ciento entre los años 2000 y 2015 hasta un nivel de entre 21.100 y 34.800 millones de DDD, y que este aumento había sido mucho más pronunciado en países con rentas bajas y medias.[8] Como resultado de esta orgía de recetas, el Reino Unido gasta aproximadamente 1.000 millones de libras anuales para tratar las bacterias resistentes más habituales, como *E. coli*, *Klebsiella pneumoniae*, *Enterococcus faecium*, *Pseudomonas aeruginosa* y *Staphylococcus aureus* resistente a la meticilina (SARM). Todos estos patógenos han dejado de responder a la última línea de defensas antibióticas. Y esto es solo parte de la lista. Los *Acinetobacter baumannii*, *Neisseria gonorrhoeae*, *Helicobacter pylori* y *Mycobacterium tuberculosis* también desatan el caos. Más de la mitad de los pacientes a quienes prescribo antibióticos durante la intervención quirúrgica son resistentes a ellos y no tengo otros que darles. Esto significa que la cirugía será cada vez más peligrosa.

La industria ha de satisfacer la demanda actual de antibióticos, y las fábricas farmacéuticas de todo el mundo vierten antibióticos en los ríos, vías de agua y el suelo, es decir, contaminan hasta el último rincón de nuestro medio ambiente. Patancheru es una zona industrial a unos treinta y dos kilómetros de Hyderabad, en el centro de la India, una región con múltiples ríos y lagos. Los desechos tratados de la producción de antibióticos y otros fármacos en más de trescientas fábricas se vierten en tanques marrones pútridos y abiertos o directamente a ríos que desembocan en lagos. El volumen de antibióticos vertidos en estas vías de agua es casi imposible de concebir; un análisis de las vías de agua de esta región halló tal concentración del antibiótico de amplio espectro ciprofloxacina que habría bastado para tratar a 44.000 personas.[9] La gran ironía es que los pacientes que reciben tratamiento en los hospitales y clínicas necesitan dosis superiores de antibiótico, que en ocasiones se prescriben incorrectamente para los trastornos inflamatorios causados justo por la contaminación antibiótica, como el eccema y el asma. Y los hospitales donde se les prescriben devuelven los genes de resistencia antibiótica a los ríos. Múltiples experimentos han identificado que el agua de desecho no tratada procedente de hospitales de todo el mundo determina en gran medida la supervivencia de la *E. coli* multirresistente.[10]

Hyderabad no es un caso aislado, y hay ejemplos del mismo fenómeno en todo el mundo desarrollado y en vías de desarrollo. Tal y como afirmaba el doctor John Snow (véase pág. 72), las instalaciones de saneamiento y de tratamiento de desechos son fundamentales para nuestra salud, pero en su época las alcantarillas no contenían fármacos y antibióticos que también influían en el riesgo de desarrollar enfermedades crónicas no contagiosas. Hoy, las estrategias metagenómicas nos permiten estudiar los genes de resistencia a los antibióticos en poblaciones distintas para hacernos una idea de la envergadura del problema. El internacional Metagenomics and Metadesign of Subways and Urban Biomes (MetaSUB) demostró que la cantidad y el tipo de genes de resistencia a los antibióticos hallados en las ciudades varían muchísimo. Algunas, como Bogotá, tienen entre quince y veinte veces más genes de resistencia que ciudades europeas como Estocolmo, que, dada su estrategia progresiva a la hora de abordar el problema, tiene una densidad relativamente baja. Además de reflejar las distintas políticas antibióticas, las conclusiones del MetaSUB se pueden explicar también por las diferencias en la geografía urbana o por la variación en el microbioma estándar.

Las estimaciones más conservadoras prevén que para 2050 la resistencia a los antibióticos habrá causado diez millones de muertes, con un coste asociado de 66 billones de dólares.[11] Aunque hemos entrado oficialmente en la era posantibiótica, el verdadero problema no es la falta de medicamentos nuevos para tratar las infecciones bacterianas habituales.

Los datos acerca del resistoma intestinal nos dicen algo muy importante sobre la evolución del microbioma humano, que se ha transformado en solo setenta años. En 1961, Waksman señaló que las moléculas antibióticas que algunas bacterias producen de forma natural podrían tener funciones señalizadoras importantes, porque pueden influir en cómo se transcriben los genes en las bacterias diana,[12] y solo son peligrosas para las bacterias cuando alcanzan una concentración crítica. Aún sabemos relativamente poco acerca del rol ecológico de las moléculas en las que pensamos como antibióticas, y, desde el punto de vista de los microbios, la producción en masa de antibióticos ha creado una confusión y un ruido considerables, no solo en las comunidades bacterianas que contienen nuestros simbiontes microbianos, sino también en las que mantienen la salud del planeta. El problema no es que hayamos forzado a las bacterias patógenas a emprender un camino evolutivo distinto que las ha hecho más peligrosas y más difíciles de tratar; el problema es la extinción del microbioma simbiótico que mantiene nuestra salud y nutre a nuestro planeta. Cuando desaparezca del todo, habrá desaparecido para siempre, y está desapareciendo a una velocidad alarmante. Por lo tanto, el resistoma es un biomarcador de la salud de nuestras ciudades, nuestros ríos, nuestras granjas y nuestros intestinos. Es un marcador de pobreza, de conflicto y del fracaso de los sistemas de atención sanitaria.

Y, aun así, seguimos recetando.

La paradoja antimicrobiana

Los antibióticos le salvaron la vida a mi hija, como se la han salvado a millones de otros niños como ella. Sin embargo, este milagro tiene un precio. La exposición acumulativa al tratamiento antibiótico sistémico se ha asociado sólidamente a un aumento del riesgo de enfermedades autoinmunes muy comunes desde hace un tiempo, como la diabetes tipo I, la artritis reumatoide o la enfermedad inflamatoria intestinal,[13] y a un aumento del riesgo de pólipos en el colon y de cáncer de intestino,[14, 15] de hígado[16] y de mama[17]. El uso de antibióticos en edades tempranas también está significativamente relacionado con el asma, las alergias, la obesidad y la diabetes tipo II, y cambia el efecto de los medicamentos y las vacunas. Aún no entendemos del todo el verdadero impacto que el uso generalizado de antibióticos ejerce sobre el eje intestino-cerebro-hígado-pulmón, el generoma o el metabolismo de los fármacos, pero, dada la complejidad y la codependencia de estos sistemas, es muy probable que el mal uso de los antibióticos sea de una importancia significativa para el buen (o mal) funcionamiento de aquellos. En consecuencia, es fundamental que entendamos qué le sucede al microbioma cuando tomamos antibióticos.

Y eso resulta muy difícil, porque cada persona tiene un microbioma y un resistoma distintos. Es más, los antibióticos se pueden tomar solos o combinados y durante periodos de tiempo distintos. Hay muchos entre los que elegir y mecanismos de acción diversos, lo que significa que la influencia de los antibióticos en nuestras redes simbióticas es muy variable. Y no solo tomamos antibióticos como medicinas, sino que están en el medio ambiente y en la comida, por lo que determinar qué antibiótico activo concreto motiva cualquier cambio en un nicho poblacional es muy complejo. Otras variables ambientales que influyen en el microbioma, como la alimentación, las mascotas, los medicamentos, la lactancia o incluso la geografía son también factores de confusión. Además, muchos de los estudios que han examinado el impacto de los antibióticos sobre el microbioma no han usado metodologías estandarizadas para medir su influencia. Debido a esta complejidad, sabemos muy poco sobre los detalles de cómo el uso de antibióticos afecta a nuestros simbiontes. Aun así, podemos decir que el tratamiento con antibióticos puede alterar todos los aspectos del microbioma humano: la cantidad absoluta de bacterias, las proporciones relativas de bacterias, las funciones de esas redes de bacterias, el índice de transferencia genética, el cometabolismo y las funciones simbióticas generales.

Tras un tratamiento breve con antibióticos orales, como la penicilina, para una simple infección respiratoria, el intestino experimentará una reducción leve pero significativa de la diversidad microbiana. En la mayoría de los casos, nuestros microbiomas tendrán la plasticidad suficiente para recuperar la estructura previa al tratamiento al cabo de unas semanas; sin embargo, los tratamientos más largos con una combinación de antibióticos diseñados para atacar a un abanico de bacterias más amplio (antibióticos de amplio espectro) pueden tener consecuencias devastadoras. En un estudio aleatorizado sobre veintidós personas, las que tomaron durante cinco días un cóctel oral de neomicina, vancomicina y metronidazol sufrieron una reducción 10.000 veces superior de la carga bacteriana intestinal y un cambio en la diversidad que, en algunos casos, se mantuvo durante más de seis meses.[18]

Tras el consumo de antibióticos de amplio espectro, la cantidad relativa del filo Actinobacteria acostumbra a caer, y el género *Bifidobacterium* se ve especialmente afectado. Por el contrario, el filo Bacteroidetes se suele beneficiar de los antibióticos y es posible que sus números aumenten. En algunos casos, algunas especies explotan en una proliferación masiva, y es justo así como la superbacteria hospitalaria *Clostridium difficile* causa la enfermedad. Es lo que le sucedió a Raymond (véase pág. 16). Incluso si la diversidad intestinal no varía, los antibióticos se asocian a cambios importantes en el metabolismo intestinal, unos cambios que pueden ser tan significativos que alteran la capacidad para regular la glucosa en sangre.[19] Es posible que las personas que no tienen un microbioma resistente nunca recuperen la composición, diversidad o función previa al tratamiento y, en estos casos, el microbioma intestinal presenta «cicatrices antibióticas». Hay personas más susceptibles a ello que otras. En un estudio longitudinal, los pacientes que tomaron una dosis única de azitromicina presentaron una diversidad intestinal similar a la de pacientes que habían sido tratados en cuidados intensivos.[20]

Los antibióticos cambian nuestro clima interior porque no solo matan bacterias, sino que también influyen en los hongos, en los protozoos e incluso en los nematodos, así como en todos los aspectos del microbioma más amplio. Se sabe que los antibióticos influyen en el equilibrio de fagos en el intestino, lo que, a su vez, influye en las funciones de estos respecto a la lisis y la lisogenia de las bacterias.[21]

Algunos análisis recientes sugieren que hay tres factores importantes que contribuyen a que tomar antibióticos en edades tempranas pueda alterar el riesgo de desarrollar enfermedades crónicas. El primero y más importante es el momento de la exposición a los antibióticos. La Organización Mundial de la Salud (OMS) informó de que en países de rentas bajas y medias, los niños menores de dos años reciben un promedio de 4,9 cursos de antibióticos por niño y año.[22] En el mundo desarrollado, según informan los Centros para el Control y la Prevención de Enfermedades (o CDC, por sus siglas en inglés) estadounidenses, se emiten casi siete millones de recetas de antibióticos anuales a niños en las unidades de urgencias pediátricas,[23] y los antibióticos son el medicamento más recetado en las unidades de cuidados intensivos neonatales.[24] Sin embargo, la exposición puede ser incluso anterior al nacimiento: la prescripción de antibióticos a la madre durante la gestación es especialmente trascendente debido a la importancia de las señales orquestales maternas. Los antibióticos también pueden llegar al bebé por la leche materna. Varios estudios han hallado relación entre el consumo de antibióticos por parte de la madre y un aumento del riesgo de asma, sibilancias, eccema y dermatitis atópica en el bebé, mientras que la relación con las alergias alimentarias es menos sólida.[25] El tratamiento con antibióticos en la primera semana de vida también se asocia de forma independiente con un aumento del riesgo de sibilancias y de cólico del lactante, y la exposición a antibióticos durante el primer año de vida se ha relacionado significativamente con el asma infantil, las alergias y cambios en el peso del bebé al nacer, incluso después de haber ajustado los factores familiares.[26]

Aunque los antibióticos ejercen el mayor efecto sobre el microbioma durante la infancia, tomarlos en la edad adulta también puede afectar al riesgo de desarrollar algunas enfermedades crónicas. Unos investigadores británicos estudiaron a 22.677 pacientes con artritis reumatoide, una enfermedad autoinmune que suele provocar una inflamación articular dolorosa e incapacitante. Compararon a este grupo con 90.013 personas sin la enfermedad, pero de edad y sexo comparables, y revisaron los diez años previos a la aparición de la artritis reumatoide.[27] La probabilidad de que los pacientes que habían tomado antibióticos durante ese periodo desarrollaran la enfermedad era un 60 por ciento superior a la de quienes no habían tomado antibióticos, y esto también se correlacionaba con la dosis y la frecuencia de las recetas de antibióticos. Cabe destacar que tanto los tratamientos antibióticos como los antifúngicos se asociaron a un aumento del riesgo de desarrollar esta enfermedad.

El segundo gran factor es el tipo de antibiótico administrado. En 2020, unos investigadores del Great Ormond Street Hospital publicaron en el *British Medical Journal* un artículo en el que analizaban a 104.605 niños nacidos entre 1990 y 2016 cuyas madres habían tomado un macrólido (eritromicina, claritromicina o azitromicina, por ejemplo) o una monoterapia con penicilina en cualquier momento a partir de la cuarta semana de gestación y hasta el parto.[28] La conclusión fue perturbadora: la prescripción de un macrólido durante el primer trimestre estaba relacionada con un aumento del riesgo de todos los tipos de malformaciones congénitas, incluidos los trastornos de los sistemas cardiovascular, gastrointestinal, genital y urinario. Las prescripciones durante el primer trimestre se asociaban especialmente a malformaciones cardiovasculares, y las del tercero, a malformaciones urogenitales. Sin embargo, no encontraron ninguna relación con significación estadística entre el uso de antibióticos y la aparición de trastornos neuroevolutivos.

El uso de macrólidos en edades tempranas se relacionó con un aumento del riesgo de asma y una predisposición al aumento de peso asociado a antibióticos. En Finlandia, se estudió a un grupo de 142 niños de entre dos y siete años en dos momentos distintos.[29] Los investigadores concluyeron que los antibióticos macrólidos se asociaban con solidez a un cambio duradero en la composición y el metabolismo de la microbiota intestinal; esa asociación no se apreció en el uso de penicilina. La composición de la microbiota de los niños con sobrepeso y asmáticos era distinta a la de los niños que no habían sido expuestos al antibiótico, lo que consolida la hipótesis del vínculo causal.

Para terminar, la frecuencia de la administración de antibióticos a los niños también es importante. Los investigadores administraron antibióticos con distintas estrategias posológicas a ratones no obesos con predisposición a la diabetes tipo I. El primer grupo de ratones recibió antibióticos en dosis separadas, mientras que los ratones del grupo de control recibieron dosis bajas continuas de antibióticos. Los investigadores concluyeron que los ratones que habían recibido antibióticos en dosis separadas sufrían una perturbación de la comunidad microbiana mayor que los ratones del grupo de control. Las dosis separadas causaron más inflamación intestinal, porque cambiaron la capacidad de este para metabolizar lípidos y, a su vez, esto aumentó la probabilidad de que desarrollaran diabetes en comparación con los controles.[30] El uso de antibióticos en la infancia predice el riesgo de obesidad por motivos similares, dado que la programación metabólica del intestino se ve profundamente alterada.[31]

Por suerte, los antibióticos no son la única arma de que disponemos para matar microbios.

Vacunación

Las vacunas son una forma antigua de prevención ante los agentes patógenos y representan el cénit de la innovación sanitaria. Se hace raro elogiar la capacidad del ser humano para erradicar microbios altamente patógenos de la faz de la Tierra en un momento en el que somos la causa de una extinción masiva de la vida microbiana. Sin embargo, la capacidad para prevenir de manera selectiva una enfermedad antes de que cause sufrimiento (o incluso después) es algo extraordinario. En la actualidad, se estima que los programas mundiales de vacunación salvan entre dos y tres millones de vida anuales[32] y, cuando nos lo proponemos, podemos desarrollar una vacuna en menos de un año tras la aparición de un patógeno completamente nuevo. Las vacunas han sido tan efectivas a la hora de salvarnos la vida que, en solo unas décadas, hemos olvidado lo terrible que es morir lentamente de una enfermedad como la viruela, cubiertos de pústulas dolorosísimas que supuran pus y sangre, o de lo horrible que es la discapacidad que produce la poliomielitis. Las vacunas consiguen que la gente no falte al trabajo y que la economía siga en marcha, y hay muy pocas pruebas robustas de que aumenten el riesgo de sufrir enfermedades crónicas.

En estos momentos, los ciudadanos británicos se pueden vacunar contra la difteria, el tétanos, la tos ferina, la poliomielitis, la *Haemophilus influenzae* tipo b (Hib), la hepatitis B, el rotavirus, la meningitis B, las enfermedades neumocócicas, el sarampión, las paperas, la rubeola, la gripe, el VPH, el herpes, la tuberculosis y la COVID-19, entre otras enfermedades. La OMS reconoce veintinueve enfermedades que se pueden prevenir con vacunas. Vacunamos incluso a nuestras mascotas, para mantenerlas sanas, y a nuestro ganado, para poder consumirlo de forma segura. Lo hacemos porque las vacunas son increíblemente efectivas. Mis hijos están vacunados, y yo también.

A pesar de las pruebas abrumadoras que confirman sus beneficios, las vacunas siguen siendo uno de los tratamientos médicos más controvertidos entre los disponibles para la humanidad. La vacuna contra la viruela se declaró obligatoria en 1853, y no ponérsela se castigaba con la cárcel. Para cuando Pasteur empezó a publicar su trabajo sobre la vacuna del ántrax diez años después, el movimiento antivacunas ya funcionaba a pleno rendimiento. El debate ha continuado durante los últimos ciento cincuenta años, alimentado por las llamas de las teorías de la conspiración generadas como respuesta a la legislación que excluye o castiga a quienes deciden no contribuir a la inmunidad de rebaño. El miedo es la principal motivación de las personas que se niegan a vacunarse, y no podemos intercambiar la libertad en el estado vacunal por la confianza.

Todos los tratamientos médicos tienen efectos secundarios y riesgos, y las vacunas no son una excepción. En raras ocasiones, pueden causar reacciones alérgicas, y la vacuna de mRNA contra la COVID-19 provocó síntomas como fiebre, náuseas y diarrea que podrían haber contribuido a resultados fatales en algunos pacientes frágiles. También se asoció a un riesgo mínimo de inflamación cardiaca en niños y jóvenes.

La información de que disponemos hasta la fecha sugiere que las vacunas no causan enfermedades crónicas, y hay muy pocas pruebas (si es que hay alguna) de que las vacunas hayan cambiado significativamente la ecología del microbioma humano. A diferencia de los antibióticos, el mecanismo de acción de las vacunas es muy específico y causa menos bajas entre la población simbiótica del microbioma humano. Y si lo alteran, no es ni de lejos a una escala comparable a la de los antibióticos. A diferencia de los antibióticos, las vacunas no abundan. Muy al contrario, no hay vacunas suficientes para todos, y la desigualdad de acceso es el mayor problema que presentan.

También hay pruebas sólidas de que las vacunas reducen el uso de antibióticos y, como resultado, previenen la resistencia a los antibióticos, lo cual también contribuye a la inmunidad de rebaño para muchas enfermedades. Por ejemplo, se estima que las vacunas conjugadas contra el neumococo y las vacunas contra el rotavirus por vía oral previenen 23,8 millones y 13,6 millones respectivamente de episodios de enfermedad tratados con antibióticos entre niños menores de cinco años en países de rentas bajas y medias cada año.[33] Durante la pandemia por COVID-19, la cantidad relativa de prescripciones de antibióticos aumentó en un 6,7 por ciento en el Servicio Nacional de Salud británico antes del desarrollo de la vacuna. Desde el punto de vista de la ecología humana, las vacunas limitan directa e indirectamente la destrucción del microbioma, y su fabricación también es más respetuosa con el microbioma ambiental.

Como cambian el microbioma, los antibióticos también ejercen un impacto directo importante sobre la efectividad de las vacunas. Por ejemplo, las crías de ratón a las que se administran antibióticos presentan una respuesta de anticuerpos deficitaria ante al menos cinco tipos distintos de vacunas autorizadas que en la actualidad se administran a bebés de todo el mundo.[34] Esta resistencia a las vacunas también se puede invertir mediante el trasplante de microbiota fecal de ratones no tratados y de edad similar a ratones tratados con antibióticos. Los antibióticos también reducen la efectividad de las vacunas en humanos, aunque la relación no es tan directa. Unos investigadores de Stanford administraron dosis altas de antibióticos a veintidós adultos antes y después de las vacunas estacionales contra la gripe; solo los adultos con niveles bajos preexistentes de anticuerpos para el virus H1N1 de la gripe presentaron una respuesta de anticuerpos significativamente deprimida tras la administración de la vacuna. Esto refleja que las respuestas inmunitarias a las vacunas en adultos están determinadas, sobre todo, por la historia inmunitaria y que son resistentes a cambios transitorios en el microbioma, aunque es posible que no sea así en bebés.

Los microbios intestinales pueden interferir con la eficacia de las vacunas de muchas otras maneras, ya que producen proteínas, toxinas y antígenos que interfieren directamente con la maquinaria inmunitaria. Que el microbioma sea importante a la hora de definir la eficacia de las vacunas es de una trascendencia vital, ya que el funcionamiento de aquel se ve modificado por una amplia variedad de estímulos ambientales y, sobre todo, por la dieta. Una dieta rica en grasas transformará por completo la ecología del microbioma, así como las funciones metabólicas de este, como la producción de ácidos biliares. El estudio de Stanford también señaló el impacto considerable que el uso de antibióticos ejerce sobre los ácidos biliares circulantes, que se asocian a un aumento de la inflamación. Esto hace que la oferta de Krispy Kreme de berlinas gratis para quienes se vacunaran contra la COVID-19 en Estados Unidos durante la pandemia parezca contraproducente.

Todo esto podría explicar la enorme variación global en la eficacia de las vacunas, que refleja las variaciones globales en el microbioma intestinal. Por ejemplo, la protección contra la tuberculosis que ofrece la vacuna del bacilo de Calmette-Guérin (BCG) varía entre el 60 y el 80 por ciento,[35] con un índice de respuesta más elevado en Europa que en África. Y las vacunas contra la poliomielitis, el rotavirus, la malaria y la fiebre amarilla ofrecen menos protección en África y en Asia que en Europa o Estados Unidos. Los estudios sobre el microbioma en esta área de investigación muestran resultados opuestos en función de la vacuna concreta y del método empleado para estudiar el microbioma. Por otro lado, las observaciones han sido muy similares al analizar a personas vacunadas en entornos urbanos y a otras vacunadas en países de rentas bajas o medias, donde las variaciones en el microbioma son más amplias y la efectividad de las vacunas es mínima.

Esto resulta algo paradójico. El microbioma intestinal africano rural es más diverso y está poblado de especies de bacterias que promueven el metabolismo de la fibra y previenen la inflamación intestinal. Entonces, ¿por qué no responde mejor a la vacuna, dado que se trata de un microbioma más sano? Quizás sea justo por eso. Es posible que, cuando el microbioma intestinal es especialmente diverso, la defensa inmunitaria del cuerpo sea tan buena que no es susceptible a las vacunas sintéticas que intentan alterarlo. Esto no significa que debamos sacrificar la diversidad intestinal en aras de las vacunas o de los antibióticos, sino que debemos entender mejor esta relación y que necesitamos programas de vacunación optimizados para las poblaciones específicas en las que se aplican. Todas estas pruebas emergentes tienen implicaciones significativas, no solo para el despliegue de la vacuna contra la COVID-19, sino para todos los programas de vacunación en todo el globo, donde la variabilidad tanto en el acceso como en la respuesta biológica es más que probable.

Paz microbiana

Allí, sentado en la séptima planta del St. Mary's Hospital observando a mi hija, pálida y sin respiración, mientras se recuperaba de la neumonía, no me importaba nada de todo esto y solo podía dar gracias por los antibióticos. Y soy muy consciente de que son un recurso valiosísimo y cada vez más escaso. Es posible que mi hija no se los pueda ofrecer a mis nietos.

Sean cuales sean las decisiones antibióticas que tomamos por nuestros hijos, es inevitable que con ellas modelemos sus microbiomas. Setenta y cinco años de fabricación inconsciente, recetas compulsivas y mal uso deliberado en la agricultura y la ganadería han causado en los ecosistemas microbianos ambientales globales una disfunción de proporciones dramáticas. Esto afecta a todas las formas de vida sobre la Tierra y ha tenido consecuencias nocivas imprevistas sobre nuestra salud, y puede que algunas de ellas sean imposibles de revertir. Sin embargo, no nos preocupa en absoluto: muy al contrario, seguimos obcecados en encontrar fármacos cada vez más potentes para matar cada vez más bacterias, insistiendo en este ciclo destructivo. Esta política pasa completamente por alto la importancia del microbioma.

La «abiosis» describe una vida sin bacterias. Es imposible y no puede ser nuestro objetivo. Necesitamos una estrategia nueva que no considere a los microbios nuestro enemigo. Hemos de avanzar hacia una forma de atención sanitaria holística que dé prioridad a la biodiversidad en todas las criaturas vivas, sobre todo en aquellas de las que dependemos para nuestra coexistencia. Reconocer los beneficios que la vida microbiana simbiótica tiene en la salud debería ser uno de los elementos fundamentales de las políticas sanitarias. Hemos de dejar atrás los instrumentos de destrucción generalizada que causan unos daños colaterales descomunales en nuestra ecología intestinal y avanzar hacia un mundo en el que podamos atacar selectivamente a los agentes patógenos al tiempo que fomentamos la existencia de simbiontes importantes. Las vacunas serán una herramienta vital para la consecución de este objetivo, pero, de momento, dependemos de medicamentos caros.

CAPÍTULO 12

Los medicamentos no funcionan

Siempre que receto un medicamento nuevo a un paciente, lo primero que le pregunto en la visita siguiente es: «¿Se encuentra mejor?».

Si se para a pensarlo, es una pregunta extraña. El medicamento era caro, se sintetizó, fue sometido a estudios clínicos y su eficacia clínica «fue demostrada». En muchas ocasiones, la respuesta es un «sí» contundente, pero, también con mucha frecuencia, la respuesta es «no», «no lo sé» o incluso «me encuentro peor». Nadie compraría un billete de avión si los aviones solo consiguieran aterrizar de vez en cuando.

Cada año se prescribe una cantidad asombrosa de fármacos en todo el mundo. En 2020, la población mundial recibió 4,5 billones de dosis de medicamentos, lo que supuso un aumento del 24 por ciento respecto a 2015 (es mucho, incluso si tenemos en cuenta la COVID), y más de la mitad de la población mundial consumirá más de una dosis de medicamentos por persona y día, lo que equivale a un aumento respecto al tercio de las personas en 2005.[1] Este aumento se explica por el colosal crecimiento del consumo de medicamentos en la India, China, Brasil e Indonesia. Como resultado, el gasto mundial en medicamentos alcanzará los 1,6 billones de dólares estadounidenses en 2025.[2]

Resulta extraño que gastemos tantísimo dinero en medicamentos que no curan las enfermedades crónicas que padecemos. En 2019, el tipo de fármaco más prescrito en el NHS fueron las «estatinas», que reducen el colesterol (77.997.663 recetas). El fármaco más rentable en 2020 en todo el mundo fue un medicamento llamado Humira, un anticuerpo que se usa en el tratamiento de enfermedades autoinmunes, como la artritis reumatoide y la enfermedad inflamatoria intestinal;

gracias a este medicamento, el coloso farmacéutico AbbVie ganó unos 20.000 millones de dólares. Tanto las estatinas como Humira están diseñados para mantener las enfermedades en un estado de remisión altamente rentable. Aliviar el sufrimiento de verdad no da dinero y, como resultado, padecemos una epidemia de enfermedades del progreso para las que no hay curas efectivas.

La industria farmacéutica se caracteriza por ser un sector de alto riesgo y de altos beneficios. Según una estimación conservadora, llevar un fármaco del banquillo a la clínica requiere invertir 1.300 millones de dólares estadounidenses y doce años de tiempo.[3] Y el índice de fracasos es muy elevado: solo uno de cada diez candidatos a nuevos fármacos llega al mercado. Sin embargo, el mayor problema de todos es que el manantial de fármacos nuevos se está secando. Las farmacéuticas han pasado de un modelo de negocio en el que inundaban el mercado con un solo fármaco de aplicación general a adoptar una estrategia más matizada que tiene en cuenta las variaciones biológicas individuales determinadas a partir del análisis genómico. El objetivo de la «medicina personalizada» es administrar el medicamento adecuado a la persona adecuada en el momento adecuado y por el motivo adecuado. Se trata tanto de mejorar el índice de éxitos de los fármacos en desarrollo, de reducir los costes y de maximizar los beneficios como de la seguridad del fármaco y la mejora de los resultados.

La ciencia del microbioma nos dice que la base que sustenta el desarrollo de medicamentos nuevos es errónea, porque no tiene en consideración la influencia del microbioma. La industria farmacéutica no sabía que es imposible diseñar tratamientos farmacológicos personalizados si no se tiene en cuenta la principal fuente de variación biológica en el ser humano, es decir, el microbioma. Tampoco nos debería extrañar, dado que las farmacéuticas tienen un largo historial de no aprender la lección y hay muchos ejemplos en los que se ha pasado por alto la importancia del microbioma.

El diseño original del antibiótico Prontosil, fabricado por la empresa alemana Bayer antes de la Segunda Guerra Mundial, fracasó porque, una vez en el cuerpo, se convertía en su principio activo, la sulfonamida. Y esta conversión estaba impulsada por las bacterias intestinales, precisamente lo que se suponía que el fármaco tenía que matar.

Dolor

En cuanto la Chica y yo tuvimos hijos, el paracetamol se convirtió en uno de los elixires más valiosos de nuestro arsenal de crianza. Si se calcula bien, el espeso y dulce líquido rosa de su formulación pediátrica (en España se comercializa como Apiretal) se puede meter con ayuda de una jeringa en la boca de un niño con fiebre y mejillas enrojecidas, entre llanto y llanto, con un efecto extraordinario. En los adultos, el mismo fármaco cura el dolor de cabeza de los padres y madres exhaustos, y sin él las salas de juntas de multinacionales de todo el mundo no podrían funcionar y las resacas serían fatales. En la actualidad, el paracetamol es uno de los medicamentos más estudiados y prescritos en todo el mundo. Sin embargo, a pesar de su ubicuidad, no sabemos del todo cómo funciona.

Sabemos que traspasa sin dificultad la barrera hematoencefálica y que es muy probable que deba su capacidad para bajar la fiebre de los niños a que influye en múltiples vías (como la endocannabinoide, la serotoninérgica y la del óxido nítrico). También alivia el dolor porque bloquea la producción de las prostaglandinas, que causan inflamación, inhibiendo una enzima llamada «ciclooxigenasa» (COX). Como este medicamento se puede comprar sin receta en farmacias de todo el mundo, es fácil pensar que se trata de un fármaco seguro. Pero no es así. Provoca hipertensión arterial y úlceras gástricas, inhibe la coagulación de la sangre y aumenta el riesgo de sufrir infartos de miocardio. También viene acompañado de un riesgo bajo de ocasionar lo que se conoce como «reacciones pseudoalérgicas», como el asma, e inhibe la producción de prostaglandinas durante el embarazo, lo que puede influir en la salud del feto. Mucho más importante: el consumo excesivo de paracetamol puede ser fatal y es responsable de 56.000 visitas a urgencias, 2.600 hospitalizaciones y 500 muertes anuales en Estados Unidos. Casi la mitad de estas sobredosis fueron accidentales. Si este fármaco se descubriera hoy, no se autorizaría su comercialización.

Entonces, ¿por qué hay personas que responden de maneras tan distintas a este analgésico tan accesible? El hígado es el principal responsable del metabolismo de fármacos. La década de 1950 supuso un hito en la historia de la farmacología gracias al descubrimiento del citocromo P450, una superfamilia de enzimas hepáticas responsables del metabolismo de muchos xenometabolitos y fármacos como el paracetamol. Como esta familia de enzimas es tan amplia y las mutaciones en los genes que las codifican son tan habituales, se creyó que explicaban en gran medida la variación humana en el metabolismo de fármacos. Si, por ejemplo, se tiene una mutación en un tipo concreto de enzima, quizás se sea más vulnerable a la toxicidad de un fármaco como el paracetamol. Sin embargo, estas enzimas, y otras como ellas que descomponen el metabolito secundario del paracetamol en el hígado, actúan de forma distinta en personas desnutridas, enfermas u obesas, todas ellas afecciones asociadas a la alteración funcional del microbioma intestinal.

Muchos de los fármacos que consumimos se administran por vía oral, por lo que entran en contacto directo con los microbios intestinales mientras el organismo los absorbe. Y resulta que estos microbios cuentan con una amplia variedad de herramientas que les permiten alterar la química de los fármacos. Por lo tanto, es sorprendente que, hasta hace muy poco, el campo de la farmacocinética (que estudia cómo se absorben, distribuyen, metabolizan y excretan los fármacos) no considerara el microbioma un factor importante. Aún hoy seguimos sin ser del todo conscientes de que la microbiota metaboliza los fármacos en el intestino. Los microbios pueden desactivar o reactivar los medicamentos antes o después de que hayan pasado por el hígado y, como tienen las llaves del sistema inmunitario, pueden influir incluso en la efectividad de los medicamentos administrados por vía intravenosa (como la quimioterapia).

Un estudio sobre el metabolismo del paracetamol en humanos llevado a cabo en el Imperial College London concluyó que las personas con niveles elevados de un cometabolito microbiano (un metabolito producido por una combinación de metabolismo humano y bacteriano) llamado p-cresol, que se encuentra en la orina, tienen menos capacidad para metabolizar el paracetamol y son más vulnerables a sus efectos secundarios. Esto sucede porque este cometabolito se origina en las especies bacterianas *Clostridia* en el intestino, que necesitan mucho azufre para producirlo. La enzima hepática que detoxifica el paracetamol también necesita azufre, lo que significa que las personas que tienen demasiadas *Clostridia* no pueden detoxificar el paracetamol con seguridad. Aunque el microbioma influye en la toxicidad del fármaco más consumido del planeta, no somos conscientes de su impacto en el uso rutinario. Es imposible exagerar las consecuencias de esta observación con relación a cómo tomamos medicamentos.

El paracetamol no es el único analgésico con el que interactúa el microbioma. Entre 1999 y 2019, casi 500.000 personas murieron en Estados Unidos como consecuencia de una sobredosis asociada a algún opioide, y más de 1,6 millones de personas han desarrollado dependencia de los opiáceos.[4] El reciente descubrimiento de que la familia Sackler (los milmillonarios propietarios de Purdue Pharma) contribuyó a desencadenar la epidemia de opioides con la publicidad engañosa con que promocionaba su opioide OxyContin provocó gran indignación,[5] aunque es posible que la atroz publicidad de antibióticos de las avariciosas empresas farmacéuticas (y la pasividad de los reguladores a la hora de impedirlo) haya causado un daño aún mayor a la sociedad.

El colapso social y económico de las comunidades afectadas por la adicción también perturba el microbioma. Los estudios del microbioma intestinal de personas que sufren de abuso de sustancias han revelado que tienen menos diversidad de especies bacterianas, además de taxones bacterianos en proporciones muy distintas a las de los controles sanos.[6] Los opioides cambian directamente la ecología del microbioma incluso si se tienen en cuenta factores de confusión como la alimentación o el estilo de vida, y los estudios animales sugieren que los cambios en la diversidad pueden suceder en solo un día. Y esto es importante, porque el microbioma es responsable, en parte, de la biodisponibilidad de los opioides, lo que podría contribuir al desarrollo de la tolerancia a su efecto analgésico.[7] Las pruebas en relación con esto se basan en estudios de las cepas psicobióticas de *Bifidobacteria* y *Lactobacillaceae*, que se sabe que corrigen la resistencia al control del dolor que experimentan los usuarios habituales de estos fármacos.[8]

Sin embargo, esto no explica necesariamente cómo interviene el microbioma en las conductas de recompensa y de refuerzo inducidas por la morfina que se observan en la adicción. Algunos de los indicios que explican esta observación proceden de experimentos con ratones sin gérmenes y con ratones a los que se administran antibióticos. Ambos grupos de animales son más tolerantes a los opioides, y el microbioma cuenta con múltiples vías que le permiten modificar la susceptibilidad a la adicción. Por ejemplo, la oxicodona es un opioide sintético muy potente que se usa para tratar el dolor severo, mientras que la reducción del microbioma debido al consumo de antibióticos influye en la activación de conjuntos neuronales en las regiones del cerebro que llevan la adicción.[9] Trasplantar microbiota fecal de ratones control a ratones tratados con antibióticos corrige estas conductas,[10] lo que sugiere que esta podría ser una terapia válida para ayudar a los adictos a superar su trastorno destructivo.

Hay ejemplos de este uso del microbioma para tratar adicciones a otras sustancias, como un ensayo aleatorizado y controlado por placebo que estudió el TMF en veinte pacientes con síndrome de dependencia del alcohol que demostró que reducía el anhelo de consumir alcohol en el 90 por ciento de las personas a las que se administró un TMF, en comparación con el 30 por ciento del grupo placebo. La cohorte del TMF también experimentó mejoras en la cognición y en la calidad de vida psicosocial.[11]

Como cirujano, este trabajo es muy importante para mí, porque necesito proporcionar a mis pacientes mecanismos efectivos para controlar el dolor, y es posible que el microbioma me ayude a mejorar la seguridad y la efectividad de los fármacos que se usan para conseguirlo. Las epidemias pasadas y actuales de abuso de sustancias son una catástrofe de la que nosotros somos los únicos responsables, y las personas cuyas vidas ha destruido la adicción merecen compasión y ayuda. El microbioma ofrece nuevas estrategias para la adicción, un área en la que existen muy pocos tratamientos.

Quimioterapia

La quimioterapia con la que se trata el cáncer es veneno, sin más. Se dirige al proceso de replicación celular para detener la proliferación descontrolada que caracteriza a los tumores y que es el motivo por el que el cáncer mata. Hay muchos tipos de quimioterapia, algunos de los cuales incluyen incluso antibióticos, y, por lo general, atacan a parte del proceso de replicación del ADN. Se pueden administrar en distintos momentos en relación con el tratamiento quirúrgico y se pueden combinar, por lo que establecer su relación con el microbioma no es nada sencillo.

Uno de los grandes problemas de la quimioterapia citotóxica es que funciona indiscriminadamente, es decir, también afecta a las células sanas y provoca los temidos efectos secundarios, como la mucositis intestinal (inflamación intestinal), la mielosupresión (inhibición de los glóbulos blancos en la médula espinal, o neutropenia), la alopecia (caída del cabello) y bacterias. Aproximadamente un 40 por ciento de los pacientes que reciben dosis estándar de quimioterapia y el 100 por cien de los pacientes que reciben dosis altas de quimioterapia presentan náuseas, vómitos, dolor abdominal, diarrea y desnutrición asociados a la mucositis intestinal. Casi uno de cada diez pacientes de cáncer acaba hospitalizado por una infección durante la quimioterapia, y en el 85 por ciento de estos pacientes, la sepsis se debe a organismos que se originan en el intestino.

El microbioma desempeña un papel importante a la hora de saber cómo y cuándo aparecen estos síntomas. En primer lugar, la quimioterapia altera la estructura del microbioma intestinal humano, que pierde diversidad y riqueza. Los estudios en humanos sugieren que las distintas quimioterapias lo hacen de diferentes maneras. El irinotecán, un medicamento que se suele usar para tratar el cáncer de colon y de pulmón, provoca aumentos de las poblaciones de *Clostridium* cluster XI y de Enterobacteriaceae en el intestino, y ambas son potencialmente patógenas. Este fármaco causa diarrea severa a hasta el 40 por ciento de los pacientes, a los que o bien se les reduce la dosis o bien se les retira el fármaco. Pero esto no ocurre porque haya demasiados bichos malos. Por el contrario, se debe a una enzima bacteriana, la ß-glucuronidasa, que reactiva un metabolito del fármaco en el intestino y provoca inflamación intestinal. La buena noticia es que es posible bloquear esta enzima e impedir así la aparición de los síntomas.

La neuropatía periférica inducida por la quimioterapia es muy dolorosa y consiste en el dolor y la insensibilidad de los nervios en los dedos de las manos y de los pies en pacientes a quienes se administran fármacos de quimioterapia concretos que se usan para tratar el cáncer de mama y de ovarios. No hay cura para este efecto secundario tan habitual y tampoco se conoce su causa exacta. Sin embargo, resulta significativo que la neuropatía periférica inducida por la quimioterapia se reduzca en ratones sin gérmenes y en ratones a quienes se administran antibióticos antes de la quimioterapia.[12] Cuando se lleva a cabo un TMF para recuperar el microbioma, la neuropatía regresa, lo que sugiere que este efecto secundario está mediado por bacterias que activan una respuesta inmunitaria mediante el receptor TLR_4 de las microglías del sistema nervioso. Aunque esto no explica todo el mecanismo, al menos ofrece un objetivo para este doloroso efecto secundario de la quimioterapia.

La pérdida de cabello es el efecto secundario más temido para muchos de los pacientes en tratamiento oncológico. El cuero cabelludo tiene su propio microbioma, porque existe en un entorno húmedo protegido de la luz UV y con un pH favorable a la proliferación de bacterias. Durante los últimos años, la investigación sobre trastornos del crecimiento del cabello se ha centrado en la función de la comunidad de microbios que habita en el cuero cabelludo. Se sabe muy poco acerca de las interacciones entre la quimioterapia y el microbioma. Sin embargo, cada vez hay más evidencias que apuntan a la importancia del microbioma, como la pequeña cantidad de informes de caso que describen a varones con alopecia universal que experimentaron un crecimiento folicular sostenido tras un trasplante fecal.[13] Los mecanismos se desconocen y, por tentador que resulte especular con que este es otro ejemplo más de interacción entre el microbioma y el sistema inmunitario, aún se está debatiendo.

Tal vez lo más importante sea que el microbioma determina también cuán efectivos son los tratamientos con quimioterapia a la hora de curar la enfermedad para la que han sido diseñados. Hace muchos años que se encuentran bacterias en el interior de células cancerosas, y algunos patobiontes orales como el *Fusobacterium nucleatum* son pasajeros habituales que aparecen en gran cantidad de tipos de cáncer distintos; aparecen incluso en depósitos metastásicos del hígado que, de hecho, deberían ser estériles. El *Fusobacterium nucleatum* es responsable de la resistencia a la quimioterapia en el tratamiento del cáncer de colon.[14] Al igual que sucede con la resistencia a los antibióticos, en teoría es posible que se pueda transmitir también una resistencia similar a la terapia contra el cáncer, una idea verdaderamente aterradora.

La gran esperanza del tratamiento contra el cáncer es que podemos empezar a manipular la respuesta inmunitaria del cuerpo para abandonar para siempre estos fármacos, y es esta esperanza la que impulsa el interés por el microbioma en relación con el tratamiento oncológico.

Inmunoterapia

En 1891, el *signor* Zola, un inmigrante italiano de treinta y cinco años en Nueva York, desarrolló un agresivo sarcoma potencialmente letal del tamaño de un huevo de gallina en la amígdala derecha. William Coley, un apuesto cirujano de veintiocho años que trabajaba en Nueva York, empezó a inyectarle una bacteria estreptocócica cada tres o cuatro días. Era un proceso arduo. Zola sufría mucho dolor, no podía tragar y expulsaba mocos por la boca y la nariz. El objetivo de Coley era provocar una erisipela severa, una infección bacteriana de la piel. Había llegado a la conclusión de que era una buena idea después de haber llevado a cabo un análisis exhaustivo de los registros de su hospital cuando no pudo salvar la vida de Bessie Dashiell, una chica de diecisiete años. Se había fijado en que los pacientes que desarrollaban infecciones de piel tenían un índice de supervivencia superior en el tratamiento del sarcoma. Sin embargo, a pesar de meses de inyecciones en el cada vez más desesperado *signor* Zola, el tumor regresaba una y otra vez. Entonces, Coley tuvo una inspiración: quizás necesitaba una cepa más agresiva de la bacteria. Se puso en contacto con Robert Koch y le pidió que le enviara desde Alemania cepas más agresivas de la misma bacteria, algo a lo que el celebrado microbiólogo accedió. Coley inyectó las bacterias nuevas en el cuello del paciente y, en menos de una hora, Zola presentaba escalofríos, dolor, náuseas, vómitos y fiebre alta. El ataque duró diez días y el tumor desapareció. Zola vivió ocho años más antes de sucumbir al cáncer.

Coley administró inyecciones con bacterias a más de mil pacientes y obtuvo una tasa de respuesta del 57 por ciento en el tratamiento del sarcoma, lo cual no está nada mal para un cáncer que, en la época, era mortal casi siempre. Sin embargo, la Asociación Médica Estadounidense se mostró escéptica y, en 1894, publicó un editorial en el que desacreditaba el tratamiento. La AME se equivocó, y mucho.

En 2020, el segundo fármaco más vendido en 2020 fue el llamado «pembrolizumab», que se usa en el tratamiento del melanoma, un tipo de cáncer de piel, y de otros muchos otros tipos de cáncer. Este fármaco superventas está revolucionando el tratamiento de enfermedades que, hasta hace muy poco, tenían un pronóstico terrible. Representa un tipo nuevo de terapia a la que se conoce como «inmunoterapia», cuyo objetivo es reprogramar al sistema inmunitario para que ataque al cáncer. Estos tratamientos se han diseñado y se han probado sin tener ni un poco en cuenta la microbiota. Si la industria farmacéutica no consideró necesario prestar atención al microbioma fue por un motivo muy importante: basta con un aumento moderado en la supervivencia de pacientes con metástasis para que el pembrolizumab genere 14.000 millones de dólares anuales.

La inmunoterapia modifica cómo los linfocitos T detectan y matan el cáncer. Por ejemplo, la PD-1 es una proteína reguladora que existe en los linfocitos T y que actúa como una especie de «interruptor» que impide que los linfocitos T ataquen a otras células del cuerpo. La PD-L1 es un ligando que mantiene el interruptor en la posición de apagado, de modo que cuando la PD-1 se liga a la PD-L1, le dice al linfocito T que deje en paz a las otras células. Algunas células cancerosas tienen grandes cantidades de PD-L1, lo que significa que se pueden esconder de los ataques inmunitarios. Los fármacos como el pembrolizumab son «inhibidores de puntos de control inmunitarios» o «inhibidores de PD-1» y activan el interruptor de emergencia del linfocito T, lo que le permite detectar y matar a las células cancerosas. El problema es que estos fármacos no funcionan en todos los tipos de cáncer y solo son efectivos en tumores con un número elevado de mutaciones genéticas, que actúan como antígenos específicos del tumor que los linfocitos T pueden detectar.

Todos los tratamientos contra el cáncer, sean del tipo que sean, se definen también por la interacción entre el genoma del cáncer, el microbioma y el sistema inmunitario mediante un intercambio dinámico de moléculas de señalización inmunitaria. Gran parte de esta actividad no sucede en el cáncer en sí mismo, sino en el tejido que lo rodea, al que se conoce como «microambiente tumoral», que es muy rico en vasos sanguíneos, células inmunitarias y bacterias. Hasta hace muy poco, no se supo la importancia que tienen las bacterias para el microambiente y, en consecuencia, para la inmunoterapia contra el cáncer.

La investigación animal sigue siendo una de las piedras angulares del proceso de desarrollo de fármacos como estos, porque tampoco en el siglo XXI se puede administrar a una persona un fármaco si no se sabe algo de cómo funciona en un sistema biológico real. Por lo tanto, el mercado para animales modificados genéticamente está en ebullición. Se pueden encargar mutaciones genéticas a partir de un macabro catálogo que permite simular casi cualquier enfermedad humana. La clave es que dos animales cualesquiera con mutaciones genéticas diseñadas sean idénticos, para que, si queremos probar un candidato a fármaco, como una inmunoterapia nueva, el tratamiento se comporte exactamente igual en los dos animales, sea cual sea el laboratorio de tantos que existen en el mundo en el que los hayas comprado. Durante los ensayos, los ratones o las ratas suelen vivir en jaulas y en grupos reducidos. Sin embargo, estos animales son coprófagos (comen caca) y, por supuesto, entran en contacto los unos con los otros. Como podrá imaginar, comparten bacterias. Hasta hace muy poco, a nadie se le ocurrió pensar que esto pudiera afectar demasiado al funcionamiento del fármaco. Al menos, pensaban que no habría mucha variación entre las jaulas o ni siquiera entre los laboratorios que producían los animales. Hasta que un estudio sobre un inhibidor de PD-L1 lo cambió todo.

Investigadores de Chicago adquirieron ratones de dos laboratorios distintos, Jackson Laboratory (JAX) y Taconic Farms (TAC), para probar el fármaco. Se trataba de animales genéticamente idénticos y deberían haber presentado respuestas idénticas ante el fármaco cuando se les indujo un melanoma. En cambio, los tumores de los ratones TAC resultaron mucho más agresivos.[15] Esto sucedió porque las bacterias intestinales de estos ratones regulaban a los linfocitos T, que a su vez influyeron en la eficacia del fármaco. Sorprendentemente, cuando se trasplantaron heces de los ratones JAX a los ratones TAC, el efecto se corrigió.

Los científicos pudieron identificar una especie concreta de *Bifidobacterium* que, si se trasplantaba sola, mejoraba el control del tumor en la misma medida que el inhibidor de PD-L1. Sí, una sola cepa bacteriana era tan efectiva como el fármaco milmillonario a la hora de reducir el tamaño del tumor. Algunos estudios posteriores en personas han demostrado que las que responden y las que no responden a los inhibidores de PD-1 tienen microbiomas distintos, con (en un estudio chino) mayor abundancia de *Parabacteroides distasonis* y *Bacteroides vulgatus*. Cuando se transfirió el microbioma de los ratones que respondían a los que no... abracadabra, el fármaco funcionó.

El microbioma cuenta con muchas herramientas distintas que le permiten influir en el microambiente tumoral. Ahora, podemos modificar el microbioma para que «encienda» esos cánceres que, de momento, se ocultan al sistema inmunitario. Esto significa también que cualquier aspecto del exposoma (como la dieta u otros medicamentos que interactúen con las bacterias y con el sistema inmunitario) puede influir en la efectividad de estos fármacos. Por eso, la alimentación y el microbioma son ahora el nuevo horizonte en el tratamiento del cáncer.

El pastillero microbiano

El humilde moho no solo nos ha ofrecido el regalo de los antibióticos, sino que también nos ha ayudado a prevenir infartos de miocardio.

En 1966, el bioquímico japonés Akira Endo se trasladó desde su Japón natal a Nueva York para estudiar el metabolismo de los lípidos. Cuando llegó a Nueva York, el índice de obesidad se estaba empezando a disparar y, en 1971, especuló con la posibilidad de que los microbios produjeran antibióticos que inhibieran una enzima clave en la producción de colesterol. Se trata de la enzima HMG-CoA reductasa y funciona como un mecanismo de defensa contra otros microbios. La búsqueda se prolongó dos años e incluyó el análisis de seis mil cepas de microbios. Sin embargo, mereció la pena, porque el equipo de Endo aisló una molécula nueva, la compactina, a partir del moho azul verdoso del *Penicillium citrinum* Pen-51. En 1977, se usó con éxito por primera vez para tratar a un paciente de dieciocho años con una forma genética de hipercolesterolemia. Así comenzó la edad de oro de las estatinas, o fármacos reductores del colesterol, y el moho *Penicillium* había ofrecido al mundo otro medicamento maravilloso que costaba miles de millones de dólares.

Ahora, miles de millones de personas de todo el mundo dependen del fármaco para mantener a raya el colesterol malo (LDL), aunque las respuestas individuales son muy variables. No está del todo claro cómo funciona la interacción bidireccional entre el microbioma y las estatinas, pero sucede: la biosíntesis del colesterol es importante para la salud y la comunicación microbianas y, tal y como describió Endo, la microbiota lo usa como arma. Las estatinas modifican la diversidad del microbioma intestinal y hacen crecer a los *Bacteroides* al tiempo que reducen la proporción de *Faecalibacterium* y otra microbiota con densidades celulares bajas. Estos medicamentos también alteran el metabolismo del ácido biliar, que está íntimamente relacionado con las bacterias intestinales.

En la práctica, casi nunca salimos de la consulta del médico con una sola receta, y menos aún si tenemos hipercolesterolemia. A medida que envejecemos, las enfermedades crónicas van aumentando. A los ochenta y cinco años, aproximadamente una de cada cinco personas tiene al menos dos enfermedades crónicas, y la mitad de las personas de setenta y cinco años toman cinco o más medicamentos. Es lo que se conoce como «polimedicación». Además de las consecuencias que esto tiene para la economía y para la calidad de vida de la persona, el pastillero es potencialmente peligroso, pues muchos medicamentos interactúan y hacen que al cuerpo le cueste más metabolizar los fármacos.

El estudio MetaCardis es un análisis transeccional de 2.173 residentes europeos con síndrome metabólico y nos ha revelado que el impacto de la polimedicación sobre el microbioma intestinal es tan significativo que puede superar a los cambios que provoca la enfermedad subyacente. De todos modos, esto no siempre es malo; el estudio también demostró que la polimedicación puede tener efectos acumulativos que, a veces, modifican el microbioma hacia una estructura y una función más protectoras. La mayoría de las interacciones entre medicamentos conocidas por los médicos no tienen en cuenta el microbioma intestinal ni el intestino envejecido, por lo que es muy difícil predecir con precisión cómo se comportará un fármaco en una persona concreta hasta que se le administra.

Tras los medicamentos contra el colesterol, el siguiente tipo de medicamento con más probabilidades de acabar en la lista de las recetas de larga duración son los «inhibidores de la bomba de protones»; en el NHS británico, se recetaron 24.674.821 de estos medicamentos solo en 2017, y funcionan bloqueando la secreción de ácido (o de iones H^+, llamados «protones») en el estómago. Se toman para prevenir el reflujo gástrico y las úlceras (me habría sido imposible acabar la carrera de medicina sin ellos). También se suelen administrar junto con antibióticos para erradicar a la bacteria *Helicobacter pylori*. Si se modifica la acidez en el estómago, los tipos de bacterias que viven allí cambian a su vez, lo cual explica por qué quienes lo usan con regularidad (como Raymond, véase la pág. 16) tienen un riesgo ligeramente superior de sufrir infecciones por *Clostridium difficile* e informan de efectos secundarios gastrointestinales. Sin embargo, estos medicamentos también se asocian a un aumento del riesgo de desarrollar cáncer de estómago,[16] enfermedad inflamatoria intestinal,[17] insuficiencia renal crónica,[18] ictus[19] e incluso demencia.[20] El *H. pylori* asimismo modifica la efectividad de la L-dopa, un fármaco habitual en el tratamiento del párkinson del que se sabe que lo cometabolizan las bacterias intestinales.

Muchos de los medicamentos rutinarios que tomamos para manejar las enfermedades crónicas ejercen una influencia indirecta sobre el microbioma y, poco a poco, estamos empezando a desentrañar la complejidad de estas interacciones. Un grupo de la Universidad de Heidelberg analizó más de mil medicamentos en el mercado en relación con cuarenta cepas de bacterias intestinales representativas y concluyó que casi un 25 por ciento de los medicamentos diseñados exclusivamente para uso humano inhibían el crecimiento de al menos una cepa en condiciones de laboratorio. Y la variación entre cepas individuales de la misma especie es grandísima. Por ejemplo, el *Bacteroides thetaiotaomicron* puede metabolizar cuarenta y seis fármacos, como el diltiazem, un antihipertensivo. Como la variación entre las funciones de cepas individuales de esta bacteria concreta es tan significativa, también hay una gran variación en cómo las personas metabolizan los fármacos. Y no tenemos manera de medirlo.

El tipo de medicación no es lo único que afecta al microbioma intestinal; también hay que tener en cuenta la dosis, la combinación de fármacos y la exposición previa a antibióticos, que influye significativamente en nuestra capacidad para descomponer los medicamentos de forma segura. Estos factores son especialmente variables en los ancianos, que siguen vulnerables a las interacciones farmacológicas y a la toxicidad. Sin embargo, aún hay otra variable importante en lo que a la efectividad de los medicamentos se refiere.

El efecto microcebo

En 1763, el médico Alex Sutherland publicó un libro titulado *Attempts to Revive Antient Medical Doctrines* («Intentos de recuperar doctrinas médicas antiguas»). En el primero de seis volúmenes, «De las aguas en general», rechazó como meros «placebos» las terapias de moda adoptadas por los médicos. En la actualidad, el mundo está lleno de médicos placebo que venden de todo, desde ayunos de agua hasta dietas líquidas y beber agua de recipientes de cobre. Diez días después de que Sutherland publicara su libro, William Cullen, un médico escocés, aplicó tópicamente mostaza en polvo a un paciente, a pesar de que sabía que el tratamiento carecía de beneficio clínico. El paciente mejoró y el «efecto placebo» se convirtió en objeto de fascinación en un abrir y cerrar de ojos.

En la actualidad, los ensayos de investigación más robustos tienen en cuenta el efecto placebo, y los investigadores diseñan los estudios con gran meticulosidad, añadiendo un control positivo o negativo a la intervención. El objetivo es distinguir entre el efecto placebo y el impacto clínico del nuevo tratamiento, de modo que se pueda entender bien el verdadero beneficio de este. De todas formas, nos seguimos sorprendiendo cuando el placebo obtiene resultados mejores que una intervención genuina. Si un placebo causa daño, recibe el nombre de «nocebo», y la probabilidad de que un estudio produzca efectos nocebo es aproximadamente la misma que de que cause un efecto placebo.

Las causas subyacentes del efecto placebo van mucho más allá del sesgo e incluyen el contexto cultural y la conducta humana. La ciencia del efecto placebo está justo en la intersección entre la inmunología y el metabolismo, la neurología, la endocrinología, la psicología, el aprendizaje social y la conexión humana (se usa con frecuencia para explicar la efectividad de tratamientos como la acupuntura o el *mindfulness*). El microbioma también opera en todos estos ámbitos. Que el microbioma influya en el funcionamiento de los órganos principales y que nos conecte íntimamente a los unos con los otros y con nuestro entorno es importante, como también lo es que sea tan variable entre personas y que responda a píldoras de azúcar y a intervenciones fraudulentas mediante el eje intestino-cerebro. La administración de sustancias inertes puede ser increíblemente sutil, pero activa el sistema opioide endógeno y el sistema endocannabinoide. Tanto los placebos como los nocebos modulan la síntesis de prostaglandinas, y los estudios de neuroimagen han demostrado que la analgesia con placebo y la analgesia con opioides comparten un mismo mecanismo neural.

Aunque el microbioma no explica la totalidad del efecto placebo, necesariamente ha de desempeñar un papel importante a la hora de determinar por qué algunas intervenciones tienen resultados sorprendentes. También es probable que explique por qué los enfoques sanitarios holísticos que predican términos ambiguos como «equilibrio» funcionan. Y, por mucho que los fieles seguidores de la ciencia se nieguen a creerlo, hay veces en que los enfoques sanitarios inclusivos que promueven el afecto, la conexión y la comprensión funcionan mejor que los medicamentos, lo entendamos o no. Si nos ponemos exquisitos, lo cierto es que tampoco entendemos del todo cómo funciona el paracetamol. Nadie merece ser objeto de un fraude piadoso, y debemos desestigmatizar los tratamientos médicos de los que tantas personas del mundo en vías de desarrollo dependen para la atención sanitaria de primera línea. Solo lo conseguiremos si entendemos bien los mecanismos que los hacen eficaces; de momento, tenemos tanto que aprender de los efectos placebo y nocebo como de las intervenciones clínicas. Ha llegado el momento de que entendamos el efecto «microcebo».

CAPÍTULO 13

La cafetería del microbioma

Podemos entender la vida como si de una cafetería de hospital se tratara. Hay últimas cenas y primeros desayunos, almuerzos relajados y tentempiés a toda prisa. Enfermeras agotadas con la mirada perdida en la distancia sacan de la fiambrera de plástico las sobras de la cena de ayer, mientras los médicos residentes sobreviven a base de Red Bull y de patatas fritas de bolsa (al menos ese fue mi caso). Los pacientes avanzan tambaleándose sobre las muletas, e incluso el personal de la cafetería sueña despierto con el final del turno y una vida lejos de allí. Todo el mundo bebe café.

En los pabellones, las mesitas de noche están cargadas de refrescos, pasteles, bombones y, en ocasiones, fruta sin tocar que se descompone lentamente. Todo está envuelto en plástico. Los equipos de catering del hospital, con un personal tan insuficiente como el presupuesto que se les ha asignado, planifican cuidadosamente cómo gastar las 8,77 libras esterlinas diarias (o incluso las 3,80 libras, dependiendo del hospital) de que disponen por paciente en menús de sopas frías, tostadas quemadas y purés insulsos e incoloros. Los médicos dan órdenes de NPO («nada por vía oral») mientras los nutricionistas planifican meticulosamente la estrategia de alimentación de sus pacientes, calculan las necesidades calóricas, de micro y macronutrientes y de vitaminas, así como la consistencia y la vía adecuadas. Nadie en el hospital alimenta al microbioma.

La cena está servida

Gran parte del duro trabajo que supone digerir los alimentos en el estómago y en el intestino delgado corre a cargo de enzimas humanas, no bacterianas. Allí, absorbemos los nutrientes de los alimentos que ingerimos y liberamos hormonas que regulan la sensación de saciedad, el nivel de glucosa en sangre y la fisiología intestinal. Históricamente, esta red metabólica dependiente de las hormonas ha dominado la investigación nutricional, mientras que la aportación del microbioma a la nutrición se consideraba algo menor. Hasta ahora, la comida iba a parar a una especie de agujero negro lleno de materia oscura hambrienta e inferíamos las necesidades de la microbiota a partir del puñado de vías metabólicas que han dominado la ciencia de la alimentación durante el siglo XX. Por ejemplo, ácidos biliares (grasa) o el metabolismo de los ácidos grasos de cadena corta (fibra).

La hipótesis del restaurante gastrointestinal sugiere que cada nicho microscópico del largo tubo que es el tracto gastrointestinal ofrece «oportunidades gastronómicas diferenciadas» a nuestra microbiota;[1] en cada uno, puede encontrar sus nutrientes óptimos y evitar la competencia de otros comensales hambrientos. En la práctica, no funciona exactamente como una analogía, porque la misma especie de microbio puede comer de forma simultánea en restaurantes distintos. El microbioma intestinal también actúa como una red mutualista que comparte los restos de su comida a lo largo de una gigantesca superautopista química. Como resultado, muchas de las interacciones entre la alimentación y el microbioma pueden parecer contradictorias.

A nivel de especie, los microbiomas permanecen relativamente estables en adultos cuya ingesta alimentaria varía de un día a otro; por el contrario, a nivel funcional, el microbioma intestinal oscila continuamente, porque adapta sus funciones metabólicas dentro de la misma especie para satisfacer las necesidades nutricionales del individuo. La mayor parte del tiempo, mantenemos una reserva funcional suficiente en el sistema, de modo que se puede adaptar a las indiscreciones ocasionales en nuestra pastelería preferida. Sin embargo, podemos excedernos de un momento para otro si hacemos un cambio radical en la alimentación, como volvernos vegetarianos tras toda una vida comiendo carne, o si adoptamos otros cambios más modestos durante un periodo de tiempo lo suficientemente prolongado.

Siempre me preguntan qué deberíamos comer para optimizar el microbioma intestinal. Responder a esta pregunta es muy difícil, porque la interacción entre el microbioma y la dieta depende tanto de qué comemos como de cuánto comemos, cómo lo cocinamos, con qué lo acompañamos, su procedencia o cómo se ha criado. Cada plato de comida combina tipos de alimentos con una estructura molecular y un sustrato distintos, y el microbioma abordará de manera distinta dos botes de alubias de dos fabricantes diferentes, por mucho que la diferencia entre los ingredientes sea mínima (por ejemplo, el tipo de aditivo). Desde un punto de vista evolutivo, usamos la dieta para regular el microbioma limitando los sustratos críticos que necesita para crecer. Más que un restaurante con estrella Michelin, el intestino es una cafetería ajetreada y bulliciosa, con un millón de mostradores y de olores y billones de comensales hambrientos compitiendo por la siguiente comida, porque les va la vida en ello. Esta turba tumultuosa de microbios empieza a golpear la mesa en cuanto comenzamos a pensar en esas alubias e influye en cómo experimentamos la comida desde el primer bocado.

Cuestión de gusto

Las bacterias intestinales no solo nos ofrecen beneficios nutricionales, sino que también influyen en el sabor de la comida y la bebida que ingerimos. La lengua humana detecta cinco sabores: dulce, amargo, salado, ácido y umami, aunque hay quien añade un sexto sabor para la grasa. La lengua posee un nicho bacteriano permanente compuesto de *Staphylococcus* y *Streptococcus*, además de otras bacterias que pueden crear biopelículas pegajosas y material mucoso con los que levantan una barrera física que limita el acceso a las moléculas de sabor. Las bacterias de la boca también metabolizan la comida e influyen en la concentración de sabores, por lo que influyen asimismo en la sensibilidad de nuestro sentido del gusto. Los receptores de sabor que detectan el dulce responden a señales químicas microbianas (conocidas como «percepción de cuórum»), lipopolisacáridos y toxinas. Esto podría ser una característica de diseño que nos protege de agentes patógenos, porque activa la secreción de saliva, rica en antibióticos bacterianos, así como la secreción de hormonas en el intestino. En casos severos, las mismas moléculas pueden inducir la muerte celular programada en las papilas gustativas y desactivar el sentido del gusto que nos permite disfrutar de la comida y de la bebida.

Por eso, cuando estamos enfermos experimentamos sabores inusuales y el apetito se altera, al igual que cuando tomamos determinados antibióticos o medicamentos. También explica por qué algunas personas con COVID-19 perdieron el sentido del gusto y del olfato. La proteína de la espícula del SARS-CoV-2 se liga a los receptores del gusto y toma por asalto las papilas gustativas, donde el virus se replica y destruye los nervios que transmiten las señales del gusto al cerebro. Sin embargo, la severidad de la infección por COVID-19 se asoció también al exceso de bacterias como *Coprobacillus*, *Clostridium ramosum* y *C. hathewayi*, que son comensales habituales en el intestino y en la boca.[2] Es posible que las personas que perdieron el sentido del gusto tras la infección por COVID-19 se hayan visto perjudicadas por su microbioma oral, ya que estas bacterias modifican la respuesta inflamatoria al virus SARS-CoV-2.

Las encías, los dientes y el sarro albergan bacterias que también se encuentran en el resto del cuerpo, como en las arterias coronarias con placas ateroscleróticas y en el cáncer. Por ejemplo, el *Fusobacterium nucleatum* está presente en todos los cánceres del tracto gastrointestinal e incluso en el cáncer de mama. Hay un debate encendido acerca de si estas bacterias causan la enfermedad o son solo un biomarcador de la presencia de esta. Lo que sabemos con total seguridad es que la salud oral depende tanto de la alimentación como de la higiene dental.

La buena noticia es que ahora tenemos acceso a multitud de alimentos deliciosos, procedentes de todos los rincones del mundo, en cualquier momento en que nos apetezcan. Esto está cambiando el microbioma, aunque no siempre para mejor.

La cocina global del microbioma

Tras la Segunda Guerra Mundial, el Reino Unido sufrió una severa escasez de mano de obra mientras intentaba reconstruir su destrozada economía. En 1948, el gobierno abrió las fronteras a todos los ciudadanos de la Commonwealth. La llegada del HMT *Empire Windrush* en junio de ese mismo año dio el pistoletazo de salida a un evento de migración masivo, con cientos de miles de personas procedentes de las Indias Orientales, Pakistán o India que llegaban para hacer del Reino Unido su nuevo hogar. Esto no solo transformó la diversidad étnica y cultural del país, sino también los microbiomas de las personas que habían cruzado el globo y los de los británicos, cuya dieta explotó con sabores nuevos.

En 1939, solo había unos seis restaurantes indios en todo Reino Unido; hoy hay unos 12.000, aunque muchos también sirven platos de Pakistán, Bengala, Bangladés, Nepal y Sri Lanka. Gracias a este intercambio cultural, el pollo *tikka masala* se ha convertido en uno de los platos británicos más populares. Consiste en pollo deshuesado marinado y cocinado en un horno *tandoor*, servido en una salsa de tomate y nata líquida sutilmente condimentada con especias. Aunque su origen es objeto de debate, una de las versiones afirma que lo inventó en 1970 un chef británico de origen pakistaní que tenía un restaurante en Glasgow. El chef era Ali Ahmed Aslam, y la leyenda afirma que, un día, un cliente le pidió que mejorara el pollo seco que servía en su restaurante. En la época, sufría de una úlcera gástrica, muy probablemente causada por *Helicobacter pylori*, y su médico le había prescrito una dieta líquida. Inspirándose en eso, Aslam añadió un poco de salsa de tomate y unas cuantas especias y, *voilà*, así nació toda una cultura culinaria.

Es decir, un pakistaní que había emigrado a Escocia y que sufría una enfermedad crónica causada por bacterias usó pollos alimentados con antibióticos para cocinar un plato condimentado con especias tradicionales indias descubiertas en Centroamérica y cambió así el microbioma de una nación entera.

Ahora, nuestra dieta es global, lo cual plantea desafíos específicos al microbioma. A pesar de las estrictas leyes sobre la higiene alimentaria, la comida no siempre es estéril y, tal y como temía Iliá Ilich Méchnikov (véase pág. 159), algunos de los alimentos que ingerimos crudos están, en realidad, vivos. Desde la década de 1970, el consumo de sushi en todo el mundo ha crecido a un ritmo exponencial, y es muy comprensible, porque los *nigiri* y los *temaki* están deliciosos. En parte, esta expansión ha sido posible gracias al crecimiento de cadenas comerciales y a la disponibilidad de pescado barato. Sin embargo, esto ha propiciado también que la cantidad de anisakis, un nematodo parásito, detectado en humanos se haya multiplicado por 283 en el mismo periodo de tiempo.

Las bacterias que habitan en nuestra comida comparten los genes de su metabolismo y de su procesamiento de la misma manera que comparten los genes de la resistencia a los antibióticos. Unas veces, esto nos beneficia, y otras, las beneficia a ellas. De nuevo, los consumidores de sushi son un buen ejemplo de este proceso. Algunos consumidores de sushi japoneses pueden metabolizar un tipo de alga concreto gracias a una bacteria llamada *Bacteroides plebeius*, que contiene una enzima que descompone la agarosa, un azúcar complejo que contienen las algas rojas. Esta bacteria solo está presente en personas de origen japonés, y el motivo por el que puede descomponer la agarosa es que otras bacterias marinas le han transferido los genes que contienen el código para esta enzima. Si nuestra comida fuera demasiado estéril, quizás no podríamos digerirla. Esto significa también que nuestro apetito por el menú global está distribuyendo por todo el mundo los genes microbianos que nos permiten metabolizarlo.

También recurrimos al microbioma para entender cómo promueven la salud distintas dietas globales. Varios ensayos aleatorizados controlados han demostrado que, en comparación con una dieta baja en grasas, la estrategia mediterránea reduce el riesgo de desarrollar enfermedades cardiovasculares en un 30 por ciento al cabo de cinco años. Múltiples análisis han identificado también que esta dieta modifica el microbioma intestinal y promueve el aumento de la cantidad de simbiontes como el *Faecalibacterium prausnitzii* o el *Roseburia*, así como la reducción de *Ruminococcus gnavus*, *Collinsella aerofaciens* y *R. torques*. Datos más recientes sugieren que la dieta mediterránea puede ser especialmente beneficiosa para las personas con microbiomas intestinales con poca cantidad de *Prevotella copri*.

Sin embargo, ninguna de estas cosas ha frenado la adopción de una dieta hiperglobalizada. Se trata de comida rápida, homogénea y servida en raciones enormes que ha causado estragos tanto en los microbiomas intestinales como en los seres humanos que los albergan.

Comida basura: hamburguesa con queso y patatas fritas

Ahora comemos más que en cualquier otro momento de nuestra historia. La ingesta calórica de un estadounidense promedio ha aumentado de 2.109 calorías en 1970 a 2.568 calorías en 2010, y el plato de comida promedio en la actualidad casi cuadruplica en tamaño a la cantidad de comida habitual en los años cincuenta. La manera en que comemos también ha cambiado radicalmente. Gran parte de la población urbana mundial come platos de comida preparada o para llevar que compra usando aplicaciones que se han integrado con facilidad en nuestra vida digital. Ahora, el mercado global de la comida a domicilio vale más de 150.000 millones de dólares. Entre 2017 y 2020 se triplicó y, durante la pandemia de COVID, se volvió a duplicar porque la gente comía en casa, demasiado asustada para salir a restaurantes. Cada año, la empresa Uber Eats publica un «Cravings Report» («Informe de antojos») orwelliano. En 2021, anunció con orgullo que los pedidos de patatas fritas con queso habían crecido en más de un 1.234 por ciento durante la pandemia.[3] Las solicitudes de «sin huevo», «sin jalapeños», «sin cilantro», «sin pepino» o «sin verduras» también crecieron drásticamente.

Los cambios en la manera en que comemos han transformado nuestro microbioma. Pasar de una dieta baja en grasas y basada en alimentos de origen vegetal a una dieta rica en grasas y en azúcar con mucha fructosa (la dieta occidental típica) ha tenido consecuencias dramáticas en la estructura y el funcionamiento del microbioma intestinal. Cuando este cambio en la dieta se ensayó en ratones, bastó un solo día para que las bacterias intestinales de estos activaran genes que producen metabolitos asociados a una mala salud intestinal. Si estamos enfermos, esta relación es aún más importante. Las dietas a base de comida basura y ricas en grasa reducen la efectividad de los antibióticos, mientras que las dietas ricas en fibra mejoran la capacidad de los antibióticos para reducir las cargas patógenas y reducen la cantidad de genes de resistencia a los antibióticos presentes en el intestino.[4]

No es solo que algunas especies hayan proliferado gracias a esta dieta constante de proteínas, grasas y azúcares, sino que además han mutado y alterado el tono y el volumen de su conversación con nuestro sistema inmunitario. Para entender cómo y por qué, merece la pena reflexionar acerca de cómo el microbioma en general aborda los componentes individuales de nuestra dieta, ya que esto refleja cómo interpretamos muchas de las afirmaciones que se hacen respecto a lo que comemos. Por supuesto, la comida promedio varía en función de si comemos en Londres, Delhi, Hanói o Shanghái (más de 3.500 millones de personas dependen del arroz como fuente principal de carbohidratos). Sin embargo, veamos un plato (o caja) típico de comida que se suele pedir en la mayoría de las culturas con una dieta semejante a la estadounidense: una deliciosa hamburguesa con queso acompañada de patatas fritas y pepinillos. Este ejemplo nos permitirá examinar cómo el microbioma procesa tanto los micro como los macronutrientes y, así, comprender el proceso.

La proteína de la hamburguesa

Aunque el intestino delgado descompone y absorbe casi toda la proteína, parte de esta llega al lado izquierdo del colon, donde fermentadores bacterianos como *Clostridium*, *Fusobacterium*, *Bacteroides*, *Actinomyces*, *Propionibacterium* y *Peptostreptococcus* la descomponen mediante las proteasas, una familia de enzimas. Algunos de los productos resultantes de este proceso son una fuente de energía importante para el intestino (como los ácidos grasos de cadena corta, por ejemplo), pero muchos otros son tóxicos (como el dióxido de carbono, el amoníaco, los fenoles, los indoles y los sulfuros).

La cantidad de bacterias que producen estos compuestos tóxicos, como las que producen sulfuros, varía de un subgrupo étnico a otro. Es posible que esto explique por qué el riesgo de cáncer de colon varía entre los consumidores de carne de estos grupos. Por ejemplo, los afroamericanos tienen cantidades mayores de bacterias productoras de sulfuros, como la *Bilophila wadsworthia*, y de especies de *Pyramidobacter* que las personas caucásicas no hispanas, independientemente de su estatus de cáncer de colon. Estas cantidades se correlacionan con solidez con los componentes de una dieta rica en grasa y proteína animal y presentan una relación negativa con las raciones diarias de productos lácteos y calcio.

Uno de los motivos por los que conviene comer carne es que nos permite desarrollar masa muscular. Los aminoácidos de cadena ramificada (BCAA, por sus siglas en inglés), como la leucina, la isoleucina y la valina, son elementos nutricionales de la proteína animal especialmente importantes, aunque también se encuentran en los productos lácteos y en las legumbres y, además, el cuerpo los puede producir. Nos permiten desarrollar masa muscular, porque regulan un interruptor maestro celular llamado mTOR (molécula diana de la rapamicina en mamíferos) que controla el crecimiento y la muerte celular. En la población general, cuando las concentraciones elevadas de BCAA activan la mTOR, promueve la obesidad, la resistencia a la insulina y la inflamación, y los niveles elevados de BCAA en sangre también son un factor de riesgo para el cáncer. El metabolismo de las proteínas por parte de la microbiota intestinal contribuye a la síntesis, captación y degradación de BCAA y, por lo tanto, a los niveles circulantes de estos. Quizás convenga contar con cantidades abundantes de *Faecalibacterium prausnitzii* en el intestino, porque controlan los genes transportadores de BCAA y reducen la cantidad circulante de estos aminoácidos, así como la resistencia a la insulina que se experimenta.[5]

Los culturistas se sirven de esta química para desarrollar su masa muscular mediante la ingesta de suplementos de leucina, que activan la cascada de mTOR. Quiero que quede claro que los culturistas no tienen intestinos sanos y que desaconsejo encarecidamente esta práctica, porque si cambiamos la vía mTOR, también cambiamos el microbioma, y no para bien.[6] Como mínimo, las dietas muy ricas en proteína hacen que las bacterias se vuelvan más agresivas y, colectivamente, estos cambios inducidos por la dieta promueven la inflamación intestinal.

Otra de las funciones importantes que desempeñan las bacterias implicadas en el consumo de carne es el metabolismo de la colina (un nutriente esencial) y de la carnitina (responsable de la producción de energía). Esto produce trimetilamina (TMA), que las bacterias intestinales usan como fuente de carbono y convierten en metano, que la mayoría de las veces expulsamos discretamente (con suerte) en forma de gas. Sin embargo, la TMA también se desplaza hasta el hígado, donde se transforma en N-óxido de trimetilamina (TMAO). Y el TMAO es nocivo, porque activa las vías inflamatorias que depositan grasa en las arterias y se relaciona con los cambios en el nivel de colesterol y en el metabolismo de los ácidos biliares. El TMAO se asocia a enfermedades cardiacas, enfermedades cardiovasculares, ictus, enfermedades hepáticas y cáncer de colon. La TMA no se puede transformar en TMAO perjudicial sin la intervención de las bacterias.

El cuerpo metabolizará las proteínas de la carne de ternera, de la caseína, del suero de leche (proteínas de la leche) y de la soja de maneras distintas, y el microbioma también es responsable, en parte, de esto. La cuestión no es tan sencilla como decir «la proteína animal es mala», sino que hay que pensar en la cantidad y en la calidad de la proteína de origen animal y vegetal en el contexto del consumo de grasa; las consecuencias metabólicas de ambas dependen de la microbiota intestinal. La carne procesada merece la mala prensa que recibe, porque contiene mucha grasa.

Grasas animales: lípidos

Cuando devoramos una deliciosa y chorreante hamburguesa con queso, el hígado cargará con la mayor parte del trabajo. Para empezar, ha de producir bilis, un fluido verde y compuesto de colesterol. Una de sus múltiples funciones es actuar como detergente y emulsionar la grasa, de modo que unas enzimas humanas llamadas «lipasas» puedan descomponerla y facilitar su absorción. Las bacterias son mediadores críticos en el metabolismo de la bilis, porque modifican la estructura química de esta en el intestino y la transforman en lo que se conoce como «ácidos biliares secundarios». Estas bioconversiones cambian las propiedades señalizadoras de los ácidos biliares, que son esenciales para controlar el metabolismo, el sistema inmunitario e incluso la función cerebral y el apetito. Los ácidos biliares también regulan directa e indirectamente la composición microbiana intestinal, porque modifican la respuesta inmunitaria innata en el intestino.

Demasiada bilis es perjudicial, porque es proinflamatoria y cancerígena.

Al final, las grasas absorbidas llegan al hígado para ser procesadas. Los experimentos en animales sin gérmenes han demostrado que las bacterias intestinales también desempeñan una función vital a la hora de determinar cómo el hígado metaboliza los lípidos y el colesterol. Las dietas ricas en grasas cambian la diversidad microbiana fecal y reducen la cantidad de simbiontes importantes, como la *Akkermansia muciniphila*, Christensenellaceae y Tenericutes, que protegen la barrera intestinal, reducen la inflamación y aumentan la producción del «colesterol bueno», que recibe el nombre de lipoproteínas de alta densidad (HDL, por sus siglas en inglés). Las dietas ricas en grasa también reducen la cantidad de las especies de *Lactobacillus* intestinales de pequeño tamaño (como el *L. gasseri*), lo cual merma nuestra capacidad para usar los ácidos grasos poliinsaturados (PUFA, por sus siglas en inglés), beneficiosos para la salud.

Los seres humanos no podemos producir dos PUFA importantes sin los que no podríamos sobrevivir. Los ácidos grasos omega-3 (ácido linoleico) y omega-6 (ácido α-linoleico) son necesarios para la producción de una clase de lípidos llamados «eicosanoides», fundamentales para el sistema inmunitario. Obtenemos estos lípidos exclusivamente a través de la dieta y los derivados de PUFA n-6 tienden a ser proinflamatorios, mientras que los eicosanoides derivados de PUFA n-3 son antiinflamatorios. El problema es que no podemos conseguir el equilibrio perfecto entre estos dos ácidos grasos esenciales en la dieta. La proporción entre los PUFA n-6 y los n-3 debería ser de 1-4:1, pero desde la década de 1970 ha ascendido a casi 20:1 en las dietas occidentales, debido en gran parte al aumento del consumo de aceites vegetales. Podemos obtener ácidos grasos omega-3 de las semillas de chía y de lino, de las nueces, del aceite de hígado de bacalao, de la caballa y del salmón, y realmente necesitamos comer más de estos alimentos (sostenibles).

No le sorprenderá saber que las bacterias pueden producir PUFA en el intestino y que esto es crucial a la hora de determinar nuestro estado de salud. Por ejemplo, los experimentos en ratones han demostrado que pueden usar los PUFA para desarrollar resistencia ante las consecuencias perjudiciales de la obesidad inducida por la dieta. En los seres humanos, son varias las bacterias que pueden producir metabolitos intermedios derivados de PUFA beneficiosos para la salud. Por ejemplo, distintas especies, como *Propionibacterium*, *Lactobacillus* y *Bifidobacterium* pueden producir ácido linoleico, que mejora la sensibilidad a la insulina y reduce el riesgo de aterosclerosis. Las bacterias del ácido láctico, como el *Lactobacillus plantarum*, en el intestino también pueden detoxificar los ácidos grasos mono y poliinsaturados de la dieta que consumimos como parte de nuestra comida dos por uno tamaño familiar.

El microbioma también influye en el nivel de colesterol en sangre, porque determina cuánto excretamos con las heces. El colon recibe aproximadamente 1 g de colesterol al día, en gran medida por la secreción de bilis. La microbiota intestinal puede transformar este colesterol en un compuesto inerte llamado «coprostanol» que no se reabsorbe, sino que se elimina con las heces. Esta enzima no se ha definido hasta hace muy poco, y los investigadores han correlacionado la presencia o la ausencia de bacterias que la contienen con el nivel de colesterol en muestras de sangre obtenidas de pacientes en China, Países Bajos y Estados Unidos. Observaron que las personas que tienen el gen para esta enzima en su microbioma intestinal tenían entre un 55-75 por ciento menos de colesterol en las heces que las personas que no lo tenían, lo que significa que excretaban más colesterol y que tenían menos colesterol circulando en sangre.[7] En la práctica, esto significa que podemos modificar el microbioma para reducir el colesterol en sangre y, ahora, muchos probióticos se producen justo con ese propósito. Siempre se los puede tomar para acompañar la hamburguesa.

El aceite en el que cocinamos la hamburguesa también marca una gran diferencia en lo que al microbioma se refiere. La producción de aceite de oliva depende de la colonización por parte de microorganismos que le otorgan sus características fisicoquímicas. El aceite de oliva virgen extra contiene ácidos grasos monoinsaturados y compuestos fenólicos bioactivos que, en conjunto, son antiinflamatorios y poseen propiedades antioxidantes importantes.

El pan y las patatas fritas: carbohidratos

Globalmente, la mayoría de los carbohidratos que consumimos proceden de los cereales que se usan en la fabricación del pan de hamburguesa. De los diecisiete cereales primarios, el arroz, el trigo y el maíz representan más del 42 por ciento de todas las calorías consumidas por toda la población humana. Hay mucho debate acerca de cuál es el consumo indicado de carbohidratos, pero lo que está muy claro es que tanto el exceso como el defecto son perjudiciales y se asocian a una reducción de la esperanza de vida.[8] Para la persona promedio, el punto justo es que los carbohidratos supongan aproximadamente la mitad de la ingesta calórica, porque son la base de múltiples vías biosintéticas que el cuerpo necesita para estar sano. Sin embargo, la clave está en consumir el tipo adecuado de carbohidrato.

El capitán T. L. Cleave, un médico naval del St. Mary's Hospital, advirtió hace ya más de cincuenta años del tsunami de azúcar que se avecinaba cuando publicó *The Saccharine Disease* en 1974. Había estado trabajando en una serie de estudios que investigaban cómo respondía la glucosa en sangre a la digestión de carbohidratos. Campbell reclutó a voluntarios sanos y les administró 50 g de carbohidratos procedentes de pan blanco o integral, manzanas, almidón de maíz, sacarosa y glucosa. A continuación, clasificó los distintos carbohidratos en función de la rapidez con que la glucosa en sangre de los participantes ascendía a lo largo del tiempo y se dio cuenta de que la sacarosa no ocupaba el primer lugar. Posteriormente, científicos de Toronto desarrollaron este concepto en lo que ahora conocemos como «índice glucémico», que dietistas, médicos, diabéticos y atletas de todo el mundo usan hoy para planificar sus comidas. Las dietas con un índice glucémico elevado tienen más probabilidades de provocar diabetes tipo II. Una patata frita tiene un índice glucémico alto (setenta y cinco), y todos esos carbohidratos fritos dispararán la glucosa en sangre.

Por lo general, el organismo no necesita descomponer los azúcares refinados para poder absorberlos. Por ejemplo, tras un postre dulce, solo entre el 5-30 por ciento de los azúcares o edulcorantes llegarán al intestino grueso, porque el intestino delgado los habrá absorbido casi todos. El índice glucémico no es muy preciso, porque excluye el metabolismo de los carbohidratos por parte del microbioma. Un grupo de investigación israelí estudió una cohorte de unas 800 personas y 46.898 comidas, porque quería entender el impacto del microbioma sobre las respuestas glucémicas posprandiales (después de comer) ante distintos tipos de comida. Para conseguirlo, crearon comidas estandarizadas cuyo índice glucémico se conocía con precisión, al igual que el contenido calórico y de carbohidratos. A continuación, se pidió a los participantes que registraran meticulosamente sus actividades diarias, comidas, hábitos y medicaciones, durante una semana. Todos proporcionaron muestras de sangre y de heces, para poder analizar el contenido metagenómico del microbioma. A partir de estos análisis, los investigadores pudieron construir un algoritmo de aprendizaje automático que contenía todos estos parámetros y que podía predecir las respuestas glucémicas posprandiales con mucha más exactitud que la cantidad de carbohidratos o de calorías. A su vez, esto permitió a los investigadores diseñar comidas personalizadas con las que los participantes pudieron controlar con precisión la respuesta de su glucosa en sangre tras una comida.

Parte del motivo por el que esta magia es posible es que el genoma humano solo codifica una pequeña cantidad de enzimas digestivas que descomponen la sacarosa, la lactosa y el almidón. Por lo tanto, dependemos de un grupo numeroso y diverso de enzimas especializadas y codificadas por el microbioma intestinal para que metabolicen muchos de los carbohidratos que consumimos. La diversidad de estas enzimas es inmensa; la bacteria *Bacteroides thetaiotaomicron*, por ejemplo, posee 260 hidrolasas de glucósidos en su genoma. Como los carbohidratos intervienen en una amplia variedad de funciones biológicas y como la dieta del holobionte ha evolucionado tanto, los genes que codifican estas enzimas se han visto sometidos a múltiples eventos evolutivos convergentes y divergentes. Ahora necesitamos estos vínculos evolutivos para metabolizar la hamburguesa con queso.

El azúcar ejerce un impacto colosal sobre la ecología del intestino. La ingesta elevada de azúcares refinados aumenta la cantidad relativa de Proteobacteria proinflamatorias en el colon, al tiempo que reduce la cantidad de Bacteroidetes, que promueven la función de la barrera intestinal. La fructosa, que se suele añadir a condimentos como el kétchup, también aumenta la producción de fagos en el *Lactobacillus reuteri* mediante una vía de respuesta al estrés que, a su vez, cambia la composición del microbioma.[9]

Los microbios intestinales cambian rápidamente su metabolismo para aprovechar la disponibilidad de azúcar. Esto significa que distintas bacterias de la misma especie, como el *Bacteroides fragilis*, pueden desarrollar maneras diferentes de metabolizar o transportar azúcares en el mismo intestino. Las bacterias también usarán estos azúcares para construir las herramientas que necesiten para sobrevivir, como biopelículas y estructuras flageladas que permiten su movilidad y su patogenicidad, lo que exacerba la inflamación intestinal. Esto no solo promueve la inflamación en el intestino, sino que una mayor cantidad de genes disponibles para metabolizar y transportar el azúcar significa un aumento del riesgo de desarrollar diabetes tipo II y obesidad.[10]

Los seres humanos hemos coevolucionado con bacterias que nos ayudan a consumir azúcar, pero también hemos desarrollado circuitos cerebrales dedicados a buscar, reconocer y motivar el consumo de este. Y, hasta hace poco, no hemos empezado a entender cómo funcionan. En la parte del tronco del encéfalo donde nace el nervio vago hay un conjunto de neuronas que actúan en el eje intestino-cerebro y que promueven la preferencia por el azúcar.[11] Estas neuronas se activan en cuanto el azúcar (pero no los edulcorantes) llegan al intestino. En ratones, desactivar artificialmente la vía del nervio vago detiene la preferencia por el azúcar. Esto ofrece otra oportunidad más a nuestros socios microbianos para regular nuestras conductas de búsqueda de alimentos mediante el eje intestino-cerebro. Colectivamente, el microbioma hace que algunos de nosotros seamos especialmente susceptibles al sabor y a las consecuencias metabólicas del consumo de carbohidratos.

El problema es que, en la actualidad, todos estos circuitos están colapsados, porque casi el 13 por ciento de la ingesta de carbohidratos en Estados Unidos procede de los azúcares añadidos. Es una cantidad enorme, si tenemos en cuenta que la cantidad recomendada de azúcares libres (o refinados) sugiere que no deberían superar el 5 por ciento de la energía total que obtenemos de los alimentos.[12] Nos hemos enganchado completamente a este oro blanco omnipresente, y no es que los edulcorantes artificiales sean mucho mejores. Los primeros datos sobre los edulcorantes artificiales, como la sacarina, sugerían que también podían inducir un microbioma que promoviera la intolerancia a la glucosa.[13] Aunque estas conclusiones generaron controversia, lo más probable es que sea buena idea pensárselo dos veces antes de añadirlos al café.

La hoja de lechuga: fibra

La fibra es un superalimento genuino y deberíamos ingerir MUCHA más que la que contiene la mustia hoja de lechuga iceberg que añadimos a regañadientes a las hamburguesas producidas en masa.

En la década de 1970, Denis Burkitt, un cirujano británico que trabajaba en el Mulago Hospital de Kampala (Uganda), se empezó a preguntar por qué sus pacientes no padecían muchas de las enfermedades que veía en Occidente. Su trabajo definiría la importancia de la fibra para la salud humana. Sin embargo, la profesión médica se enfrentó a una tarea muy ardua a la hora de difundirlo, entre otras cosas por la injusta reputación de la fibra de ser poco más sabrosa que el cartón. Uno de los mayores problemas es que nunca hemos acabado de ponernos de acuerdo en qué es exactamente la fibra y cómo beneficia a nuestra salud. Y es que el término *fibra* representa a una superfamilia de moléculas de origen vegetal con un amplio espectro de propiedades físicas y químicas. Básicamente, para que lo consideremos una fibra, el alimento ha de llegar al colon y ha de contar con una formulación química específica que lleva a que solo las bacterias lo pueden descomponer.

Si podemos aumentar la ingesta de fibra en solo 7 g diarios (equivalentes a 3,5 manzanas, 325 g de guisantes o 3,5 cucharadas de salvado), reducimos estadísticamente el riesgo de sufrir diabetes, ictus, cáncer colorrectal y rectal y diabetes. Necesitamos un mínimo de 30 g diarios de fibra, y debemos consumirlos de manera constante.

¿Cómo funciona exactamente este nutriente milagroso? En términos generales, hay dos tipos de fibra: los polisacáridos no amiláceos (sin almidón) que se originan en las paredes celulares de las plantas (celulosa, hemicelulosa, lignina o pectina, betaglucano y galactomanano); y el almidón resistente, un carbohidrato que permite a la planta almacenar energía y que está presente en cereales, legumbres, rizomas, raíces y tubérculos. Aunque las patatas contienen fibra, si le apetecen patatas fritas, opte por las de boniato, que tienen más.

Algunos almidones son muy resistentes a la digestión, y sus beneficios para la salud varían mucho basándose en ello. Antes, las fibras se describían como solubles o insolubles. Sin embargo, eso no nos ayuda, porque muchas frutas y verduras contienen fibra de ambos tipos, y la solubilidad no determina necesariamente los beneficios que la fibra tiene para la salud. Cada tipo de fibra a su vez presenta una pauta de viscosidad distinta, es decir, cómo absorbe agua para formar un gel. Esto significa que algunas fibras, como el psyllium o los betaglucanos, aumentan el peso de las heces y ralentizan el tránsito intestinal (literalmente, el intestino ha de empujar más cantidad), lo que cambia cómo absorbemos el hierro y las vitaminas, como la vitamina D. La fibra también cambia cómo el intestino delgado absorbe los ácidos biliares, lo que podría explicar por qué ayuda a reducir el colesterol. Por el contrario, suplementar las dietas con salvado de trigo aumenta la frecuencia de las deposiciones y cambia la motilidad intestinal. De todos modos, uno de los principales beneficios de la fibra para la salud tiene que ver con la fermentación a manos de las bacterias.

Algunas especies de bacterias, como el *Ruminococcus bromii*, tienen enzimas degradadoras de almidón muy especializadas, mientras que otras especies son generalistas. En la práctica, los microbios metabolizan la fibra mediante una red mutualista y se reparten el trabajo a través de las enzimas que comparten y el metabolismo de la fibra. Esto se conoce como «alimentación cruzada», y permite al intestino descomponer la fibra a medida que esta avanza por el largo tubo. La acidez (pH) del intestino cambia con el metabolismo de la fibra conforme esta avanza, lo que, a su vez, regula las poblaciones bacterianas. Las ventosidades son un buen ejemplo de alimentación cruzada. Las bacterias intestinales fermentadoras producen hidrógeno, que luego es consumido por tres grupos microbianos distintos (bacterias reductoras de sulfatos, acetógenos y arqueas metanogénicas) que producen sulfuro de hidrógeno (apestoso), hidrógeno (inocente) o metano (inflamable). Por eso hay tantas personas que no pueden tolerar una dieta rica en fibra. Si va a adoptar una dieta rica en fibra (¡se lo recomiendo!), hágalo poco a poco y a lo largo de varias semanas, para que sus bacterias intestinales tengan tiempo de adaptarse.

El profesor Stephen O'Keefe, de la Universidad de Pittsburgh, ha desarrollado el trabajo de Burkitt e investigado los efectos de la fibra sobre el microbioma en cohortes étnicas con un riesgo extremadamente elevado o excepcionalmente bajo de desarrollar cáncer de colon.[14] Los varones afroamericanos tienen uno de los índices de cáncer colorrectal más elevados del mundo. Por supuesto, esto se debe a varios factores, como la desventaja socioeconómica y el menor acceso a la atención sanitaria. Mientras, los sudafricanos rurales presentan uno de los índices de cáncer de colon más bajos de cualquier población. O'Keefe pidió a un grupo de personas de sendas cohortes que intercambiaran la dieta durante dos semanas. Es algo dificilísimo de conseguir. Los estadounidenses tuvieron problemas con la dieta rica en fibra, baja en grasas y baja en proteínas que se les administró y a los africanos no les gustó en absoluto alimentarse a base de carne y de grasa.

Al cabo de dos semanas de intercambio dietético, los resultados fueron espectaculares. Si bien no detectaron cambios importantes en la cantidad de bacterias, los investigadores sí que observaron cambios dramáticos en cómo los distintos elementos del microbioma colaboraban para metabolizar la comida. En dos semanas, los estadounidenses pasaron de tener un motor intestinal diseñado para metabolizar carne a otro dedicado a fermentar fibra. Esa transformación vino acompañada de aumentos drásticos en la cantidad de metabolitos que producen esas bacterias y que son fundamentales para la salud intestinal. Por ejemplo, observaron un aumento en las concentraciones de ácidos grasos de cadena corta fecales (estos metabolitos son anticancerígenos) y una reducción en la excreción de sales biliares (que son cancerígenas). Esto permitió que el nivel de inflamación intestinal descendiera, así como el riesgo de cáncer (medido con biopsias intestinales). Los africanos experimentaron cambios recíprocos y su excreción de ácido biliar aumentó en un 400 por ciento, mientras que la excreción de ácidos grasos de cadena corta se desplomó. Cabe destacar que ninguno de los participantes africanos tenía pólipos en el colon, que son un precursor de lesiones de cáncer de colon, mientras que un 40 por ciento de los estadounidenses sí que tenían. Este trabajo es importante, porque demuestra que el riesgo de desarrollar cáncer puede cambiar rápidamente con la intervención dietética adecuada, y es un motivo excelente para empezar a comer hamburguesas vegetales.

Sin embargo, no todos los intestinos occidentales pueden adoptar dietas ricas en fibra. Hay personas cuyos microbiomas no toleran el cambio, al menos no si sucede demasiado deprisa. Y la fibra no lo explica todo por sí sola.

El tomate y la cebolla: polifenoles

Las hamburguesas con queso sin tomate no me gustan, porque el tomate añade color y sabor. Además, es donde viven los poderosos polifenoles.

Desde un punto de vista meramente nutricional, los tomates se componen de agua (95 por ciento) y el resto son fundamentalmente carbohidratos en forma de glucosa y pequeñas cantidades de fructosa. Sin embargo, también contienen algo de fibra y trazas de vitaminas, minerales y licopeno, que es un carotenoide, o pigmento vegetal. Además de dotarlos del color rojo, el licopeno tiene propiedades anticancerígenas demostradas, y protege sobre todo del cáncer de próstata.

Los polifenoles son compuestos químicos cuyo trabajo es defender a las plantas de la radiación ultravioleta y de los agentes patógenos. Los seres humanos no producen estas sustancias beneficiosas para la salud que reducen el riesgo de enfermedad inflamatoria crónica y previenen el cáncer. Están en frutas como las uvas, las manzanas, las peras, las cerezas y los frutos del bosque. Normalmente, una taza de té o de café contiene unos 100 mg de polifenoles, al igual que los cereales, las legumbres secas y el chocolate.

Históricamente, se creía que los polifenoles debían sus propiedades beneficiosas para la salud a que son antioxidantes, pero la ciencia del microbioma está cambiando esta visión. En realidad, deben gran parte de sus beneficios para la salud a que el microbioma del colon se da un festín con ellos porque a las glotonas enzimas no hay nada que les guste más que descomponer polifenoles. Esto tiene muchos beneficios. Por ejemplo, estimula la producción de los ácidos grasos de cadena corta que alimentan el colon y regulan la función cerebral. Los polifenoles también activan la secreción de mucosidad intestinal porque ejercen un efecto directo sobre las células de mucina que revisten el intestino. Promueven la proliferación de bacterias concretas, como la *Akkermansia muciniphila*, que estimulan la producción de mucina, e inhiben el crecimiento de bacterias que erosionan la mucosidad. Para terminar, los polifenoles interactúan directamente con el sistema inmunitario innato y con el adaptativo para minimizar la inflamación. Además de promover el crecimiento de simbiontes, inhiben la proliferación de bacterias patógenas.[15]

El pepinillo: alimentos fermentados

El pepinillo contiene fibra, vitaminas, mucha agua y muy pocas proteínas y grasas. Sin embargo, lo que da a la hamburguesa con queso el punto ácido que tanto nos gusta es el vinagre, cuya fermentación aporta también su valor nutricional. La producción de vinagre es una práctica antigua que depende íntegramente de su propio microbioma, y Pasteur, el primero que explicó qué es y cómo funciona, concluyó que la fermentación es la consecuencia de la «vida sin aire».

En 2020, durante el primer confinamiento de la pandemia, muchos de nosotros nos convertimos en productores de comida artesanal y cultivamos cuidadosamente nuestros propios iniciadores de fermentación o SCOBY (siglas en inglés de «colonia simbiótica de levaduras y bacterias») en nuestro empeño de producir kéfir, kombucha, chucrut, *tempeh*, *natto*, miso, *kimchi* o pan de masa madre de cosecha propia. Normalmente, se usan hongos, como el *Saccharomyces* para el pan, la cerveza o el vino; *Aspergillus* para los alimentos asiáticos fermentados tradicionales, como el sake, la salsa de soja y el miso, y *Penicillium* para el queso y la carne curada o fermentada. La fermentación de productos de origen vegetal y animal también está determinada por la microbiota asociada a plantas o animales, respectivamente, que, con frecuencia, se mantiene constante en culturas y procesos de fabricación distintos. Por ejemplo, la fermentación de la col y de otras verduras de hoja verde se conoce con nombres distintos en distintas partes del mundo. «Chucrut» en Europa y en América del Norte, *kimchi* en Corea, *suan cai* en China y *sinki* en Nepal; sin embargo, todos estos productos son variaciones sobre un mismo tema y son relativamente homogéneos en cuanto a los microorganismos activos que se usan en su elaboración.

Ahora empezamos a entender la influencia que las dietas fermentadas ejercen sobre el microbioma. En 2021, un equipo de investigación de Stanford informó de un estudio prospectivo de diecisiete semanas de duración en el que se asignó a treinta y seis personas sanas o bien una dieta rica en fibra o bien una dieta rica en alimentos fermentados.[16] Los microbiomas intestinales de sendos grupos presentaron diferencias significativas, y los integrantes del grupo de alimentos fermentados no solo presentaron un microbioma más diverso que los que solo habían consumido fibra, sino que también presentaban niveles inferiores de marcadores inflamatorios circulantes. Esto significa que combinar alimentos fermentados y alimentos ricos en fibra podría ser una vía para optimizar los beneficios que ofrece la fibra por sí sola. En mi opinión, los alimentos fermentados benefician a la salud intestinal, y por tanto se los recomiendo a mis pacientes.

Los productos a base de soja, como el intenso *cheonggukjang* (*natto* japonés), el *doenjang* (pasta de soja), el *ganjang* (salsa de soja) y el *douchi* (pasta de soja china) son de consumo muy habitual en los países de Asia Oriental y se preparan tanto en casa como en las fábricas. La soja se acostumbra a fermentar con bacterias y hongos y, además, produce sus propias moléculas bioactivas, como isoflavonas, soyasaponinas, lignanos, derivados del ácido cinámico, terpenos y esteroles. Se ha informado de que estas moléculas tienen beneficios para la salud, como una reducción del riesgo de sufrir deterioro neurocognitivo y una mejor salud cerebral.[17]

La soja se puede tomar de muchas maneras distintas y cada vez se consume más en su forma líquida, la bebida de soja. Las isoflavonas (los polifenoles de la soja) producen fitoestrógenos endocrinamente activos, como el equol. Las mujeres menopáusicas japonesas o coreanas que consumen abundantes cantidades de leche de soja tienen menos probabilidades de sufrir sofocos, mientras que tanto los hombres como las mujeres que la consumen con regularidad ven reducido el riesgo de sufrir enfermedades crónicas en general. Por ejemplo, los hombres tienen menos riesgo de desarrollar cáncer de próstata. Cabe destacar que no todos somos iguales ante el equol: algunos de nosotros lo podemos metabolizar y otros no, en función de las bacterias que habiten en nuestro intestino. Más de la mitad de las personas japonesas y coreanas producen equol, en comparación con solo una de cada siete personas en Occidente, aunque es cuatro veces más probable que los occidentales vegetarianos produzcan equol en comparación con los omnívoros, probablemente porque consumen más fibra.[18] Sin embargo, parece que la única manera de llegar a producir equol es consumir mucha bebida de soja.[19]

Los desconocidos que conocemos: aditivos

La necesidad de alimentar a ocho mil millones de personas en todo el mundo ha llevado al desarrollo de alimentos nutritivos y seguros que saben mejor y duran más. Añadimos edulcorantes artificiales, azúcares alcohólicos (glicitoles), emulsionantes, colorantes alimentarios, potenciadores de sabor, espesantes, antiaglomerantes y conservantes. Lo cierto es que se sabe muy poco de la relación que establecen con el microbioma, aunque sí que sabemos que la relación existe: los aditivos alimentarios se han asociado a la enfermedad inflamatoria intestinal,[20] a alergias alimentarias y al síndrome del colon irritable.

Los emulsionantes (un tipo de aditivo) se elaboran con productos de origen vegetal, animal y sintético, y se suelen añadir a alimentos procesados como la mayonesa, los helados y los productos horneados, a los que aportan una textura homogénea, además de impedir que se separen y de alargar su vida útil. La FDA considera que, por lo general, son seguros. Los estudios con animales sugieren que pueden influir en la función de la barrera intestinal y reducir la diversidad de la microbiota del intestino, al tiempo que aumentan la cantidad de microbios mucolíticos que erosionan la barrera, como el *Ruminococcus gnavus*. La microbiota intestinal parece ser especialmente vulnerable a los emulsionantes CMC y P80, y los datos experimentales sugieren que podrían aumentar la cantidad de bacterias proinflamatorias.[21] Esta cuestión sigue generando mucha controversia, porque los emulsionantes facilitan la producción de comida barata y accesible. Además, no quiero demonizar el helado, porque me arriesgo a que mis hijos no me lo perdonen jamás.

Parte de la dificultad reside en que el metabolismo de los aditivos varía mucho de una persona a otra. Unos científicos de la Universidad de Míchigan estudiaron cómo la goma xantana, un polisacárido producido por la bacteria vegetal *Xanthomonas campestris* que se usa como espesante, influye en el microbioma intestinal. Observaron que, en los países industrializados, hay personas que pueden metabolizar este aditivo y personas que no. La diferencia reside en la presencia o ausencia de una sola bacteria no cultivada perteneciente a la familia Ruminococcaceae. Y la cosa se complica aún más, porque algunas personas también tienen un microbio llamado *Bacteroides intestinalis*, que no puede consumir la goma xantana, pero que sí puede proliferar alimentándose de los productos de azúcar que generan los Ruminococcaceae.[22] Desconocemos qué significa esta transformación simbiótica para la salud de las personas, pero es muy probable que las interacciones entre los aditivos y el microbioma sean mucho más complejas de lo que sabemos hasta ahora.

¿Y qué pasa si nos gusta la hamburguesa poco hecha? ¿Y si la preferimos casi carbonizada? En lo que al microbioma se refiere, la clave está en el cocinado.

Cocinar para el microbioma

La cocción y la preparación de la comida marcan una gran diferencia para el microbioma. Si bien la cocción mata a los agentes patógenos que podrían estar presentes en la comida, también puede destruir algunas de las propiedades antibióticas naturales que ofrecen los alimentos crudos y sus simbiontes más amables.

Cocinar supone mezclar, batir y calentar los ingredientes, lo que cambia las propiedades físicas de estos. Esto ejercerá un impacto significativo en la capacidad del microbioma para acceder a los componentes de la dieta y metabolizarlos, una vez que hayamos ingerido los alimentos. La cocción de la verdura es especialmente importante, porque los almidones resistentes están encerrados en la matriz alimentaria y, al cocerse, se transforman en gelatina, que es más soluble y digerible. La Universidad de San Francisco demostró el efecto que cocinar los almidones ejerce sobre el microbioma en un estudio en el que se alimentó a ratones con o bien ternera magra orgánica o bien patatas, tanto cocinadas como crudas.[23] Aparentemente, cocinar la ternera no provocó cambios significativos en las comunidades microbianas intestinales. Por el contrario, la cocción ejerció un efecto extraordinario en los animales que recibieron la dieta a base de patata: la diversidad total del microbioma descendió y la proporción relativa de Bacteroidetes (un filo importante en la descomposición de carbohidratos) aumentó. El hecho de que los animales siguieran una dieta menos variada de lo habitual podría explicar en parte la reducción de la diversidad microbiana. Sin embargo, los investigadores también se dieron cuenta de que los ratones en las dietas crudas perdían peso.

Se observó este mismo efecto sobre el microbioma cuando se probaron dietas cocinadas y crudas en voluntarios humanos. Cocinar los alimentos que contenían almidones resistentes podría haber facilitado que el intestino delgado absorbiera más calorías, porque no habría tenido que trabajar tanto para descomponerlos. Y esto es muy importante para la cantina del microbioma: si hay menos comida disponible en el colon, la diversidad se reduce.

Los batidos y otras bebidas que se han puesto de moda ejercen un efecto similar. Ahora, varias compañías venden alimentos preparados en forma de líquido o de polvo que eliminan por completo la necesidad de cocinar y afirman que satisfacen todas las necesidades nutricionales mientras se consumen frente a un ordenador de Silicon Valley. Sin embargo, es muy posible que el contenido de esta dieta líquida sea menos importante que el hecho de que es líquida, porque el tamaño de las partículas de fibra ejerce un efecto importante sobre la absorción, la viscosidad y la tasa de fermentación (que, de hecho, puede aumentar) de esta.

En la práctica clínica, la «nutrición enteral exclusiva» (alimentación administrada exclusivamente en una formulación líquida) se usa para tratar a niños con la enfermedad de Crohn, o enfermedad inflamatoria intestinal. Esta formulación líquida dietética es tan efectiva que se usa en lugar de esteroides. Y, sin embargo, y a pesar de los múltiples estudios que han intentado averiguarlo, aún no se conoce con exactitud el porqué de su eficacia. Un equipo del Centro Médico de la Universidad de Ámsterdam estudió la función del microbioma intestinal como mediador de este efecto como parte de un estudio en el que participaron cuarenta y tres niños. Sorprendentemente, tanto la microbiota como los metabolitos de esta eran distintos en los niños que respondían al tratamiento y en los que no. Por lo tanto, se pudo predecir qué niños mejorarían a partir de las funciones metabólicas de las bacterias presentes en el intestino.[24] La alimentación enteral redujo de un modo drástico la diversidad microbiana, así como los aminoácidos, la trimetilamina y la cadaverina, hasta equipararlos a los niveles del grupo de control, y también redujo el metabolismo de los ácidos biliares.

Es probable que los batidos nutricionales ejerzan un efecto similar y que eso explique por qué facilitan la pérdida de peso. En otras palabras, cambian la función del microbioma, alteran el metabolismo de los ácidos biliares y la producción de metabolitos bacterianos secundarios, y reducen la inflamación. El problema es que la mayoría de nosotros no tenemos la enfermedad de Crohn. Nuestras bacterias simbióticas necesitan alimentos sólidos que descomponer para poder alimentarse a lo largo de redes, y necesitan que ingiramos tanto alimentos crudos como alimentos cocinados. Por esto una dieta alta en fibra es tan importante para la salud. Además, necesitamos la socialización que rodea al cocinado y al comer, porque comer juntos es divertido, bueno para la salud y bueno para compartir microbios. No quiero vivir en un mundo en el que una cena de lujo consista en beber de una botella de plástico mientras cuelgo en Instagram fotos de lo bien que vivo mi vida cuando por dentro muero lentamente de soledad.

Todos deberíamos asumir la responsabilidad de preparar y de cocinar nuestra propia comida si queremos aprovecharla al máximo, por el bien de nuestra salud y de nuestro microbioma.

Tomarse una copa en el bar del microbioma

Es habitual que acompañemos las comidas con alcohol. Con mucho alcohol. Según la Organización Mundial de la Salud, en 2019, la República Checa fue el país con el mayor consumo per cápita de alcohol, con 14,26 litros de etanol puro por persona a lo largo del año: ¡menuda fiesta! Estados Unidos no está tan alcoholizado, pero, aun así, presentó un consumo anual de 9,97 litros por persona.

No cabe duda de que el consumo de alcohol cambia el microbioma, por muchos motivos. En primer lugar, el alcohol contiene muchas calorías, cuya cantidad exacta varía en función de la bebida en cuestión. Por ejemplo, una pinta (550 ml) de cerveza contiene 250 calorías; una copa de vino estándar (175 ml) contiene 130 calorías, y una botella de alcopop, es decir, de coctel pre-preparado, (275 ml) contiene 198 calorías. En segundo lugar, el contenido exacto de carbohidratos y de azúcar de las bebidas alcohólicas es muy variable, y los alcopops, las sidras y las cervezas son los que más contienen. La cantidad consumida, la edad en que se consume (por ejemplo, la adolescencia o la mediana edad), el sexo de la persona que bebe y, lo más obvio, la cantidad consumida desempeñan un papel importante a la hora de determinar las consecuencias para la salud, el nivel de ebriedad y el impacto en el microbioma. Además, como los productores de vino y de cerveza conocen muy bien el microbioma, pues la fermentación es el proceso clave de la producción de alcohol, los subproductos del metabolismo de las bacterias y de los hongos variarán sutilmente en función de las marcas, cada una de las cuales usa su receta secreta.

Dicho esto, un estudio del Reino Unido en el que participaron 916 mujeres demostró que las que bebían vino tinto tenían mayor diversidad intestinal que las que bebían vino blanco, cerveza, sidra o destilados.[25] Cuanto mayor fuera la frecuencia con que se bebía el vino, mayor era el cambio, pero incluso beber de forma ocasional influía en el microbioma. Los consumidores de vino tinto tienen más bacterias del género *Barnesiella* en el intestino, y los cambios en el microbioma del vino tinto se correlacionaban con un índice de masa corporal (IMC) menor. Por supuesto, esto se puede deber a que el vino tinto contiene menos carbohidratos y azúcar.

Sea como sea, la producción de vino tinto incluye la piel de la uva, por lo que contiene diez veces más polifenoles que el vino blanco, y esto beneficia al microbioma del colon. El resveratrol (un polifenol del vino tinto) podría tener beneficios para la salud y sobre el envejecimiento gracias a sus propiedades antiinflamatorias, antioxidantes, antivirales, antifúngicas y anticancerígenas. Estas observaciones son congruentes con muchos estudios epidemiológicos sobre el envejecimiento que sugieren que una copa de vino tinto de vez en cuando es buena para la salud (¡menos mal!).

Los atracones de alcohol reducen la diversidad intestinal tanto en humanos como en animales, aunque es probable que intervengan factores de confusión, porque las noches de farra se suelen asociar a elecciones dietéticas no demasiado recomendables, tampoco. La adicción al alcohol aumenta las probabilidades de desarrollar desnutrición. A pesar de esta limitación, las personas con dependencia del alcohol sufren de inflamación intestinal, y las toxinas bacterianas pueden atravesar el intestino permeable.[26] En un experimento que estudió el microbioma fecal de los babuinos, se administró alcohol con regularidad durante más de doce años a un grupo, mientras que a otro se le administró durante un periodo de tiempo más breve (tres años). La cohorte a largo plazo presentó una mayor pérdida de diversidad en comparación con la cohorte a corto plazo, además de un aumento de microbios patógenos, como los *Streptococcus*. Los bebedores a largo plazo también presentaban señales de inflamación intestinal, a pesar de que la diversidad del microbioma se mantuvo relativamente estable día a día, y se hallaron pocas diferencias entre los animales que bebían durante un periodo de tiempo corto y los de control. Sin embargo, y a pesar de la ecología microbiana estable, los investigadores vieron cambios mucho mayores en las funciones metabólicas del microbioma a medida que los animales pasaban del consumo de alcohol a la abstinencia.[27] Esto significa que, aunque la ecología del microbioma no cambia mucho con la abstinencia tras periodos prolongados de consumo de alcohol, la función del microbioma intestinal sí que cambia a mucho mejor.

El microbioma influye en la capacidad del hígado para detoxificar el alcohol porque, como el paracetamol, influye en la disponibilidad del azufre que las enzimas hepáticas necesitan para descomponerlo. Como el microbioma intestinal contribuye directamente a las lesiones hepáticas derivadas del consumo excesivo de alcohol, también podría ser el objetivo de tratamientos que invirtieran este efecto. Por ejemplo, la bacteria *Enterococcus faecalis*, hallada en el microbioma intestinal de los bebedores, produce citolisina, una toxina específica que daña el hígado y provoca la inflamación conocida como «hepatitis alcohólica». Cuando se trasplantaron a ratones sin gérmenes las heces de pacientes alcohólicos con niveles elevados de esta bacteria, se aislaron fagos de aguas residuales y se administraron para que engulleran los *E. faecalis* y, así, evitaran que la toxina dañara el hígado.[28] Esto no significa que deba beber un vaso de agua residual por cada copa de vino, pero sí que demuestra la posibilidad de modificar el microbioma para prevenir el daño hepático en las personas adictas al alcohol.

Las bacterias intestinales también pueden actuar como nuestra cervecería personal. En 2016, una mujer del estado de Nueva York conducía junto a su marido de camino a casa después de salir a cenar. Se les pinchó una rueda, y cuando la policía se detuvo a ayudar, le hicieron el test de alcoholemia protocolario. Su nivel de alcohol duplicaba el límite legal. La detuvieron por conducir ebria, pero se mantuvo firme en que apenas había bebido nada. Durante el juicio, su defensa argumentó que el microbioma intestinal de la mujer había actuado como una fábrica de cerveza.[29] No es tan absurdo como podría parecer a primera vista. De hecho, se ha informado de varios casos de «síndrome de fermentación intestinal», y la mayoría de ellos se deben a la actividad de levaduras como la *Candida albicans* y la *C. krusei*,[30] que fermentan el azúcar del intestino y lo transforman en etanol.

Si rechaza la copa de alcohol en el bar del microbioma, quizás opte por un refresco. Hágame caso y piénseselo dos veces. Al comienzo del milenio, los refrescos representaban casi el 9 por ciento de la ingesta total de energía del estadounidense promedio. Hoy, en el Reino Unido, se consumen 13,5 millones de litros anuales. En 2015, un grupo de la Universidad Tufts de Massachusetts estimó que, de todas las muertes anuales a escala global imputables a la diabetes y a las enfermedades cardiovasculares, unas 178.000 eran atribuibles exclusivamente al consumo de bebidas azucaradas,[31] y la fructosa tiene mucho que ver en esto, en parte porque también influye en la diversidad microbiana del intestino.

Ahora, veamos si esto es un caso de «todo con moderación» o si, por el contrario, necesitamos un cambio más profundo.

Cambio de menú

La dieta occidental y urbanizada es homogénea, incolora e insípida y rezuma sacarosa, fructosa, carbohidratos con índice glucémico alto, grasas trans, ácidos grasos poliinsaturados omega-6 y sal. Y nos dicen que lo estamos *lovin'*, pero no, no es así. Y nuestro microbioma tampoco está nada encantado. Cuando Cristiano Ronaldo retiró una botella de Coca-Cola de la entrevista tras el partido durante una rueda de prensa en directo en la Eurocopa 2020 y la sustituyó por otra de agua, el valor en bolsa de la empresa cayó en 4.000 millones de dólares. Sin embargo, Coca-Cola no tenía de qué preocuparse. Tal y como Uber Eats nos recuerda sin rubor alguno, estamos químicamente enganchados a la grasa y al azúcar, así que las acciones se recuperaron en un abrir y cerrar de ojos.

En el siglo XXI, mantenemos una relación paradójica con la comida: nunca hemos tenido tanta y jamás hemos desperdiciado tanta. Algunos de nosotros no podemos dejar de comer y necesitamos una intervención quirúrgica para parar, mientas que hay a quienes se alimenta en contra de su voluntad. En los países desarrollados, somos incapaces de ponernos de acuerdo sobre qué es una dieta saludable, mientras que en los países de rentas bajas y medias la gente se muere de hambre. La desigualdad alimentaria es una tragedia moderna, y la seguridad alimentaria es una crisis global inminente. Los atletas de élite miden hasta el último componente de su dieta con precisión de microgramos para asegurarse un desempeño máximo, mientras que los enfermos de cáncer no saben qué comer que los ayude a recuperarse. No entendemos cómo la mayoría de los alimentos (y no digamos ya los microbios) causan enfermedades, y nuestra sociedad está llena de gente que vive en extremos nutricionales. Y todo esto nos parece de lo más normal.

Se trata de retos gigantescos y multifactoriales. Sin embargo, el microbioma nos ofrece un punto de vista nuevo desde el que empezar a diseñar soluciones inversas para algunos de los mayores problemas nutricionales. La ciencia del microbioma nos deja claro que tanto el entorno como nuestro intestino necesitan que adoptemos dietas sostenibles y basadas en alimentos de origen vegetal que insistan en el consumo de fruta, verdura, frutos secos, semillas, aceites, cereales integrales y legumbres, con cantidades pequeñas o moderadas de carne, pescado, marisco, huevos, productos lácteos y vino. Necesitamos menos refrescos y más vino tinto (con moderación, claro). Antes, también hemos de averiguar cómo podemos incluir la ciencia del microbioma en la ciencia de la gastronomía. Esto implica desarrollar una cocina sostenible que apunte de manera selectiva al microbioma, no solo para nuestra salud, sino también para intensificar la experiencia sensorial y la alegría de comer. Esto exige «personalizar» las dietas basándose en un análisis de la comida, del microbioma y de los genes.

Si lo conseguimos, la comida tendrá un sabor increíble. Si no, todos necesitaremos un menú de TMF. ¡Que aproveche!

TERCERA PARTE

El metahumano

CAPÍTULO

14

Fenotipos extremos

Los quirófanos donde se llevan a cabo las intervenciones de cirugía bariátrica reúnen la innovación puntera para la pérdida de peso y han transformado el futuro de muchos pacientes que vivían vidas llenas de desesperación y desdicha y nada saludables. Estar en un centro de cirugía bariátrica es como estar en otro planeta, donde todo es igual que en este, solo que tres veces más grande. Las sillas de la sala de espera son como camas dobles, y las colosales camillas de quirófano están reforzadas para poder soportar de forma segura a pacientes que superan los 200 kg de peso durante la intervención. La longitud de los instrumentos quirúrgicos duplica la habitual, porque han de superar la gruesa capa de grasa subcutánea que protege el estómago y el intestino delgado. O bien se reduce el tamaño del estómago con bandas o con grapas gástricas, con el objetivo de limitar el volumen de comida que puede contener, o bien se reempalma con precisión el comienzo del intestino delgado para inducir quirúrgicamente un estado de malabsorción. Cada vez que pongo un pie en este entorno me pregunto cómo hemos llegado hasta este punto.

Al comienzo del siglo XX, el tsunami de la obesidad había empezado a cobrar impulso y a arrastrar bajo el agua fría y oscura a todo el que seguía una dieta occidentalizada rica en grasas y en proteínas y baja en fibra. En 2016, más de 1.900 millones de adultos tenían sobrepeso, y 650 millones eran obesos. En 2017, la obesidad fue la causa del 8 por ciento de las muertes en todo el mundo.[1] Durante la pandemia, los CDC estadounidenses informaron de que el índice de masa corporal (IMC) de las personas de entre dos y diecinueve años de edad se había duplicado al tiempo que perdíamos el acceso a las redes de apoyo social y hacíamos lo que podíamos para sobrellevar la situación.[2] El resultado ha sido una pandemia dentro de otra pandemia: la «covesidad» ha hecho que la carga literal y figurada de obesidad que soportan nuestros hijos sea más pesada que nunca.

No nos engañemos. La pandemia de obesidad es una crisis global que hemos creado nosotros, y quienes están pagando el mayor precio por nuestra incapacidad para impedirlo son nuestros hijos y los miembros más desfavorecidos de la sociedad. Sin embargo, los motivos exactos de esta crisis no son tan simples como nos gustaría pensar, y creo firmemente que nadie elige ser obeso. Si bien la teoría termodinámica de la obesidad afirma que engordamos porque comemos más, no explica por qué hay personas más vulnerables a la obesidad o por qué hay personas obesas que desarrollan diabetes y otras que no. Aunque la obesidad tiene un componente genético, los genes solo explican una pequeñísima parte del riesgo genético global, que es de aproximadamente un 20 por ciento para la diabetes tipo II y menos del 5 por ciento para el IMC. Incluso los llamados «genes de la gordura», como el FTO, explican menos del 3 por ciento de la variación del IMC en la población. Por lo tanto, la teoría termodinámica es una hipersimplificación de la biología y solo ha servido para perpetuar el tropo de que la obesidad es una combinación de holgazanería y gula. Ha garantizado que se acose a los niños obesos hasta la edad adulta y ha promovido una cultura que avergüenza a las personas con sobrepeso desde el altavoz de las mismas agencias de publicidad que venden comida rica en grasa a nuestros hijos.

La obesidad es una crisis tan perniciosa porque la inflamación es la vía biológica común que causa sus problemas de salud asociados. Es la misma vía que promueve el desarrollo de casi todas las enfermedades crónicas, como las enfermedades cardiovasculares o el cáncer, e influye incluso en la susceptibilidad a las infecciones agudas. Tal y como el entonces primer ministro británico Boris Johnson vivió en sus propias carnes, la obesidad empeoró drásticamente el resultado de las personas que contrajeron COVID-19. De los 2,5 millones de muertes por COVID-19 informadas a finales de febrero de 2021, 2,2 millones se habían dado en países donde más de la mitad de la población tenía sobrepeso.[3]

El microbioma ha sido el intermediario biológico en la carrera a la hiperglobalización, que ha llevado a la humanidad a extremos nutricionales y metabólicos y que definirá nuestro riesgo futuro de desarrollar enfermedades crónicas. Entender cómo y por qué el microbioma es tan importante en el desarrollo de la obesidad es crucial a la hora de decidir cómo afrontar esta crisis.

El microbioma obeso

En 2004, Fredrik Bäckhed y Jeff Gordon, pioneros del microbioma de la Universidad de Washington, publicaron las conclusiones de un estudio que cambió de una manera fundamental cómo pensamos acerca de la obesidad. En este estudio, se extrajeron microbios de ratones obesos criados convencionalmente y se transfirieron a ratones sin gérmenes. La transferencia provocó un asombroso aumento del 60 por ciento de la grasa corporal en los animales sin gérmenes. Los científicos demostraron que la obesidad afecta a la diversidad del microbioma intestinal y que los animales obesos experimentaban una reducción del 50 por ciento en la cantidad de Bacteroidetes y un aumento equiparable de Firmicutes. Estas conclusiones sugieren la posibilidad de manipular la estructura comunitaria del microbioma ya sea para aumentar de peso o para regular el equilibrio energético en personas obesas. Esto sucede porque la microbiota promueve la absorción de monosacáridos en el intestino y activa la producción de grasa en el hígado. Varios experimentos posteriores demostraron que la microbiota no solo influye en cómo se almacena la grasa, sino también en cómo se quema.

En 2013, el equipo de Jeff Gordon publicó sus datos en relación con esto. Estudiaron los microbiomas de pares de gemelas idénticas, en los que una era obesa y la otra, delgada. (Si los genes fueran los únicos responsables de la obesidad, esta situación sería muy poco probable). Transfirieron los microbiomas de las gemelas a ratones sin gérmenes, a quienes se alimentó con pienso para ratones bajo en grasa así como dietas que representaban distintos niveles de grasas saturadas y la proporción de fruta y verdura representativa de la dieta estadounidense. Los ratones que recibieron el trasplante fecal de la gemela obesa desarrollaron obesidad, al contrario que los que recibieron la microbiota de la gemela delgada. Gordon y su equipo descubrieron que la obesidad y las consecuencias metabólicas de esta se podían transmitir entre individuos de la misma especie y que esto podía suceder incluso entre especies distintas, como un ratón y un ser humano. Aún más sorprendente, cuando los ratones con la microbiota de la gemela obesa pudieron convivir con los que portaban el microbioma de la gemela delgada, la obesidad se prevenía gracias a la transferencia de Bacteroidetes entre los distintos ratones. Estos estudios pioneros nos permitieron entender que la dieta occidentalizada había obligado al microbioma a volverse altamente eficiente en la captación de energía. El cambio había sido tan drástico que abrumó a las defensas genéticas que pudiéramos tener ante esta situación, y las consecuencias han sido devastadoras para las personas con susceptibilidad genética. De repente, la posibilidad de apuntar al microbioma para prevenir o tratar la obesidad parecía real.

Sin embargo, la obesidad es una enfermedad muy compleja que está muy relacionada con una amplia variedad de trastornos metabólicos, como la diabetes o la enfermedad cardiovascular, trastornos que las personas con sobrepeso experimentan de distintas maneras. Por lo tanto, no basta con analizar la diversidad del microbioma para explicar de forma exhaustiva las consecuencias metabólicas de la obesidad. En realidad, el microbioma regula el metabolismo de la comida, el control de la energía del huésped, la acumulación de grasa y la integridad de la barrera intestinal mediante funciones moleculares compartidas. Y hay indicios de que algunas cepas concretas desempeñan un papel más importante que otras en este proceso. Por ejemplo, la obesidad se asocia a la reducción de bacterias mutualistas como la *Akkermansia muciniphila*, que mejora la función de la barrera intestinal y la sensibilidad a la insulina. Por otro lado, aún no se entiende del todo la importancia que tienen para nuestra susceptibilidad a la obesidad los microbios que perdemos. Por lo tanto, la función del microbioma en el proceso causal de la obesidad tiene muchos matices.

El cometabolismo microbiano de la hamburguesa de queso, por ejemplo, influye también en qué pensamos y sentimos respecto al siguiente plato de comida que queremos comer, incluso antes de que lo digiramos. Esto sucede porque el microbioma intestinal cambia las conductas de búsqueda de comida mediante el eje intestino-cerebro.

Por ejemplo, los cometabolitos microbianos actúan directamente sobre el hipotálamo, una región del cerebro que media la respuesta hedonista a la comida mediante la producción de neurotransmisores como la serotonina o el GABA. El microbioma ha sido uno de los factores responsables de la adicción actual a la comida dulce y grasa.

Los BCAA (de la hamburguesa), los ácidos grasos de cadena corta (de las verduras) y los ácidos biliares (de la comida grasa) que coproducen las bacterias intestinales modifican el apetito actuando sobre el cerebro.[4] Y también lo hacen en el intestino. Los ácidos grasos de cadena corta se comunican con las células que revisten el intestino para que secreten hormonas (llamadas PYY y GLP-1) que supriman la sensación de hambre, lo cual no es sino otro motivo más para comer verdura.[5] Las bacterias intestinales también influyen directamente en las señales de hambre porque interfieren con la función de otras dos hormonas del apetito importantes: el freno, que es la leptina (supresora del apetito), y el acelerador, o ghrelina (hormona del hambre), que envían señales al intestino mediante el nervio vago.

Por ejemplo, la fructosa sintética (que encontramos en los refrescos y en la comida basura) promueve la obesidad, pero no por su efecto calórico. Primero, interfiere con cómo los adipocitos usan la energía y, luego, induce directamente la resistencia a la leptina que secretan los adipocitos. En otras palabras, engaña al cerebro para que piense que el cuerpo siempre tiene hambre, de modo que seguimos comiendo. La resistencia a la leptina se asocia a una pérdida de riqueza bacteriana en el intestino, y tanto la fructosa como la glucosa inhiben la colonización del intestino por parte de bacterias simbióticas como *Bacteroides thetaiotaomicron*, más abundantes en el intestino de personas delgadas y sanas. En conjunto, todos estos factores promueven la inflamación y dañan el ciclo de manipulación del apetito por parte del microbioma. De todas formas, la insulina es la hormona más importante en todo este proceso.

Síndrome metabólico

La insulina es la principal hormona encargada de regular el nivel de azúcar en sangre. La diabetes tipo I es una enfermedad autoinmune que se suele presentar en personas jóvenes, delgadas y con susceptibilidad genética. Tanto el sistema inmunitario innato como el adaptativo se activan cuando no corresponde y promueven el avance de la enfermedad, que se debe a la destrucción de las células beta pancreáticas, un tipo de célula especializada que, entonces, deja de producir insulina. Esto significa que el paciente se ha de tratar con insulina durante toda la vida. La estructura y la función de la microbiota intestinal de los pacientes con diabetes tipo I o con riesgo de desarrollarla son marcadamente distintas a las de las personas que no padecen la enfermedad. Las personas con diabetes tipo I también presentan índices superiores de permeabilidad e inflamación intestinales. Entonces, ¿influye el microbioma en el riesgo de desarrollar diabetes tipo I en niños con susceptibilidad genética a esta enfermedad? ¿Por qué nos puede ayudar esto a entender cómo el microbioma promueve la obesidad? Estudiar regiones geográficas diferenciadas nos puede ofrecer alguna pista.

Karelia es una región boscosa de una belleza extraordinaria. Está en el norte de Europa y tiene importancia política para Finlandia, Rusia y Suecia. Su historia es turbulenta y, en la actualidad, la región está repartida entre la República de Karelia, en el noroeste de Rusia, y Finlandia. La incidencia de la diabetes tipo I entre los niños que crecen en el lado finlandés es entre cinco y seis veces superior a la de los niños que crecen en el lado ruso contiguo, y además presentan un riesgo mayor de desarrollar alergias. En la cercana Estonia, que está entre Rusia y el golfo de Finlandia, también se ha empezado a detectar el aumento de la incidencia de la diabetes tipo I, en paralelo al desarrollo económico del país. Un análisis reciente de los microbiomas intestinales de bebés de la región descubrió que las especies de *Bacteroides* aparecen en menores cantidades en bebés rusos, pero dominan entre los finlandeses y los estonios, cuyo microbioma también contiene más genes que codifican para lipopolisacáridos (que se pueden comportar como toxinas) y otros que intervienen en la producción de moléculas bioactivas.[6] La estructura de estas endotoxinas, producidas por los *Bacteroides dorei*, es distinta a la de las producidas por la *Escherichia coli*, la endotoxina predominante en los intestinos rusos. Las bacterias intestinales finlandesas y estonias habían conseguido silenciar a la *E. coli,* que, de otro modo, podría haber educado al sistema inmunitario y, quizás, haber prevenido la aparición de la diabetes tipo I. En otras palabras, el aumento de la diabetes tipo I se asocia a la pérdida de bacterias filamentosas segmentadas que contribuyen al mantenimiento de la barrera intestinal y regulan la inflamación. Otros estudios animales han corroborado esta conclusión.[7] Por ejemplo, cuando se corrige con insulina un nivel elevado de glucosa en sangre en ratones, el microbioma no cambia. Por el contrario, cuando se administra un fármaco antiinflamatorio, el microbioma cambia y el nivel de glucosa en sangre se normaliza.

Tal y como hemos ido viendo a lo largo del libro, el microbioma tiene una enorme chistera de trucos que le permiten regular la inflamación en el intestino, de modo que es muy probable que haya otras maneras en que el intestino intervenga en el desarrollo de la diabetes. Por ejemplo, produce grandes cantidades de metabolitos antiinflamatorios (los ácidos grasos de cadena corta de los que ya hemos hablado) que se sabe que ejercen un efecto protector en la aparición de la diabetes tipo I humana temprana.[8] También es probable que la materia oscura del intestino desempeñe un papel importante en todo este proceso. Por ejemplo, se han encontrado virus intestinales en las células pancreáticas que producen la insulina, y la velocidad a la que estos virus se replican, así como su patogenicidad, se han relacionado con la autoinmunidad. Por ejemplo, la probabilidad de que los niños pequeños con una exposición prolongada y a lo largo de varios años al enterovirus B y menos exposiciones al mastadenovirus C desarrollaran cambios autoinmunes en las células beta pancreáticas era mayor, si bien este aumento no se tradujo en índices superiores de diabetes tipo I.[9]

La diabetes tipo II es muy distinta a la diabetes tipo I, tanto en términos de causas como de síntomas. Se estima que, para 2030, 643 millones de personas padecerán diabetes tipo II,[10] una enfermedad crónica íntimamente relacionada con la obesidad y que se suele deber a la resistencia a la insulina, que provoca el aumento del nivel de glucosa en sangre. Los distintos tipos de grasa con los que todos contamos, así como su distribución en el cuerpo, son determinantes clave en la resistencia a la insulina, y el IMC (el peso dividido entre la estatura) no es una medida especialmente precisa ni de la salud metabólica ni de la severidad de la obesidad. En realidad, la diabetes tipo II aparece en un punto de inflexión, cuando el páncreas no produce la insulina suficiente y la que secreta no puede reducir la cantidad de glucosa en los tejidos, porque estos se han vuelto resistentes. Es posible que en la diabetes tipo II se den en el intestino funciones bacterianas similares, aunque menos severas, a las que perturban el sistema inmunitario y lo llevan a detener la producción de insulina en las personas con diabetes tipo I.

Los estudios sobre el microbioma justo empiezan a proporcionar cierta información sobre los diabéticos tipo II. Un análisis reciente en el que participaron más de 2.166 neerlandeses que representaban muchos de los factores de confusión ambientales que influyen en el microbioma confirmó que las personas con diabetes tipo II tienen un microbioma menos diverso y producen menos butirato en el intestino, en comparación con personas no diabéticas del mismo sexo y edad.[11] ¿Por qué sucede esto? ¿Es todo culpa de la alimentación?

No. Como ya habrá supuesto a estas alturas, los antibióticos no solo promueven el crecimiento en animales, también lo hacen en humanos. Se estima que un 80 por ciento de todos los antibióticos que se consumen en Estados Unidos se usan en el pienso de animales destinados al consumo humano, por lo que estos medicamentos impregnan nuestro mundo. Los datos epidemiológicos han demostrado que la duración del uso de antibióticos se correlaciona estrechamente con el riesgo de desarrollar diabetes tipo II, sobre todo en mujeres.[12] En ratones, los antibióticos reprograman las células del intestino para que usen el azúcar, en lugar de los ácidos grasos de cadena corta, como fuente de energía principal.[13] Los antibióticos modifican las conductas de búsqueda de comida, la forma en que el páncreas secreta sus hormonas, el metabolismo de la bilis y todas las demás vías metabólicas a lo largo de la gran superautopista química que es el intestino. Por eso se han probado, con éxito, como tratamiento para la desnutrición.[14] En muchos aspectos, somos como gallinas en batería, atiborradas de carbohidratos y de productos antibióticos que promueven el crecimiento, incapaces de imaginar un mundo más allá del matadero.

El momento en que aparece la inflamación intestinal es de extrema importancia en la relación causal de la obesidad y de la diabetes, y es muy posible que tenga lugar mucho antes de lo que se pensaba hasta ahora, mediante el proceso de señalización orquestal. Por ejemplo, la pérdida de bacterias que producen ácidos grasos de cadena corta en el intestino de mujeres embarazadas que siguen una dieta rica en grasas tiene consecuencias importantes para los bebés en desarrollo. Los metabolitos de los ácidos grasos de cadena corta no solo suprimen la señalización de la insulina y reducen el depósito de lípidos, lo cual protege a la madre, sino que también pueden atravesar la placenta y llegar al embrión; el propionato, un metabolito concreto, programa la señalización de insulina y el desarrollo del sistema nervioso simpático en el bebé en el útero.[15] La buena noticia es que una dieta rica en fibra bastó para corregir esta situación en un modelo animal, aunque también significa que la programación del metabolismo en etapas muy tempranas de la vida es de una importancia vital para la salud a largo plazo.

Las implicaciones del proceso inflamatorio de bajo nivel que sucede en el intestino en presencia de obesidad o de diabetes tipo II son importantes para todos los aspectos de la salud. En primer lugar, es muy probable que alteren el eje intestino-cerebro y exacerben la naturaleza adictiva de la comida. Varios modelos experimentales con ratones sugieren que las dietas ricas en grasa y en azúcares refinados provocan inflamación en el intestino delgado y alteran el metabolismo del triptófano, lo que aumenta los factores de crecimiento y los neurotransmisores en el hipocampo, que es la parte del cerebro responsable de conectar los sentidos y las emociones con la memoria. A su vez, esto modifica las conductas exploratorias y de ansiedad en ratones.[16] Sin embargo, la inflamación afectará a todos los ejes intestino-órgano principales del cuerpo, lo cual afecta de forma sustancial el riesgo de desarrollar enfermedades cardiovasculares.

En 1988, el endocrinólogo estadounidense Gerald Reaven propuso que la obesidad en la que la grasa se acumula alrededor de los órganos internos (obesidad central), la diabetes y la hipertensión arterial estaban relacionadas y formaban parte de una misma enfermedad, a la que llamó «síndrome X» o «síndrome metabólico». Casi 1.000 millones de personas de todo el mundo padecen ahora este síndrome, que se diagnostica a pacientes que presentan tres o más de las siguientes enfermedades: obesidad central, hipertensión arterial, hiperglucemia (nivel elevado de glucosa en sangre), hipertrigliceridemia (niveles elevados de lípidos malos en sangre) y pocas lipoproteínas de alta densidad (lípidos protectores). La pregunta principal que nos hemos de hacer es: ¿interviene el microbioma en el desarrollo de los distintos componentes del síndrome metabólico actuando en una vía común a todos ellos?

Para poder responder, antes hemos de entender la importancia del hígado.

El hígado inflamado: eje intestino-hígado

El hígado, una central metabólica y el único órgano del cuerpo humano con un potencial metabólico superior al del microbioma intestinal, es el responsable de gran parte de lo necesario para nuestra supervivencia. Procesa la hemoglobina, regula la coagulación sanguínea, controla la síntesis de aminoácidos, detoxifica el amoniaco, metaboliza los fármacos, produce colesterol y bilis y transforma la glucosa en glucógeno para poder almacenarla de forma segura. Casi todo lo que ingerimos pasa por el hígado antes o después, por lo que este órgano es fundamental para la regulación de la composición de la microbiota intestinal, la integridad de la barrera intestinal y la salud del sistema inmunitario. Si el intestino falla, fallará el hígado, y viceversa. Por eso, el metabolismo de la comida basura por parte del microbioma desempeña un papel clave en el desarrollo de las enfermedades hepáticas, que, a su vez, definen el riesgo de desarrollar obesidad y diabetes. Ahora empezamos a entender el papel que desempeñan los distintos componentes de la comida basura en este proceso. Y no es lo que está pensando.

Los azúcares sintéticos, como la fructosa, inflaman el intestino. Entonces, las bacterias y las endotoxinas llegan al hígado, donde promueven la acumulación de grasa (esteatosis), inflamación y, en última instancia, fibrosis hepática irreversible, cirrosis e insuficiencia hepática.

La enfermedad del hígado graso no alcohólico (EHGNA) es la enfermedad hepática crónica más común en todo el mundo y es el resultado de este proceso. Afecta a un 25 por ciento de la población adulta global y a aproximadamente el 70 por ciento de los pacientes de diabetes tipo II. Los pacientes con EHGNA tienen un microbioma menos diverso que las personas que no la padecen y también presentan un microbioma fecal con una composición distinta a la de quienes tienen un trastorno leve. Datos recientes sugieren que los pacientes con EHGNA tienen una colección de hongos muy concreta en el intestino y que, en concreto, la *Candida albicans* desempeña un papel importante en la regulación de la respuesta inmunitaria del intestino que promueve el daño hepático. Cuando los investigadores colonizaron el intestino de ratones sin gérmenes con las heces de pacientes con EHGNA y les administraron una dieta occidental rica en grasas durante veinte semanas, indujeron que la grasa se depositara en el hígado (esteatohepatitis). Cuando se les administraron fármacos antifúngicos, el hígado dañado mejoró.[17] El mero hecho de que los hongos puedan proliferar así en estos pacientes sugiere que algo va mal en la ecología del intestino, porque significa que la *C. albicans* ha podido superar a sus competidores.

Por desgracia, no solo maltratamos el hígado con azúcares refinados y con alimentos ricos en grasa; también bebemos, y 140.000 personas mueren cada año como consecuencia de un consumo de alcohol excesivo solo en Estados Unidos. Las enfermedades asociadas al hígado graso alcohólico tienen mucho en común con el EHGNA: se dan cambios similares en la ecología y en la permeabilidad del intestino, además de alteraciones en los niveles de ácidos biliares y en los metabolitos del etanol y de la colina, así como una respuesta inmunitaria local en el hígado. Algunos investigadores se han preguntado si el microbioma intestinal podría contribuir al desarrollo del hígado graso no alcohólico produciendo su propio alcohol. Un equipo de científicos chinos analizó las heces de cuarenta y tres personas con EHGNA y las de cuarenta y ocho personas sanas y encontró que, en comparación con los participantes sanos, los pacientes con EHGNA tenían cantidades significativamente mayores de *Klebsiella pneumoniae*, una cepa de bacterias productoras de alcohol.[18] Cuando se administraron estas cepas bacterianas a ratones como parte de un estudio con TMF, los animales desarrollaron EHGNA. Si las bacterias se eliminaban antes del trasplante, la enfermedad no aparecía. Nuestro microbioma está literalmente borracho.

Entonces, ¿cómo podemos revertir los cambios en el eje intestino-hígado que tanto daño nos causan mediante la inflamación, las lesiones hepáticas y el aumento de peso? Dejar de beber y hacer dieta es la estrategia obvia, y hay muchas dietas entre las que elegir. Pero debe elegir bien, porque el impacto que las dietas radicales ejercen sobre el microbioma puede tener consecuencias no deseadas. Las dietas ricas en proteína y bajas en carbohidratos, como la dieta Atkins o la dieta keto (rica en grasas y baja en carbohidratos), que ahora se han puesto de moda, han ayudado a muchas personas a perder peso. Funcionan porque hacen que el cuerpo, en lugar de depender de la glucosa, se sirva de moléculas hidrosolubles producidas por los cuerpos cetónicos, unos ácidos grasos hepáticos. Este proceso reduce drásticamente la resistencia a la insulina y promueve una pérdida de peso rápida. No obstante, que promuevan la pérdida de peso no significa que sean «sanas». Más allá de efectos secundarios como la «gripe keto», la niebla mental, la diarrea o el estreñimiento, el aumento de la frecuencia urinaria y los déficits vitamínicos, estas dietas inflaman el intestino, porque cuando la grasa o la proteína animal son las fuentes de energía principales para el microbioma, este genera citotoxinas y subproductos que dañan el hígado y aumentan el riesgo de desarrollar enfermedades crónicas como el cáncer, tal y como Stephen O'Keefe demostró en su estudio (véase pág. 266).

Para ser exitosas y sostenibles, las estrategias para perder peso necesitan fibra y equilibrio, con algunos carbohidratos, y el objetivo debería ser reducir la inflamación intestinal. Esto explica, en parte, la efectividad del ayuno intermitente. Sin embargo, la verdadera clave para una pérdida de peso sostenible y basada en la alimentación es un cambio conductual sostenido, para lo cual es mucho más valioso centrarse en el eje intestino-cerebro.

El trasplante fecal podría ser una estrategia mejor que la cirugía. Los primeros ensayos con TMF en pacientes con síndrome metabólico han empezado a demostrar mejoras en la sensibilidad a la insulina. Un grupo de Ámsterdam también pudo derivar de estos estudios una cepa probiótica (*Anaerobutyricum soehngenii*) que, al parecer, presenta una correlación sólida con este resultado. Cuando se usó esta cepa en un ensayo controlado aleatorizado en el que participaron doce personas con síndrome metabólico, el control glucémico mejoró al cabo de solo veinticuatro horas.[19] Esta bacteria concreta influye en una hormona reguladora del apetito, la GLP-1, presente en el duodeno, que desempeña una función importante en la secreción de insulina. Esto significa que quizás tampoco sea necesario practicar un TMF completo, y que el tipo de bacterias presentes en la muestra del donante es crucial.

Otro elemento clave para el éxito (o fracaso) del TMF es qué come el paciente después de haberlo recibido. Un estudio reciente con una muestra de setenta pacientes obesos con síndrome metabólico asignados aleatoriamente a un TMF y a dieta con fibra muy fermentable o poco fermentable demostró que la resistencia a la insulina mejoró significativamente en el grupo asignado a la dieta con fibra poco fermentable (celulosa).[20] Esta observación fue independiente de la dieta o de los medicamentos. Es posible que la celulosa mejorara el método de administración o promoviera los injertos o que incluso facilitara la proliferación de microbios beneficiosos.

De todos modos, ¿depende todo de la dieta o hay otras conductas importantes a la hora de optimizar el microbioma para la pérdida de peso o la prevención de la obesidad?

El microbioma sedentario

La cantidad de actividad física que la persona promedio lleva a cabo ha disminuido de forma constante de la mano de la urbanización y de la digitalización. Un análisis de la OMS sobre 1,9 millones de participantes de 168 países concluyó que más de una cuarta parte de la población mundial no alcanza el nivel necesario de actividad física, definido como al menos 150 minutos semanales de actividad de intensidad media o 75 minutos semanales de actividad de intensidad elevada. ¿Cómo afecta esto a la salud metabólica? ¿Influye en el microbioma el nivel de actividad física?

Invertimos la mayor parte de la ingesta calórica diaria en el mantenimiento de la tasa metabólica basal, que necesita mucho combustible. La cantidad de calorías que «quemamos» durante el ejercicio es deprimentemente pequeña en comparación con este trabajo, aunque depende del tipo y de la duración del ejercicio que se lleve a cabo. La buena noticia es que el ejercicio mejora significativamente casi todos los aspectos de la salud e influye en la función del microbioma, lo que también nos beneficia de múltiples maneras.

En primer lugar, el ejercicio regular altera la capacidad del microbioma para metabolizar la comida. Por ejemplo, los ratones a los que se permite correr de forma voluntaria en una rueda experimentan un aumento de la diversidad del microbioma intestinal, del tamaño del intestino ciego y del potencial metabólico del microbioma, lo que resulta en más ácidos grasos de cadena corta antiinflamatoria en las heces. Y esto es bueno tanto para el intestino como para el cerebro.[21] Y, cuanto más ejercicio se haga, mejor: la diversidad es mayor cuando se obliga a los ratones a hacer ejercicio a diario que si solo lo hacen cuando les apetece. Esto significa que debería volver a contratar a su entrenador personal, porque es muy posible que la motivación le cambie el microbioma. La mala noticia es que si no cuida de su microbioma, su potencial para la actividad física se verá afectado. Por ejemplo, los antibióticos reducen las conductas de ejercicio voluntario en «ratones atléticos» criados específicamente para correr, lo cual significa que exacerban las conductas sedentarias en sujetos obesos.[22]

En el ser humano, los beneficios del ejercicio físico sobre el microbioma variarán en función de qué haya en el motor cuando se empieza a hacer ejercicio, del estado fisiológico de la persona que hace ejercicio y de la dieta que siga. En comparación con las personas obesas, es más probable que las personas delgadas experimenten cambios en la diversidad del microbioma, sobre todo si hablamos de periodos de actividad física cortos, de unas seis semanas. Esto significa que parece que a las personas obesas les cuesta mucho más que el microbioma intestinal active el modo quemagrasas cuando empiezan a hacer ejercicio y que, además, los cambios conseguidos desaparecerán en cuanto dejen de hacerlo. Sin embargo, no hay que perder la esperanza: si persevera, el microbioma acabará respondiendo.

En un estudio en el que participaron diecinueve mujeres que se sometieron a un entrenamiento de resistencia de seis semanas, los investigadores hallaron cambios taxonómicos claros en los microbiomas de las participantes. Los cambios fueron independientes de la edad, del peso, del porcentaje de grasa y de la ingesta calórica o de fibra, y consistieron en un aumento de las *Akkermansia muciniphila* y una reducción de las Proteobacteria.[23] El estatus menopáusico no influyó en estas observaciones. Otros estudios de cohortes similares han identificado que las Prevotellaceae se correlacionaban positivamente con el nivel máximo de potencia durante el ejercicio y que las Christensenellaceae se correlacionaban negativamente con los cambios en el peso.[24] Resulta interesante que, hace poco, se haya propuesto que las cepas probióticas de la familia Christensenellaceae podrían actuar contra la obesidad por sí solas.[25] En conjunto, los cambios observados en los taxones microbianos llevaron a que se pudiera predecir a quién beneficiaría el ejercicio y a quién no basándose en un análisis de la microbiota previo a la intervención. También sugiere que podría haber cierto dimorfismo de género en cómo el microbioma responde al ejercicio, aunque podemos decir que el ejercicio beneficia a personas de todas las edades y de ambos géneros y que en los niños se observan efectos similares.

Las dietas y el ejercicio no bastan para algunos de los miembros de la sociedad que viven en los extremos de la obesidad o de la susceptibilidad metabólica y que presentan un riesgo elevado de sufrir daños graves como consecuencia de la diabetes o de las enfermedades cardiovasculares. Estos pacientes necesitan un abordaje más radical.

Cirugía para el microbioma obeso

La cirugía para la pérdida de peso actúa a través de una combinación de restricción calórica, alteración de la función de las hormonas intestinales, alteración de las señales de los ácidos biliares y cambios en el microbioma intestinal. Es más efectiva que la medicación actual para controlar la resistencia a la insulina, y varios estudios escandinavos con muestras grandes han demostrado que la probabilidad de supervivencia y de una vida más longeva aumenta en las personas con obesidad mórbida que se someten a la cirugía en comparación con las que no, aunque la cirugía no consigue equiparar la tasa de supervivencia de estas personas con la de personas delgadas.[26] En teoría, la cirugía bariátrica es la solución perfecta para una crisis global.

Romper un sistema complejo siempre tiene consecuencias no deseadas, por cuidadosamente que se haya llevado a cabo dicha destrucción. La cirugía bariátrica no solo modifica la anatomía del estómago y del intestino delgado, así como sus microbiomas respectivos, sino que afecta a todos los nichos microbianos del cuerpo. Los cambios son especialmente drásticos en el intestino y siguen un patrón similar en animales y en humanos. Hay grandes cambios en los principales filos intestinales, con un aumento del nivel de Proteobacteria y una reducción del nivel de Firmicutes y de Bacteroidetes. La ecología alterada del microbioma y del cometabolismo de los ácidos biliares es importante a la hora de explicar por qué esta cirugía funciona tan bien. Lo es tanto que, de hecho, analizar el microbioma permite predecir quién recuperará peso después de la intervención. Y, en los modelos animales de cirugía bariátrica, los antibióticos reducen la cantidad de peso que se pierde después de la operación.

Estos cambios en el microbioma tienen ramificaciones metabólicas importantes para la salud del intestino a largo plazo. Por ejemplo, después de la intervención, el microbioma pasa a fermentar una cantidad de proteínas mucho mayor, y parte de los subproductos tóxicos resultantes de este proceso dañan los genes de las células del revestimiento intestinal. Es posible que este sea uno de los mecanismos que explican las conclusiones de una base de datos escandinava de cirugía bariátrica que sugieren que la cirugía para la pérdida de peso aumenta el riesgo de desarrollar cáncer de colon,[27] algo sorprendente, dado que la obesidad es uno de los principales factores de riesgo para el cáncer intestinal. La cirugía bariátrica también cambia todas las importantísimas cascadas de señalización metabólica y proteómica, conocidas y por conocer, que avanzan por la superautopista química intestinal, con las consiguientes implicaciones en los ejes intestino-cerebro, intestino-hígado e intestino-pulmones. Así como los microbios metabolizan las medicinas, la cirugía también altera nuestra susceptibilidad a la toxicidad y a los efectos secundarios de los fármacos. Y es posible que haya otras implicaciones aún más importantes.

La prevalencia de microbiomas vaginales con predominio de *Lactobacillus* es inferior en mujeres obesas, que presentan una prevalencia mayor de microbiomas vaginales muy diversos y niveles mayores de inflamación local. Después de la cirugía bariátrica, las mujeres que experimentan la mayor pérdida de peso en seis meses son las que tienen más probabilidades de contar con un microbioma vaginal con predominio de *Lactobacillus*. Esto sugiere la posibilidad de que las intervenciones bariátricas influyan sin querer en la salud oncológica y reproductiva, para bien o para mal.[28] Aún más importante, si la mujer decidiera tener hijos, los cambios en el microbioma intestinal de la mujer después de una cirugía para la pérdida de peso por malabsorción persistirán durante el embarazo. Y esto podría ser positivo, al reducir el nivel de inflamación o el riesgo de diabetes gestacional. También plantea dificultades, porque puede contribuir a un crecimiento fetal reducido o incluso tener implicaciones que aún desconocemos respecto a la señalización química en el bebé en desarrollo. Un equipo del Imperial College London estudió longitudinalmente a cuarenta y una madres que se habían sometido a una intervención de pérdida de peso y las compararon con mujeres obesas que tenían bebés. En comparación con mujeres obesas que no se habían sometido a cirugía bariátrica, excretaban cantidades significativamente superiores de productos de la fermentación de proteínas con la orina, una señal de que el microbioma no estaba nada contento. La observación más sorprendente fue que también era más probable encontrar uno de estos cometabolitos microbianos (fenilacetilglutamina) en la orina de los recién nacidos cuyas madres se habían sometido a una cirugía bariátrica.[29] Esta nueva información es de una importancia enorme, porque sugiere que las intervenciones quirúrgicas para la pérdida de peso pueden tener consecuencias metabólicas transgeneracionales mediadas por el microbioma intestinal. Si bien desconocemos las verdaderas consecuencias que esto podría tener, el microbioma debería informar el debate acerca de a quién se practican estas intervenciones y a qué edad es seguro practicarlas.

La cirugía bariátrica es, en esencia, un tratamiento para países ricos que se lo pueden permitir, aunque quienes tienden a sufrir de obesidad son los miembros más desfavorecidos de la sociedad. Paradójicamente, los más desfavorecidos también son los que tienen mayores probabilidades de sufrir de otro extremo nutricional nocivo: el hambre.

Hambre y desnutrición

Más de 2.300 millones de personas (el 30 por ciento de la población mundial) no tienen acceso a una cantidad suficiente de comida durante todo el año. La variedad geográfica es significativa: más de la mitad de todas las personas desnutridas viven en Asia, y una tercera parte, en África. Para los que «no tienen», la hambruna global se deterioró durante la COVID-19, y ahora el conflicto armado la ha vuelto a agravar.

Y hablo solo de África. En el Reino Unido, el Institute for Fiscal Studies concluyó que la cantidad de usuarios de los bancos de alimentos había aumentado en casi un 20 por ciento entre febrero y abril-mayo de 2020.[30]

En algunos aspectos, la desnutrición y la hipernutrición son dos caras de una misma moneda. Ambas son resultado de políticas alimentarias ineficaces, de la privación, del conflicto bélico, de las diferencias en el acceso a la educación y de la desigualdad. Y sus manifestaciones físicas son el resultado de procesos biológicos y microbianos en distintos extremos del mismo espectro.

La desnutrición cae en tres categorías amplias: bajo peso, retraso en el crecimiento y emaciación. La mitad de la desnutrición en el mundo en vías de desarrollo se asocia a la diarrea o a infecciones recurrentes de microbios intestinales, debido al consumo de agua no segura y a un saneamiento insuficiente. Muchas veces, son infecciones por helmintos, que interfieren con el desarrollo físico y mental de los niños, merman el logro educativo e impiden el desarrollo económico. En la actualidad, aproximadamente cien millones de niños en todo el mundo sufren de retraso en el crecimiento debido a la desnutrición. El retraso en el crecimiento viene de la privación de nutrientes durante la gestación y la lactancia, por lo que el microbioma tiene mucho que ver en ello.

Por lo general, los niños que sufren de desnutrición tienen más Proteobacteria y niveles reducidos de diversidad comunitaria global.[31] También es más probable que tengan una mayor prevalencia de Enterobacteriaceae[32] y, en conjunto, estos cambios se pueden ver entre los seis y los veintitrés meses previos a la detección del retraso en el crecimiento.[33] Los fagos aislados en niños con retraso del crecimiento también son distintos a los de los niños sanos, porque algunos evolucionan gracias al predominio de las Proteobacteria en el intestino en desarrollo. Por lo tanto, es muy probable que la materia oscura desempeñe un papel importante a la hora de moldear la comunidad bacteriana que influye en el fenotipo del retraso del crecimiento. Lo más trascendente de todo es que esto abre una ventana terapéutica completamente nueva y, en estos momentos, hay estudios que intentan modificar el microbioma para ayudar a tratar la desnutrición.

El kwashiorkor es la forma más extrema de desnutrición, en la cual el déficit de proteínas deja a los niños hambrientos con un abdomen inflamado y lleno de fluido. El equipo de Jeff Gordon (véase pág. 283) estudió a parejas de gemelos de Malaui durante los tres primeros años de vida. La mitad de los pares de gemelos estaban bien alimentados, mientras que la otra mitad desarrollaron síntomas de desnutrición. Al igual que sucede con el fenotipo de la obesidad, los niños desnutridos genéticamente idénticos responden de maneras muy distintas a este extremo de la nutrición, en parte porque tienen microbiomas intestinales diferentes.[34] Trasplantarlos a ratones sin gérmenes mediante un TMF permitió replicar los síntomas de desnutrición. Me sigue pareciendo increíble que la desnutrición se pueda transmitir de una especie a otra con solo cambiar las bacterias intestinales.

Estudios como este con niños de Bangladés y de Malaui han demostrado que el microbioma intestinal madura más despacio en estados de desnutrición. El problema, tal y como descubrió el equipo de Gordon, es que es posible que los niños con desnutrición aguda severa nunca lleguen a tener un intestino sano, ni siquiera después de que se les proporcione una nutrición adecuada. Sorprendentemente, cuando los ratones con retraso del desarrollo convivieron con ratones que habían recibido microbios de humanos sin retraso del desarrollo, el efecto del retraso se corrigió.[35] Entonces, ¿es necesario que toda la comunidad del microbioma intestinal esté presente desde el principio para que el retraso se presente?

El equipo observó que bastaría con una unidad funcional crítica de bacterias, a las que calificaron de «ecogrupo». Se trataba de un grupo de bacterias compuesto por solo quince taxones y que permanecía estable en el tiempo, tanto en animales como en humanos.[36] Y esto era importante, porque si un pequeño grupo de bacterias recibe la mayor parte del beneficio nutricional, no es necesario un TMF para recuperar el microbioma. Debería bastar con administrar estas quince especies de bacterias. Y esto es exactamente lo que hicieron los científicos.

Desarrollaron lo que llamaron «complemento alimenticio dirigido a la microbiota» (MDCF, por sus siglas en inglés), diseñado específicamente para satisfacer las necesidades del microbioma de niños desnutridos. Entonces, se llevó a cabo un estudio controlado aleatorizado que comparó el MDCF con una comida equivalente en calorías en 123 bebés que vivían en barrios de barracas de Bangladés y presentaban desnutrición aguda moderada, entre las edades de doce y dieciocho meses. Los resultados demostraron una mejora moderada pero significativa en las puntuaciones de peso-estatura y peso-edad en comparación con la dieta de control.[37] Aunque el estudio recibió críticas por el elevado contenido en azúcar del MDCF, no cabe duda de que representa un gran paso adelante, porque significa que podemos desarrollar estrategias nutricionales baratas orientadas al microbioma, que ofrecen beneficios nutricionales y que no necesitan de la complicada y cara parafernalia del TMF.

De todos modos, hay que ser precavidos y no causar problemas inesperados en nuestro afán por ayudar. Ahora hay una doble carga de desnutrición prevalente en países que están experimentando una «transformación nutricional» y donde coexisten la desnutrición y la obesidad, con frecuencia debido a la occidentalización de la dieta que tanto temía Burkitt. Corremos el riesgo de cargar a los países de rentas bajas y medias con más enfermedades occidentales que no necesitan para nada.

La enfermedad del GEM

La deprimente verdad es que la obesidad y la desnutrición no son fenotipos extremos y ni siquiera sucesos excepcionales. Son la norma. Los dramáticos cambios en el exposoma y en el microbioma han abrumado al genoma, y hemos sido incapaces de adaptarnos. La inflamación intestinal es el precio que pagamos por ello. No se trata en absoluto de un «síndrome metabólico», sino de un síndrome inflamatorio. La obesidad no es más que una entre muchas otras enfermedades que se derivan de esta vía común que tan drásticamente ha cambiado el riesgo de desarrollar enfermedades crónicas.

El problema es que no hay un solo factor causal que podamos corregir para resolver la situación, y que el exposoma ha transformado nuestro metabolismo a lo largo de generaciones. Por lo tanto, la hipótesis meta nos ayuda a entender mejor cómo se ha desplegado la pandemia de obesidad durante los últimos cincuenta años y por qué se asocia a muchas otras crisis sanitarias. Ha habido cuatro eventos clave.

1. *Los antibióticos, los medicamentos y la dieta occidentalizada han alterado el microbioma materno a lo largo de generaciones sucesivas.*
Esto significa que la orquesta ya no puede programar a distancia y de manera óptima el sistema inmunitario en desarrollo, por lo que nuestros hijos son susceptibles a la obesidad.

2. *Tras el parto, estas mismas fuerzas han agravado el ensamblaje incompleto del microbioma de nuestros hijos y han exacerbado el problema, que ahora es mucho más difícil de corregir.*
La inflamación intestinal resultante durante la infancia modifica nuestra conducta y mitiga la efectividad de las hormonas que regulan la glucosa en sangre y el metabolismo de las grasas, lo cual allana el camino a la «diabesidad». En el siglo XXI, las dietas occidentales procesadas con las que alimentamos a nuestros hijos pequeños los encierran en un bucle de desnutrición, obesidad, enfermedad metabólica y resistencia a la insulina del que no pueden escapar.

3. *En la edad adulta, el microbioma intestinal se adapta a la dieta occidental, a la contaminación y a los xenobióticos, optimizando así su capacidad para absorber energía.*
Como nuestros simbiontes están desaparecidos en combate o impotentes, no pueden competir, y el intestino rebosa de amensalistas e incluso de agentes patógenos. Esto explica el aumento del riesgo de enfermedades crónicas como la hipertensión, la hiperlipidemia, la EHGNA, las enfermedades cardiovasculares, los problemas de salud mental y el cáncer.

4. *En la vejez, el microbioma inflamado carece de la fuerza necesaria para gestionar el exposoma, y se forman en nuestros nervios placas de proteínas que los recubren y nos enturbian así la memoria.*

En solo unas generaciones, la cirugía bariátrica se ha convertido en la única opción disponible para las personas atrapadas en este bucle nocivo. El problema es que este tratamiento no es ni escalable ni sostenible y, además, desencadena sus propias complicaciones biológicas, unas complicaciones que aún no entendemos bien. Hemos de adoptar una estrategia preventiva.

Quizás lo que necesitamos es un complemento alimenticio dirigido a la microbiota y que combata la obesidad. O tal vez necesitemos otra cosa, algo más profundo. El intestino es un ecosistema que merece protección, como una selva o cualquier otro recurso biodiverso en peligro de extinción como consecuencia del cambio climático. Solo podremos mejorar las cosas si asumimos una responsabilidad colectiva. No es imposible, pero sí difícil. Podemos desarrollar estrategias preventivas antibióticas y nutricionales efectivas y basadas en la evidencia que se centren en optimizar la salud intestinal materna y el intestino en desarrollo, así como en reducir la inflamación del intestino adulto. Merece la pena hacerlo, y espero que, algún día, los quirófanos de cirugía bariátrica se conviertan en algo del pasado.

CAPÍTULO 15

Hackear el simbionte

Por útil que resulte entender en profundidad los procesos por los que el microbioma causa enfermedades, hemos de transformar esta información en acciones prácticas que todos podamos aplicar para mejorar nuestra salud. Disponemos de varias opciones terapéuticas, como tomar probióticos, prebióticos, posbióticos, simbióticos o probióticos de nueva generación (véase más adelante). También podemos considerar la actividad física como un tratamiento para el microbioma. La estrategia más adecuada para usted dependerá de sus necesidades y objetivos de salud específicos. La próxima década se caracterizará por la búsqueda de nuevas maneras de abordar estos tratamientos de un modo más personalizado.

De todas formas, modificar la dieta suele ser lo más sencillo para la mayoría de nosotros. Por lo general, esto significa aumentar el consumo de unos alimentos y eliminar el de otros. Aplicar estos cambios puede ser especialmente difícil cuando no nos encontramos bien, entre otras cosas porque los consejos nutricionales que los médicos dan a los pacientes son contradictorios en el mejor de los casos o directamente erróneos, en el peor. Y esto tiene consecuencias graves para la salud, porque el microbioma altera la eficacia y la toxicidad de los fármacos. Por lo tanto, la alimentación ha sido un factor de confusión en prácticamente todos los ensayos clínicos con fármacos que se han llevado a cabo con humanos. Podemos decir que no entendemos bien la mayoría de las interacciones entre la alimentación, los fármacos y los microbios, porque el microbioma intestinal es de una complejidad tremenda y tiene a su disposición un catálogo enorme de funciones enzimáticas que le permiten alterar la química de cada compuesto farmacéutico concreto. Y todo esto varía según la dieta que sigamos y la enfermedad que estemos tratando.

La comida es medicina

Algunas de las interacciones entre la alimentación, el microbioma y los fármacos sí que se han podido definir con precisión y son específicas de cepas o agentes farmacológicos concretos. Por ejemplo, la digoxina es un fármaco que se obtiene de la dedalera, una planta, y que se usa para tratar la insuficiencia cardiaca y las arritmias. En la década de 1970, los médicos empezaron a detectar que la eficacia del fármaco presentaba variaciones significativas entre los habitantes de zonas urbanas y zonas rurales, así como entre pacientes en extremos de la vida o que tomaban antibióticos como la eritromicina. En el ser humano, esto sucede como consecuencia de la actividad de una cepa bacteriana llamada *Eggerthella lenta*, que contiene un código genético para la enzima CYP450, que metaboliza el fármaco. Sin embargo, hay un aminoácido, la arginina, que inhibe la actividad de esta misma enzima. Los estudios en ratones sin gérmenes colonizados con *E. lenta* demostraron que las dietas ricas en proteínas solo alteraban el metabolismo de la dioxina en animales a quienes se había administrado la cepa de *E. lenta* que contenía este gen.[1] Esto significa que, en realidad, deberíamos ofrecer consejos dietéticos a los pacientes que toman uno de los fármacos más prescritos para tratar enfermedades cardiacas.

De todos modos, este ejemplo es una rareza, y la mayoría de las personas que están enfermas no tienen la suerte de contar con esta información. De hecho, muchos de los pacientes en tratamiento hospitalario dependen de sus propios suplementos nutricionales o de su intuición para apoyar el tratamiento médico convencional. Aún disponemos de muy pocas pruebas relativas a los mecanismos de acción que nos permitan explicar cómo estos suplementos interactúan con los agentes farmacológicos o cómo y a quién se deberían administrar. Como resultado, la medicina occidental moderna los rechaza en general y los deja en la despensa para los profesionales de la medicina alternativa. Las especias contienen polifenoles y otras moléculas bioactivas y no cabe duda de que modifican el microbioma. Sin embargo, se han definido muy pocas interacciones entre las especias y el microbioma (por ejemplo, las de la pimienta, el jengibre, el ajo, la canela, el azafrán, la nuez moscada y la cúrcuma).

La cúrcuma es rica en moléculas bioactivas con propiedades anticancerígenas, y se ha propuesto que también antiinflamatorias. En modelos animales con ratones sobre la colitis (inflamación intestinal), aumenta la cantidad de cepas bacterianas probióticas asociadas al metabolismo del triptófano, como *Lactobacillus* y *Clostridia-UCG*-014, que refuerzan la función de barrera del intestino y reducen la severidad de la inflamación.

En un modelo similar, también con ratones, el aceite de canela mejoró la diversidad microbiana en el intestino y la riqueza de la microbiota intestinal, además de aumentar la cantidad de bacterias productoras de ácidos grasos de cadena corta. En ratones alimentados con una dieta rica en grasas, los suplementos de ajo mejoraron la diversidad microbiana del microbioma intestinal y, sobre todo, aumentaron la cantidad relativa de Lachnospiraceae y redujeron la de *Prevotella*, además del nivel de colesterol en sangre. Las especias cambian significativamente el metabolismo del intestino, y me parece muy razonable pensar que ofrezcan beneficios para la salud siempre que se tomen de una manera determinada y con un propósito determinado, no cuando las esparcimos porque sí sobre una hamburguesa con queso.

Muchos pacientes usan suplementos para que los ayuden a tolerar la quimioterapia tradicional. Hace poco, unos investigadores de la Universidad de Ciencia y Tecnología de Macao descubrieron que los polisacáridos del ginseng tienen una aplicación muy moderna en el tratamiento del cáncer. En concreto, vieron que mejoraba la efectividad de los inhibidores de puntos de control inmunitarios o de la PD-1 en ratones. Esto ocurre porque las bacterias intestinales cometabolizan unos polisacáridos específicos del ginseng.[2] El resultado es la producción de ácido valérico y el descenso de la producción de quinurenina, lo que a su vez cambia la expresión de los linfocitos T en el microambiente del tumor. El resultado neto es que el tumor se vuelve más sensible al fármaco.

Cuando hablamos de cáncer, lo que no comemos puede ser tanto o más importante que lo que sí. Se ha visto que limitar la ingesta de nutrientes esenciales como la glucosa, la glutamina, el glutamato, la asparagina, el aspartato, la metionina, la serina y el ácido fólico contiene el crecimiento del tumor, a pesar de que cada uno de estos nutrientes actúa mediante mecanismos distintos. El funcionamiento del microbioma también podría explicar la influencia del ayuno intermitente en los tratamientos farmacológicos tradicionales. Por ejemplo, el ayuno combinado con la quimioterapia en pacientes de cáncer de mama reduce la toxicidad del tratamiento,[3] remodela la inmunidad sistémica e intratumoral y activa las respuestas inmunitarias contra el tumor.[4] La metformina es uno de los fármacos más utilizados en el tratamiento de la diabetes tipo II, y cada vez hay más pruebas de que reduce la incidencia del cáncer de mama y de páncreas y de que mejora el índice de supervivencia del cáncer colorrectal. Además de privar al tumor del azúcar que necesita para crecer, la metformina también interfiere con la capacidad del tumor para producir proteínas (mediante la vía mTOR). Este efecto se intensifica cuando el paciente limita la ingesta de comida, porque, en conjunto, todas estas acciones reestructuran el microbioma: la metformina altera la composición del microbioma intestinal aumentando la cantidad de bacterias degradadoras de mucina, como la *Akkermansia muciniphila*, además de varios microbios productores de ácidos grasos de cadena corta.

Sorprendentemente, hay estrategias nutricionales específicas, como la dieta keto, que también podrían desempeñar un papel en el tratamiento del cáncer, porque en una excentricidad evolutiva de la biología, el cáncer usa el azúcar como su principal fuente de energía, y una dieta cetogénica no solo le priva del azúcar, sino que además reduce la resistencia a la insulina. Aunque también aumenta la inflamación intestinal, algo desaconsejable en circunstancias normales, en realidad podría ser positivo si lo que se intenta es aumentar la sensibilidad del microambiente tumoral a fármacos como la inmunoterapia. Las moléculas hidrosolubles que se producen en el hígado a partir de ácidos grasos cuando se sigue una dieta keto se llaman «cuerpos cetónicos». Uno de ellos, el 3-hidroxibutirato (3HB), ralentiza el crecimiento del tumor porque regula al alza las funciones de los linfocitos T en el microambiente tumoral en el que funcionan los inhibidores de puntos de control inmunitarios. Sorprendentemente, la dieta keto pudo rescatar a ratones alimentados con una dieta estándar que no habían respondido a la inmunoterapia con inhibidores de puntos de control inmunitarios o de la PD-1. Los científicos están empezando a identificar las especies concretas, como la *Eisenbergiella massiliensis*, que parecen ser las responsables del aumento de las concentraciones en sangre de 3HB, lo cual apunta a otra posible forma de actuar sobre el microbioma para el tratamiento oncológico.[5]

El ayuno intermitente también ayuda a reducir la inflamación intestinal, lo cual podría tener beneficios terapéuticos. Por ejemplo, la serotonina, un neurotransmisor sintetizado por bacterias, bloquea el proceso de autofagia (el reciclaje de células muertas o enfermas) que el intestino activa durante el ayuno. A su vez, esto aumenta la susceptibilidad del intestino a la inflamación, o colitis. Si la autofagia se detiene eliminando el gen que la controla y la ingesta alimentaria de serotonina se limita, el microbioma se vuelve proinflamatorio y promueve la colitis, porque ni la serotonina ni la autofagia la pueden controlar.[6] Se ha visto que los pacientes con colitis tienen niveles reducidos de serotonina en sangre y, cuando esto se corrigió, la colitis mejoró. En resumen, la autofagia y el microbioma intestinal están directamente conectados. Por lo tanto, es posible manipular directamente el microbioma con el objetivo de reducir la inflamación intestinal.

Aplicar este tipo de estrategias dietéticas no siempre es fácil y, para algunas personas, la mejor opción es eliminar de forma selectiva los elementos de la dieta que las bacterias usan para generar efectos nocivos. Por ejemplo, múltiples estudios demuestran que muchos pacientes informan de que hay alimentos específicos que exacerban el síndrome del colon irritable (SCI). Una de las dietas más populares que se utilizan en su tratamiento restringe la ingesta de carbohidratos fermentables de cadena corta y recibe el nombre de dieta FODMAP (dieta baja en oligosacáridos, disacáridos, monosacáridos y polioles fermentables). Limita múltiples oligosacáridos fermentables (fructanos, galactooligosacáridos), disacáridos (lactosa), monosacáridos (fructosa cuando hay un exceso de glucosa) y polioles (por ejemplo, sorbitol y manitol). Excluir estas fibras reduce la cantidad de gas que se produce cuando las bacterias las descomponen y, por lo tanto, alivia los síntomas de hinchazón. La dieta FODMAP también podría funcionar porque cambia el microbioma y los metabolitos que produce. Por ejemplo, esta dieta suele propiciar un descenso de la cantidad relativa de

Bifidobacteria, *Faecalibacterium prausnitzii* y *Clostridium* cluster IV y se ha llegado a sugerir que las bacterias podrían predecir la respuesta al tratamiento.[7] Estas bacterias reducen la sensibilidad del intestino a la sensación de tirantez cuando se hincha, probablemente porque producen neurotransmisores en el sistema nervioso entérico.

De todos modos, muchas de estas soluciones dietéticas se usan como parte de un enfoque multidisciplinar. Como resultado, muchos de los pacientes que acuden a mi consulta me preguntan: «¿Debería tomar algún probiótico?».

Probióticos

En el momento en el que escribo, se han escrito más de 38.000 artículos sobre los probióticos, que se han probado en todas las situaciones clínicas concebibles. Hay indicios sólidos que respaldan su uso en la diarrea del viajero, la diarrea asociada a los antibióticos y la gastroenteritis en niños. También hay pruebas sólidas que apoyan su uso en el tratamiento del estreñimiento y la vaginosis bacteriana y en pacientes que se someten a intervenciones quirúrgicas en el tracto gastrointestinal, aunque aún carecemos de una guía que recomiende cepas probióticas concretas para distintas condiciones clínicas. La eficacia clínica de los probióticos también es variable, porque la ecología intestinal cambia con la edad, las enfermedades, los medicamentos o los cambios ambientales.

Oficialmente, los probióticos se definen como «microorganismos vivos que, cuando se administran en las cantidades adecuadas, aportan beneficios para la salud del huésped».[8] En otras palabras, las bacterias deben estar vivas cuando llegan a la parte del intestino en la que habrán de trabajar; debe haber cantidades suficientes para desempeñar el trabajo, y se debe conocer el mecanismo por el que mejoran nuestra salud. Demostrar que se satisfacen los tres criterios es muy difícil, porque no podemos acceder directamente al intestino humano y porque el probiótico actúa en un ecosistema abarrotado. Por eso, muchos fabricantes de probióticos no están autorizados a mencionar muchos de los beneficios para la salud de sus productos.

En algunos países, como Estados Unidos, los organismos reguladores se refieren a los probióticos medicinales con el nombre de «productos bioterapéuticos vivos» (BLP, por sus siglas en inglés), en un intento de describir de un modo más preciso su función en el tratamiento de enfermedades y para diferenciarlos de productos de alimentación. Hablamos por tanto de organismos vivos, como las bacterias, que podemos usar para prevenir, tratar o curar una enfermedad o un trastorno... pero no son vacunas. ¡Menudo lío!

Los géneros probióticos más utilizados son *Lactobacillus*, *Bifidobacterium*, *Streptococcus*, *Enterococcus*, *Escherichia*, *Bacillus* y la levadura *Saccharomyces*. Sin embargo, solo el género *Lactobacillus* ya contiene más de 260 especies filogenéticamente distintas. Aunque es probable que compartan algunas funciones, cada especie probiótica es una entidad distinta que se relacionará de un modo diferente con el intestino. Por lo tanto, las propiedades del *Lactobacillus casei* podrían ser sutilmente distintas a las del *Lactobacillus reuteri*. Las empresas que los fabrican hacen todo lo posible por patentar cepas específicas de cada uno y luego ponerles un nombre comercial, por lo que es posible que nunca conozcamos su verdadero origen. En la actualidad, hay entre 500 y 1.000 cepas de probióticos en el mercado.

Las preparaciones comerciales han de cuantificar el producto en unidades formadores de colonias (UFC), que describen la cantidad total de células viables que contiene el producto. Por lo general, cuantas más UFC se puedan obtener, mejor. Recomendaría usar un producto con al menos 1×10^9 (1.000 millones de UFC) o 1×10^{10} (10.000 millones de UFC), aunque algunos productos contienen hasta 50.000 millones de UFC o más. Si no sabe qué cepa específica sería la mejor para usted, le recomiendo que use una preparación que contenga varias.

Los probióticos no resetean el microbioma ni promueven cambios a gran escala en la ecología intestinal. De hecho, ejercen un impacto muy sutil. Por mucho que la dosis que ingiera contenga 1.000 millones de bacterias, recuerde que en el intestino hay 100 billones. Por lo tanto, hay que usarlos como parte de una estrategia de alimentación concreta orientada a arreglar un problema específico.

Las regulaciones que definen la calidad y la dosis de la producción varían en función del país, al igual que las cantidades y estrategias posológicas. Aunque por fin se están haciendo avances en la selección de dianas para estas estrategias bioterapéuticas, sigue siendo un campo abrumador para los consumidores, que no pueden estar seguros de recibir específicamente las cepas que necesitan ni de obtener un beneficio clínicamente probado mediante ensayos aleatorizados controlados en humanos.

Ahora, necesitamos formularios nacionales que proporcionen esta información tanto a los profesionales sanitarios (la mayoría de los cuales están igual de perdidos) como a los consumidores, de modo que podamos empezar a tomar decisiones informadas basadas en los mecanismos, la seguridad y los beneficios potenciales de los probióticos. Ya es hora de que las industrias que tantos beneficios obtienen con estos productos apoyen estas iniciativas y de que nuestros gobiernos las lideren. De lo contrario, careceremos de la base sólida que necesitamos para impulsar este campo. Una vez que haya elegido su marca, se ha de comprometer con ella para que las bacterias tengan tiempo de implantarse en el intestino o colonizarlo. Esto significa un mínimo de cuatro a ocho semanas y, si funciona, ha de seguir. Si no funciona, pase a otra cosa y ahórrese el dinero.

Técnicamente, los alimentos fermentados no pueden llevar el nombre de «probióticos» de forma oficial a menos que los fabricantes puedan hacer afirmaciones sobre los mecanismos y los beneficios para la salud de cepas o combinaciones de cepas específicas. Sea como sea, en mi opinión son muy útiles y merecen que hable brevemente de ellos.

Kéfir y productos lácteos fermentados

En Europa, algunos fabricantes pueden hacer afirmaciones sobre los beneficios para la salud de los cultivos vivos de los yogures basados en la presencia de la enzima lactasa en combinaciones de bacterias como el *Lactobacillus delbrueckii* subespecie *bulgaricus* y el *Streptococcus termophilus*. Esto se debe a que hay estudios que han demostrado que los productos lácteos fermentados reducen el riesgo de diabetes tipo II, de aumento de peso y de mortalidad, y otros estudios sugieren que previenen los niveles altos de colesterol (hiperlipidemia).[9] Sin embargo, la calidad de las pruebas de las que disponemos varía en función del tipo de alimento fermentado de que se trate, y no siempre está claro qué bacteria o parte de la «matriz alimentaria» nos beneficia exactamente. La confusión aumenta si tenemos en cuenta la variabilidad en los ingredientes que se usan y en el proceso de fermentación (temperatura, pH, concentración de oxígeno y duración del almacenamiento).

En el Cáucaso, la leche fermentada recibe el nombre de kéfir y se ha convertido en un gran negocio: se predice que, en 2027, el mercado global del kéfir tendrá un valor de 1.840 millones de dólares.[10] El origen de la leche marca una gran diferencia en cuanto a las cepas que contiene el producto final en cada lote, así como los beneficios concretos que ofrece para la salud, aunque ahora están empezando a aparecer ciertas directrices respecto a los criterios mínimos. Por ejemplo, la Organización de las Naciones Unidas para la Alimentación y la Agricultura (FAO) y la OMS afirman que los granos de kéfir deberían contener al menos 107 unidades formadoras de colonias (UFC) de microorganismos y que el producto final debería contener al menos 10^4 UFC/g de levaduras. La mayoría de las cepas presentes en el kéfir son *Lactobacilli* (LAB), un género del que, por lo general, hay pocas cantidades en el intestino humano y cuya presencia variable depende de la edad y del estilo de vida. Es difícil determinar qué cepas ofrecen el beneficio o si se trata más de un efecto de red. Tampoco entendemos del todo cómo interactúan con el microbioma intestinal humano ni si pueden sobrevivir a los retos físicos y químicos que les plantea el tracto gastrointestinal.

Una estrategia alternativa a beber leche fermentada una vez al día (algo que recomiendo encarecidamente) es recurrir a un probiótico dirigido y diseñado para desempeñar una función concreta.

Probióticos de nueva generación

El enorme crecimiento de la secuenciación metagenómica, de las tecnologías ómicas y de la ingeniería genética ha llevado a que la tecnología probiótica esté a punto de entrar en una dimensión totalmente nueva. En primer lugar, los organismos reguladores autorizarán el uso de muchas de las cepas que he mencionado a lo largo del libro y que se han descubierto gracias a la aplicación de estas tecnologías a estados de enfermedad para su uso terapéutico con beneficios definidos.

Hablo, por ejemplo de *Akkermansia muciniphila*, *Faecalibacterium prausnitzii* y *Anaerobutyricum hallii*.

Sin embargo, además de descubrir muchas más cepas, también estamos descubriendo las funciones que desempeñan y cómo las podemos manipular en nuestro propio beneficio. La era de la modificación probiótica sintética ya está aquí. Y, a diferencia de las cepas probióticas actuales, estos productos, conocidos como «probióticos de nueva generación» (PNG), no se consideran alimentos, sino que se distribuirán dentro del marco regulador de los medicamentos.

Ya hemos presenciado un avance significativo en nuestra capacidad para manipular genomas microbianos en nuestro beneficio, y los PNG se usan ya sea como monoterapia o en combinación con otros tratamientos oncológicos. Se ha podido modificar la *Escherichia coli* Nissle 1917, un probiótico que suele colonizar tumores, para que produzca L-arginina, un metabolito que, al entrar en la célula cancerosa, produce amoniaco y activa la respuesta del sistema inmunitario. Los linfocitos T acuden y atacan al tumor. Esto funciona en paralelo a los fármacos de inmunoterapia, para aumentar los efectos de estos contra el cáncer.[11]

Las cepas probióticas también se usan como vehículos para transportar moléculas antiinflamatorias justo hasta la parte del cuerpo que las necesita. Por ejemplo, es posible alterar genéticamente el *Lactococcus lactis*, que se suele usar en la producción de queso, para que cree una enzima antiinflamatoria llamada «inhibidor de proteasas de serina» que trata la inflamación en un modelo animal de la colitis. También se ha modificado la bacteria *Bacteroides ovatus*, una moradora habitual del colon, para que produzca una molécula antiinflamatoria llamada TGF-β1, que fue tan efectiva como los esteroides en modelos animales de colitis.[12] Podemos incluso modificar bacterias para abordar algunos de los mayores retos del siglo XXI programándolas para que limpien nuestros órganos internos y eliminen toxinas, plásticos, xenometabolitos y otras moléculas perjudiciales. Los bioterapéuticos vivos, por ejemplo, pueden degradar de forma segura antibióticos en el intestino, para impedir que afecten a la diversidad intestinal.[13] Se ha modificado la *E. coli* Nissle 1917 para que presente actividad profiláctica y terapéutica contra el *Pseudomonas aeruginosa* durante la infección intestinal en dos modelos animales.[14] Y, como hemos visto, también se está apuntando con probióticos a funciones orgánicas específicas, como los psicobióticos para la salud cerebral.

Y la revolución no acaba en los probióticos.

Prebióticos y posbióticos

Por lo general, un prebiótico es una fibra que nutre a los microorganismos beneficiosos que habitan en el intestino, que, entonces, pueden ejercer un beneficio directo sobre nuestra salud. Aunque muchos prebióticos son fibras, no todas las fibras son prebióticos. En nuestra dieta, la mayoría de los prebióticos se encuentran sobre todo en forma de fibras insolubles como la inulina (presente en espárragos, plátanos, bardanas, endibias, puerros, ajos y alcachofas), fructooligosacáridos (FOS) y galactooligosacáridos (GOS), almidones resistentes, polidextrosa, cilooligosacáridos (XOS) e isomaltooligosacáridos (IMO). Otras sustancias, como los polifenoles y los ácidos grasos poliinsaturados (PUFA), también funcionan como prebióticos.

Al igual que los probióticos, los prebióticos vienen en formulaciones muy diversas, y es posible añadirlos incluso a los cereales integrales ricos en fibra del desayuno. También se pueden administrar directamente en otros puntos del cuerpo colonizados por bacterias, como el conducto vaginal o la piel. Como los probióticos, benefician de múltiples maneras al tracto gastrointestinal (por ejemplo, inhiben la proliferación de agentes patógenos y estimulan el sistema inmunitario), al metabolismo cardiaco (reducen el nivel de lípidos en sangre y mejoran la resistencia a la insulina), a la salud mental (por ejemplo, con metabolitos que influyen en la función y la energía cerebrales y en la cognición) y a la salud ósea. Algunas personas, sobre todo las que padecen SCI, necesitan una estrategia precisa a la hora de elegir la fibra que consumen, porque los prebióticos pueden provocar hinchazón.

Los prebióticos y los probióticos se pueden tomar juntos, de modo que los primeros proporcionen las cepas que los segundos necesitarán para mantenerse en el intestino. Decimos que se trata de una combinación «simbiótica». Otra manera de hacerlo es tomar «posbióticos», o alimentos que contienen o bien microorganismos inanimados o bien sus componentes, lo que beneficia a la salud del huésped.[15] Por ejemplo, ¿por qué cultivar las bacterias que metabolizan la fibra en ácidos grasos de cadena corta si podemos administrar directamente el ácido graso de cadena corta que aporta el beneficio? Es posible que la respuesta sea que lo fundamental es en qué parte del intestino se produce, la cantidad en que se produce o los beneficios secundarios del efecto de red de las bacterias vivas. Están empezando a aparecer estudios que examinan los efectos terapéuticos que ejercen bacterias a las que se ha matado con calor sobre enfermedades gastrointestinales, metabólicas y cardiovasculares, y es probable que, en un futuro próximo, veamos más de estos productos en los estantes de las tiendas de alimentación saludable. Eso sí, queda por ver si funcionan de verdad o no.

Los efectos secundarios de los pre, pro y posbióticos suelen ser menores y se limitan a síntomas gastrointestinales, como gases. En algunos casos y en personas muy enfermas o cuyo sistema inmunitario no funciona bien, el uso de probióticos se ha asociado a la bacteriemia (bacterias en la sangre), la fungemia (hongos en la sangre) e infecciones que provocan enfermedades graves.

Sea como sea, no se trata solo de comer y de complementar la dieta con simbióticos que nos ayuden a mantener el microbioma a raya. Todavía queda otra manera muy importante de garantizar su salud.

Cómo entrenar el microbioma

Una de las cosas más importantes que puede hacer por su intestino y por su eje intestino-cerebro es realizar ejercicio con regularidad. Es posible manipular el microbioma mediante el ejercicio físico y una dieta equilibrada.

El microbioma intestinal de los atletas profesionales contiene cantidades superiores de Veillonellaceae, *Bacteroides*, *Prevotella*, *Faecalibacterium*, *Methanobrevibacter* o *Akkermansia* que el de personas no atléticas, como yo, y es posible que les ofrezca ventajas competitivas, además de explicar por qué aún no he ganado el Tour de Francia. Todavía no se han definido las ventajas exactas que estas bacterias ofrecen a los atletas de élite, pero sí hay pruebas de que la actividad física regular no solo mejora la salud intestinal, sino también el desempeño físico.

Por ejemplo, los investigadores han visto que la bacteria *Veillonella atypica* era más abundante en el intestino de atletas que participaron en la maratón de Boston de 2015.[16] Los investigadores formularon la hipótesis de que esto podría haber mejorado la capacidad de resistencia de los corredores. Tras periodos de ejercicio prolongados, el lactato, un metabolito del esfuerzo anaeróbico, se empieza a acumular en los músculos. ¡De ahí el dolor que sentimos al entrenar! Se comparó la función del *V. atypica* con otra cepa probiótica, el *Lactobacillus bulgaricus*, que no metaboliza el lactato. Fascinantemente, los ratones a los que se administró *V. atypica* permanecieron más tiempo corriendo en la rueda, lo que significa que podían correr más. Inyectar propionato, un ácido graso de cadena corta, por vía rectal consiguió un efecto similar, por lo que los autores sugirieron que el *V. atypica* mejora el desempeño físico porque transforma en propionato el lactato inducido por el ejercicio. De este modo, identificaron un proceso enzimático natural y codificado por el microbioma que mejora el rendimiento atlético.

Dada la variación global del microbioma, es crucial que este análisis tenga en cuenta dónde se corre la maratón. Los corredores que participaron en la media maratón internacional de Chongqing presentaron una mayor riqueza de especies después de correr, con un aumento de las Coriobacteriaceae y Succinivibrionaceae.[17] Tal y como sucede con los cambios en el microbioma global, es posible que cada país o región deba adaptar el análisis teniendo en cuenta su microbioma específico y que cada evento exija una optimización sutilmente distinta para alcanzar el máximo rendimiento.

Cuidar del microbioma

Un microbioma sano es un microbioma adaptable, resistente y con el conjunto completo de funciones metabólicas e inmunitarias básicas que necesitamos para crecer y estar sanos. Hay pasos sencillos que todos podemos tomar para mejorar la biodiversidad de nuestro microbioma y optimizar su función a lo largo de nuestra vida. La mejor forma de hacerlo es cambiar el exposoma, y los tres puntos que siguen le pueden ser útiles.

1. *Sembrar: ayudar al microbioma a organizarse y a comenzar de la mejor manera en la vida.*

Si va a tener un bebé, piense en qué música quiere que toque la orquesta microbiana. Si es posible, dele el pecho, pero si no, tampoco se sienta culpable. Tenga a su hijo por la vía que sea más segura. El microbioma depende de la interacción social y del juego, así que deje a un lado las pantallas. Es mejor viajar, salir a la calle y conectar con el mundo que nos rodea, ensuciarse las manos responsablemente y jugar con animales, besarse y caminar de la mano. Le recomiendo que eduque a sus hijos en la importancia de cuidar del precioso ecosistema que albergamos en nuestro interior. Traiga plantas y vida a su casa y cuídelas también.

2. *Alimentar: desoccidentalizar la dieta y el estilo de vida.*

Adopte una dieta basada en alimentos de origen vegetal. Consuma un mínimo de 30 g de fibra diarios (o treinta raciones de verduras semanales), desinstale la aplicación de comida a domicilio, cocine su propia comida y coma en compañía. Tome alimentos deliciosos y de distintos colores ricos en polifenoles y especias y cambie de menú de vez en cuando. Si come carne, reduzca las grasas animales, consuma menos carne roja (no más de una ración a la semana) y, preferiblemente, elimine la carne procesada. Deje de comer azúcares refinados, pero equilibre los carbohidratos, porque necesita algunos. La clave está en la variedad. Añada alimentos fermentados a su dieta y consúmalos con regularidad.

3. *Proteger: evitar tomar antibióticos o medicamentos innecesarios, sobre todo analgésicos o fármacos que alteren el pH o la acidez del intestino (hay que consultar siempre al médico antes de hacer ningún cambio en la medicación prescrita).*

Deje de fumar y de vapear. Si su IMC es demasiado elevado, pida ayuda. Las dietas milagrosas suelen ser perjudiciales para el microbioma intestinal, así que evítelas. Haga ejercicio con regularidad y de la manera que mejor se adapte a su cuerpo y a sus necesidades e, idealmente, haga algo de ejercicio que aumente su frecuencia cardiaca al menos tres veces a la semana. Dormir es fundamental, así que retire todos los dispositivos electrónicos del dormitorio. En la medida de lo posible, evite lugares con niveles elevados de contaminación en el aire. Si tiene una necesidad de salud específica que pueda mejorar con un probiótico, consúmalo. Gestione el estrés: el eje intestino-cerebro define el tono inflamatorio (quizás necesite ayuda en este sentido). Use protección solar.

Si todo esto le parece de sentido común, es porque lo es. Sin embargo, quiero dejar claro que hacer ejercicio y tomar un probiótico o un prebiótico de vez en cuando no puede compensar los cambios que sufre el microbioma ante la abrumadora presión del exposoma moderno. El microbioma solo puede responder al entorno en el que lo ubicamos, y no hay soluciones mágicas. Ha de ajustar estos consejos en función del punto de la línea GEM en que se halle y de las necesidades específicas de su microbioma en cada momento dado. Sea como sea, es posible que en el futuro dispongamos de más herramientas que nos ayuden a proteger el microbioma.

Modificar el microbioma

No pasará mucho antes de que el TMF se convierta en un producto comercial que el médico pueda recetar y que se pueda adquirir en la farmacia. A medida que refinemos el funcionamiento del TMF, es posible que deje de ser necesario trasplantar ecosistemas enteros de un individuo a otro y que podamos trasplantar solo las funciones microbianas concretas que nos hagan falta, además de comprar alimentos complementarios dirigidos a la microbiota. Podremos elegir el tipo de donante que queremos o las cepas microbianas que necesitamos, personalizadas para nuestro intestino a partir del análisis genómico o funcional. Habrá una oferta refinada de dosis, tipos y rutas de administración, como tomar un comprimido. En esta visión del futuro, el TMF se convertirá en un tratamiento de precisión. También es posible que podamos almacenar nuestro propio microbioma cuando aún estamos sanos para poder usarlo como tratamiento si enfermamos. Y la revolución que permitirá que esta visión se haga realidad ya ha estallado.

CAPÍTULO 16

El producto del billón de dólares

Una explosión de *start-ups* está analizando, extrayendo, bioalmacenando y modificando el microbioma en todos los campos concebibles, desde el cambio climático hasta la producción de alimentos o la salud humana. A finales de 2021, sesenta y cuatro *start-ups* del microbioma habían reunido un total de 1.600 millones de dólares,[1] y no solo vienen a por su intestino. Vienen a por su cerebro, sus pulmones y su piel y a por los microbiomas de todos los nichos sobre y dentro de su cuerpo. El propósito de estas empresas va más allá de mantenerlo sano: también quieren aumentar su atractivo. El mercado de la farmacia cosmética, o la farmacosmética, diseñará su microbioma para que la piel le rejuvenezca, el pelo le brille y usted despida un olor corporal más seductor. Podremos activar selectivamente genes de microbios que ya habitan en su intestino, sus pulmones, sus genitales o su piel. Para que esto suceda, hace falta otra revolución.

El microbioma digital

Los médicos del futuro tendrán que practicar una forma de medicina de precisión basada en datos y emocionalmente inteligente que dé tanta importancia a la comida y al exposoma como a la farmacología o a la cirugía. Para ello, necesitamos un método que nos permita medir la salud del microbioma y un nuevo modelo estándar de medicina que prediga cómo se comportan los elementos estructurales y funcionales del microbioma a lo largo de los cuatro estadios de la vida del holobionte. Tenemos que digitalizar el microbioma.

La investigación sobre el microbioma es un mundo de nubes, bases de datos, secuenciación, animales sin gérmenes y, de vez en cuando, alguna placa de Petri. Debe su rápida evolución a los avances en la potencia computacional, pero esto no ha hecho más que empezar. Avanzamos hacia un mundo de biología de sistemas integrados, donde el microbioma será solo una de las varias ciencias ómicas en el gran algoritmo que explicará el funcionamiento de toda la vida en la Tierra. Aun así, el microbioma tiene algo especial que llevará a que se analice también por sí solo.

El microbioma es una rica fuente de nuevos candidatos a fármacos que podrían reabastecer el manantial farmacéutico. Ya contamos incluso con una palabra nueva y modernísima para describir esta nueva ciencia: la «farmacomicrobiómica» es el futuro de la medicina personalizada y combinará las interacciones GEM que definen la eficacia y la seguridad de las medicinas del futuro. Estos fármacos no apuntarán a los genes humanos, sino que estarán diseñados para actuar sobre bacterias o funciones del microbioma concretas y en nuestro beneficio. Científicos de todo el mundo ya están diseñando bacterias que produzcan medicamentos, enzimas, hormonas, antibióticos, toxinas y metabolitos. Podrán matar o desactivar los microbios malos o el cáncer e incluso ordenar a otras bacterias y levaduras que empiecen a producir moléculas que traten o prevengan la enfermedad humana crónica. Estas pequeñas moléculas podrán llegar a todos los órganos del cuerpo, el cerebro incluido. Es muy probable que los tratamientos futuros para enfermedades neurológicas recurran al microbioma intestinal, y eso ofrece esperanza para enfermedades que carecen de tratamientos efectivos en la actualidad.

Se están llevando a cabo investigaciones colosales que examinan las funciones de las bacterias, las arqueas, los hongos y los virus que habitan en el intestino. Incrustamos códigos de barras en esporas para seguirlas en distintos entornos y estamos generando metodologías de inteligencia artificial que nos ayudarán a entender mejor cómo se comportan los microbios, tanto dentro como fuera del cuerpo, y cómo interactúan con la alimentación, con los fármacos y con el resto del exposoma. Los biorreactores *in vitro* a gran escala ya nos permiten estimular todo el tracto gastrointestinal, pero los modelos de «órgano en un chip» nos permitirán probar y desarrollar en el laboratorio fármacos para humanos que tendrán en cuenta el microbioma y que acabarán al fin con los experimentos con animales, lentos, caros y éticamente cuestionables.

Las bacterias también se están empezando a digitalizar en el sentido más literal de la palabra: se han comenzado a incorporar a dispositivos bioelectrónicos que luego se insertan en el cuerpo, o son absorbidas por este, para que controlen nuestra salud. Hay biosensores probióticos que detectan la presencia de hemorragias gastrointestinales y envían la información al médico mediante tecnología sin cable.[2] El ADN de la *E. coli* se ha modificado para que las colonias de la bacteria funcionen como un ordenador y hagan cálculos genéticos que resuelven problemas del mundo real, como cómo desplazarse por una ciudad. También se usan biopelículas del moho *Physarum polycephalum* en la fabricación de chips informáticos que podrían sustituir al sílice. Podría ser que los ordenadores del futuro fueran sistemas vivos compuestos por microbios.

Para acceder a estas posibilidades tan extraordinarias, necesitamos datos genéticos y ambientales a lo largo de vidas enteras y en poblaciones distintas y, para poder recabar toda esta información, se está integrando el microbioma en nuestras vidas digitales mediante aplicaciones móviles que registran información sobre nuestra salud, mientras las empresas usan los datos de las muestras que recogemos en casa para secuenciar nuestras heces. El microbioma se ha convertido en un bien comercial de pleno derecho, y muchas *start-ups* del microbioma tienen datos personales y valiosos acerca de todos los aspectos de nuestra salud. Algunas de esas empresas esperan aprovecharse de que aún se desconoce el verdadero valor de todo ello. No todas son transparentes acerca de lo que hacen con los datos y no nos rendirán cuentas ni a nosotros ni a nadie.

Si no tenemos cuidado, el futuro podría ser una cepa más patogénica de lo que la filósofa estadounidense Shoshana Zuboff denomina «capitalismo de vigilancia», un sistema económico basado en la recolección y la mercantilización de los datos personales para la obtención de beneficios. El mundo de la investigación del microbioma debe garantizar que su ciencia no acabe en manos de unos pocos y solo sea accesible para quienes se la puedan permitir. Debe estar al alcance de quienes más la necesitan.

Es innegable que las oportunidades de crecimiento son colosales. El microbioma nos permitirá compensar las malas decisiones del pasado y empezar a abordar la epidemia de enfermedades GEM. Sin embargo, es posible que, para conseguirlo, debamos dar un paso más hacia lo desconocido.

Biología sintética

En 2010, el equipo de Craig Venter (véase pág. 35) afirmó haber creado la primera forma de vida sintética. Diseñaron, sintetizaron y ensamblaron un genoma bacteriano para el *Mycobacterium mycoides*;[3] luego, un genoma sintético llevó a la construcción de una célula bacteriana mínima y de una *E. coli* recodificada,[4] y, por último, al genoma de una levadura, aunque el objetivo final es ser capaz de sintetizar cualquier organismo. El objetivo último es llegar a diseñar un microbio o modificar sus funciones usando un sencillo código informático que permita crear múltiples genes microbianos.

De momento, aún no podemos montar un genoma bacteriano completo para ninguna especie que no pertenezca al género de la bacteria micoplasma, y le aliviará saber que es absolutamente imposible sintetizar cromosomas de eucariotas superiores. Es demasiado caro y hay demasiados obstáculos técnicos por el camino. Por ejemplo, habría que conseguir el acelerado ritmo de síntesis de billones de oligonucleótidos, los elementos básicos del ADN. Sin embargo, es probable que esto se resuelva con el tiempo si se desarrollan chips semiconductores escalables. Esto significa que es muy posible que el futuro de la ciencia del microbioma esté en manos de gigantes globales de la informática y de la ciencia de datos, como Microsoft, Amazon o Google.

La revolución de la genómica sintética que ha permitido este trabajo comenzó con los virus y dio lugar a las vacunas de ARNm contra la COVID-19 que transformaron nuestra respuesta a la catástrofe global. De todos modos, el potencial de la genómica sintética va mucho más allá del ataque a agentes patógenos que causan pandemias. Por ejemplo, se están redescubriendo antiguas tecnologías bioterapéuticas que antaño se rechazaron por cuestiones biopolíticas, como los fagos, una tecnología que ha permanecido relativamente aletargada en Occidente durante un siglo. Los fagos no solo ofrecen una posible solución a la crisis de la creciente resistencia a los antibióticos, sino que también se prestan a la bioingeniería de sistemas microbianos humanos y planetarios. Y ya estamos encontrando usos más inmediatos para los fagos en el tratamiento del cáncer. Por ejemplo, se pueden ligar a los fármacos que se usan en quimioterapia para que ataquen a bacterias específicas que proliferan en los tumores, de manera que estos se vuelvan más accesibles a la quimioterapia.[5]

Los microbios sintéticos del futuro nos vestirán y producirán el biocombustible que alimentará nuestra vida cotidiana. Ahora ya se cultivan las fibras rápidas de los micelios para producir materiales que se emplean en prendas de ropa, cuero sintético, alternativas al plástico e incluso órganos sintéticos. Hace miles de años que los hongos y las levaduras se usan en la producción de alimentos, y cada vez serán más populares, porque no producimos la comida suficiente para satisfacer las necesidades de una población en aumento. La demanda global de alimentos basados en macro y microalgas también está «floreciendo», y el consumo de algas por los beneficios funcionales que ofrecen más allá de las consideraciones tradicionales sobre la nutrición y la salud no hace más que crecer. Se añaden a la carne sintética, a la que aportan proteínas y textura... La carne sintética «sangra» gracias a las algas.

¿Podríamos aprovechar esta tecnología para ofrecer a nuestro microbioma planetario su propio TMF ambiental? No es imposible. También se producirán probióticos de nueva generación para la acuicultura, los sistemas de corales y de plantas y el agrobioma. Los biofertilizantes que promueven la diversidad y la riqueza del microbioma del suelo, así como los que optimizan la salud intestinal del ganado, pueden abrir la puerta a una nueva era de administración del microbioma. Es fundamental que así sea, si queremos resolver el mayor problema que la humanidad se ha causado a sí misma: el cambio climático. Los microbios sintéticos metabolizarán el plástico, reciclarán el carbono, el nitrógeno y el azufre y regenerarán el medio ambiente. Incluso ayudarán a llevar a exploradores humanos a otros planetas, en nuestra búsqueda de nuevos entornos habitables.

Mary Shelley, la autora de *Frankenstein* (la primera gran novela sobre IA), se agitaría nerviosa al presenciar todos estos acontecimientos, aunque también estoy bastante seguro de que se habría vacunado. Este nuevo mundo trae consigo enormes desafíos éticos, morales y de bioseguridad que los reguladores, los científicos, la industria y el público han de afrontar y resolver. A pesar de todos los mecanismos de seguridad supuestamente infalibles para lo que se conoce como «biocontención» que los genetistas pueden insertar en el código de las nuevas formas de vida, como las funciones de autodestrucción o de desactivación, la biología evolutiva nos dice que la microbiota encontrará la manera de superar las barreras que levantemos. Carl Woese, cuya hipótesis del ARN dio lugar a la filogenética, era un hombre religioso que no aceptó de buena gana que el ser humano diera por hecho que podría explicar la obra de Dios.[6] No sé qué habría pensado de Stéphane Bancel, el consejero delegado de Moderna, que afirmó que su tecnología del ARNm había desvelado el «sistema operativo» de la vida. En mi opinión, se trata de una afirmación muy ingenua, porque olvida una cosa muy importante: el *Pratītyasamutpāda*. Todas las cosas surgen de manera interdependiente entre sí.

EPÍLOGO

Salvar el microbioma

El microbioma humano nos permite reformular nuestra comprensión de por qué sufrimos enfermedades crónicas. El dañado microbioma de Raymond (véase pág. 16) contribuyó de manera significativa a la aparición de sus múltiples problemas de salud, pero nadie le hizo caso hasta que un amensalista lo tomó de rehén. Aunque tuvo la suerte de responder bien al trasplante de microbiota fecal, el TMF no es la panacea y debería ser el último recurso en el tratamiento de cualquier enfermedad crónica.

Si toma algún medicamento, la comida que ingiera, el ejercicio que haga, la calidad de su sueño y el peso con el que carga influirán de formas sutiles en la eficacia de aquel, y esa influencia dependerá de su edad, su sexo y la parte del mundo en la que viva. El microbioma desempeña un papel fundamental en la explicación de este fenómeno; su vida es un libro único en la biblioteca microbiana universal. Como aún estamos cartografiando gran parte de esta complejidad biológica, la cirugía y las terapias intervencionistas siguen siendo la principal vía de tratamiento para muchas enfermedades crónicas, como el cáncer. Y yo sigo extirpando apéndices en el St. Mary's Hospital (aunque ahora me encontrará en el quirófano número siete).

Mañana no dispondremos del lujo que son los antibióticos como los hemos conocido hasta ahora. La adicción a estos medicamentos transformadores ha modificado en esencia nuestra biodiversidad interna y ha debilitado nuestras defensas ante las enfermedades crónicas e infecciosas. El «resistoma» humano es un biomarcador de fracaso, y cambiar de estrategia no es una opción. Es imperativo que rechacemos la abiosis como objetivo vital. Ha llegado la hora de que avancemos hacia una teoría del microbioma que tenga en cuenta nuestra codependencia de los microbios para el crecimiento, el desarrollo y el bienestar y que dé prioridad a la diversidad microbiana y a sus funciones simbióticas fundamentales.

Esto ha de promover la socialización y la inclusión, no el aislamiento y la soledad que surgen cuando levantamos muros. Todos deberíamos poder aprovechar al máximo los beneficios que nos ofrecen los simbiontes y disfrutar del acceso a la nueva generación de vacunas y de biotecnología que permitirán la erradicación selectiva de agentes patógenos.

Como todos los padres y madres del mundo, la Chica y yo hacemos todo lo que está en nuestra mano para proteger y cultivar el microbioma de nuestros hijos, pero es una tarea ardua en un mundo en el que los antibióticos, el plástico, la publicidad, el conflicto armado y el cambio climático son omnipresentes. Revertir casi doscientos años de mala gestión del microbioma como consecuencia de la industrialización y de la globalización exige mucho más que cambios en la alimentación y la práctica del mindfulness. Estoy seguro de que ya recicla y de que es consciente de su huella de carbono, y es posible que ya seleccione dónde compra los alimentos y otros productos. Estas estrategias protegerán el microbioma durante generaciones. Sin embargo, aún podemos hacer más cosas: no compre alimentos de empresas que no tengan una política sobre los antibióticos, de empresas farmacéuticas que promueven la resistencia a los antibióticos o de industrias que exacerban la exposición de nuestros hijos a la mala salud intestinal.

Las políticas sanitarias del futuro deben reconocer que el microbioma sano de los padres es un requisito previo para la salud del bebé, por lo que se debería considerar un derecho humano básico. En segundo lugar, para ser significativa, la prevención de enfermedades ha de adoptar una cultura de activismo por nuestro clima interno. El microbioma evolutivo nos conecta con el entorno en el que vivimos y con el resto de los holobiontes con los que compartimos el planeta.

Como sociedad, debemos capacitar a las escuelas, a las residencias de la tercera edad y a los hospitales que cuidan a las personas en momentos críticos del desarrollo (o fallo) del microbioma para tomar decisiones positivas que promuevan la salud intestinal y un montaje y una función óptimos del microbioma. Nuestros lugares de trabajo y nuestros hogares (dos espacios que cada vez más son uno solo) también deberían estar diseñados para la diversidad microbiana. El microbioma podría ser solo el principio de la revolución de la medicina preventiva.

Fritz Zwicky y Carl Woese descubrieron información nueva gracias a las meticulosas y precisas mediciones del universo físico que llevaron a cabo y, como suele pasar, la realidad científica superó con mucho a la ficción. Aún no podemos ver la materia oscura (una de las fuerzas más importantes que rigen el universo conocido); sin embargo, sabemos que existe. El microbioma humano está pasando por una reinterpretación similar, y su importancia para nuestra existencia es igual de profunda. La materia oscura del intestino no seguirá siendo oscura durante demasiado tiempo, porque ofrece una fuente ilimitada de tratamientos nuevos que podemos diseñar para mantener no solo nuestra propia salud, sino también la del planeta. No cabe duda de que las funciones del microbioma resultarán ser mucho más extrañas de lo que ahora nos atrevemos siquiera a imaginar.

Hasta entonces, por favor, ni se le ocurra preparar su propio TMF casero.

NOTAS

Prólogo. Desinfección prequirúrgica

1. Lee, S., Jang, E. J., Jo. J., Park, S. J., Ryu, H. G., «Long-term impacts of appendectomy associated with increased incidence of inflammatory bowel disease, infection, and colorectal cancer», en *Int J Colorectal Dis*, 36(8), 2021, págs. 1643-1652.

2. «Costs of the twenty-year war on terror: US $8 trillion and 900,000 deaths», Watson Institute for International and Public Affairs, Brown University, 2021.

3. Asher, M. I., Rutter, C. E., Bissell, K., *et al.*, «Worldwide trends in the burden of asthma symptoms in school-aged children: Global Asthma Network Phase I cross-sectional study», en *Lancet*, 398, núm. 10311, 2021, págs. 1569-1580.

4. Majeed, H., Majeed, H., «Acknowledging the environmental allergy epidemic in children in the UK», en *The Lancet Planetary Health*, 1, núm. 9, 2017, págs. e349-e350.

5. GBD 2017, «Inflammatory Bowel Disease Collaborators. The global, regional, and national burden of inflammatory bowel disease in 195 countries and territories, 1990-2017: a systematic analysis for the Global Burden of Disease Study 2017», en *The Lancet Gastroenterology & Hepatology*, 5, núm. 1, 2020, págs. 17-30.

6. Maenner, M. J., Shaw, K. A., Baio, J., *et al.*, «Prevalence of Autism Spectrum Disorder Among Children Aged 8 Years—Autism and Developmental Disabilities Monitoring Network, 11 Sites, United States, 2016», en *MMWR Surveillance Summaries*, 69, núm. 4, 2020, págs. 1-12.

7. OMS, Obesity and overweight, 2021. <www.who.int/news-room/fact-sheets/detail/obesity-and-overweight>.

8. Siegel, R. L., Fedewam S, A., Anderson, W. F., *et al.*, «Colorectal Cancer Incidence Patterns in the United States, 1974-2013», en *The Journal of the National Cancer Institute*, 109, núm. 8, 2017.

9. International Asd. World Alzheimer Report, «The Global Impact of Dementia: An analysis of prevalence, incidence, cost and trends», 2015.

Introducción. De cuestiones escatológicas

1. Smits, W. K., Lyras, D., Lacy, D. B., Wilcox, M. H., Kuijper, E. J., «Clostridium difficile infection», en *Nature Reviews Disease Primers*, 2, núm. 16020, 2016.

2. Van Nood, E., Vrieze, A., Nieuwdorp, M., *et al.*, «Duodenal infusion of donor feces for recurrent *Clostridium difficile*», en *New England Journal of Medicine*, 368, núm. 5, 2013, págs. 407-415.

3. El-Salhy, M., Winkel, R., Casen, C., Hausken, T., Gilja, O. H., Hatlebakk, J. G., «Efficacy of Fecal Microbiota Transplantation for Patients with Irritable Bowel Syndrome at 3 Years After Transplantation», en *Gastroenterology*, 163, núm. 4, 2022, págs. 982-994.

1. Una biblioteca del universo microbiano conocido

1. Teasdale, M. D., Fiddyment, S., Vnoucek, J., *et al.*, «The York Gospels: a 1000-year biological palimpsest», en *Royal Society Open Science*, 4, núm. 10, 2017, pág. 170988.

2. Hirsch, E. B., Raux, B. R., Lancaster, J. W., Mann, R. L., Leonard, S. N., «Surface microbiology of the iPad tablet computer and the potential to serve as a fomite in both inpatient practice settings as well as outside of the hospital environment», en *PLOS one*, 9, núm. 10, 2014, pág. e111250.

3. Morell, V., «Microbiology's scarred revolutionary», en *Science*, 276, núm. 5313, 1997, págs. 699-702.

4. Gutell, R. R., «You tell Carl that some of my best friends are Eukaryotes: Carl R Woese (1928- 2012)», en *RNA*, 19, núm. 4, 2013, págs. vii-xi.

5. Baker, B. J., De Anda, V., Seitz, K. W., Dombrowski, N., Santoro, A. E., Lloyd, K. G., «Diversity, ecology and evolution of Archaea», en *Nature Microbiology*, 5, núm. 7, 2020, págs. 887-900.

6. Venter, J. C., Remington, K., Heidelberg, J. F., *et al.*, «Environmental genoma shotgun sequencing of the Sargasso Sea», en *Science*, 304, núm. 5667, 2004, págs. 66-74.

7. DuPont, H. L., «Giardia: both a harmless commensal and a devastating pathogen», en *The Journal of Clinical Investigation*, 123, núm. 6, 2013, págs. 2352-2354.

8. Hallen-Adams, H. E., Suhr, M. J., «Fungi in the healthy human gastrointestinal tract», en *Virulence*, 8, núm. 3, 2017, págs. 352-358.

9. Doron, I., Leonardi, I., Li, X. V., *et al.*, «Human gut mycobiota tune immunity via CARD9-dependent induction of anti-fungal IgG antibodies», en *Cell*, 184, núm. 4, 2021, pág. 1017-31e14.

10. Nilsson, R. H., Anslan, S., Bahram, M., Wurzbacher, C., Baldrian, P., Tedersoo, L., «Mycobiome diversity: high-throughput sequencing and identification of fungi», en *Nature Reviews Microbiology*, 17, núm. 2, 2019, págs. 95-109.

11. Van Tilburg Bernardes, E., Pettersen, V. K., Gutierrez, M. W., *et al.*, «Intestinal fungi are causally implicated in microbiome assembly and immune development in mice», en *Nature Communications*, 11, núm. 1, 2020, pág. 2577.

12. «Microbiology by numbers», en *Nature Reviews Microbiology*, 9, núm. 9, 2011, pág. 628.

13. Mushegian, A. R., «Are There 10^{31} Virus Particles on Earth, or More, or Fewer?», en *The Journal of Bacteriology*, 202, núm. 9, 2020.

14. Moreno-Gallego, J. L., Chou, S. P., Di Rienzi, S. C., *et al.*, «Virome Diversity Correlates with Intestinal Microbiome Diversity in Adult Monozygotic Twins», en *Cell Host & Microbe*, 25, núm. 2, 2019, pág. 261-72e5.

15. Camarillo-Guerrero, L. F., Almeida, A., Rangel-Pineros, G., Finn, R. D., Lawley, T. D., «Massive expansion of human gut bacteriophage diversity», en *Cell*, 184, núm. 4, 2021, pág. 1098-9e9.

16. Rohwer, F., «Global phage diversity», en *Cell*, 113, núm. 2, 2003, pág. 141.

17. Chen, Z., Sun, L., Zhang, Z., *et al.*, «Cryo-EM structure of the bacteriophage T4 isometric head at 3.3-A resolution and its relevance to the assembly of icosahedral viruses», en *Proceedings of the National Academy of Sciences of the United States of America*, 114, núm. 39, 2017, págs. E8184-E8193.

18. Rao, V. B., Black, L. W., «Structure and assembly of bacteriophage T4 head», en *The Journal of Virology*, 7, núm. 356, 2010.

19. Clokie, M. R., Millard, A. D., Letarov, A. V., Heaphy, S., «Phages in nature», en *Bacteriophage*, 1, núm. 1, 2011, págs. 31-45.

20. Breitbart, M., Bonnain, C., Malki, K., Sawaya, N. A., «Phage puppet masters of the marine microbial realm», en *Nature Microbiology*, 3, núm. 7, 2018, págs. 754-766.

2. La crisis de la mediana edad

1. Hoch, J. A., Losick, R., «Panspermia, spores and the *Bacillus subtilis* genome», en *Nature*, 390, núm. 6657, 1997, págs. 237-238.

2. Horneck, G., «Survival of microorganisms in space: a review», en *Advances in Space Research*, 1, núm. 14, 1981, págs. 39-48.

3. Leander, B. S., «Predatory protists», en *Current Biology*, 30, núm. 10, 2020, págs. R510-R516.

4. Sagan, L., «On the origin of mitosing cells», en *Journal of Theoretical Biology*, 14, núm. 3, 1967, págs. 255-274.

5. Adams, E. D., Goss, G. G., Leys, S. P., «Freshwater sponges have functional, sealing epithelia with high transepithelial resistance and negative transepithelial potential», en *PLOS one*, 5, núm. 11, 2010, pág. e15040.

6. Schiffbauer, J. D., Selly, T., Jacquet, S. M., *et al.*, «Discovery of bilaterian-type through-guts in cloudinomorphs from the terminal Ediacaran Period», en *Nature Communications*, 11, núm. 1, 2020, pág. 205.

7. Flajnik, M. F., Kasahara, M., «Origin and evolution of the adaptive immune system: genetic events and selective pressures», en *Nature Review Genetics*, 11, núm. 1, 2010, págs. 47-59.

8. Nino Barreat, J. G., Katzourakis, A., «Evolutionary Analysis of Placental Orthologues Reveals Two Ancient DNA Virus Integrations», en *Journal of Virology*, 2022, pág. e0093322.

9. Long, J. A., Mark-Kurik, E., Johanson, Z., *et al.*, «Copulation in antiarch placoderms and the origin of gnathostome internal fertilization», en *Nature*, 517, núm. 7533, 2015, págs. 196-199.

10. Lively, C. M., «A review of Red Queen models for the persistence of obligate sexual reproduction», en *Journal of Heredity*, 101, suplemento 1, 2010, págs. S13-S20.

11. Poinar, G., Zavortink, T. J., Brown, A., «*Priscoculex burmanicus* n. gen. et sp. (Diptera: Culicidae: Anophelinae) from mid-Cretaceous Myanmar amber», en *Historical Biology*, 32, núm. 9, 2020, págs. 1157-1162.

12. Whitfield, J., «Portrait of a serial killer», en *Nature*, 2002.

13. Oftedal, O. T., «The mammary gland and its origin during synapsid evolution», en *Journal of Mammary Gland Biology and Neoplasia*, 7, núm. 3, 2002, págs. 225-252.

14. Oftedal, O. T., «The origin of lactation as a water source for parchment-shelled eggs», en *Journal of Mammary Gland Biology and Neoplasia*, 7, núm. 3, 2002, págs. 253-266.

15. Morono, Y., Ito, M., Hoshino, T., *et al.*, «Aerobic microbial life

persists in oxic marine sediment as old as 101.5 million years», en *Nature Communications*, 11, núm. 1, 2020, pág. 3626.

16. Lugli, G. A., Milani, C., Mancabelli, L., *et al.*, «Ancient bacteria of the Ötzi's microbiome: a genomic tale from the Copper Age», en *Microbiome,* 2017; 5(1): 5.

17. Moeller, A. H., Caro-Quintero, A., Mjungu, D., *et al.*, «Cospeciation of gut microbiota with hominids», en *Science*, 353, núm. 6297, 2016, págs. 380-382.

18. Reese, A. T., Pereira, F. C., Schintlmeister, A., *et al.*, «Microbial nitrogen limitation in the mammalian large intestine», en *Nature Microbiology*, 3, núm. 12, 2018, págs. 1441-1450.

19. Groussin, M., Mazel, F., Sanders, J. G., *et al.*, «Unraveling the processes shaping mammalian gut microbiomes over evolutionary time», en *Nature Communications*, 8, 2017, pág. 14319.

20. Smith, H. F., Parker, W., Kotzé, S. H., Laurin, M., «Multiple independent appearances of the cecal appendix in mammalian evolution and an investigation of related ecological and anatomical factors», en *Comptes Rendus Palevol*, 12, núm. 6, 2013, págs. 339-354.

21. Weyrich, L. S., Duchene, S., Soubrier, J., *et al.*, «Neanderthal behaviour, diet, and disease inferred from ancient DNA in dental calculus», en *Nature*, 544, núm. 7650, 2017, págs. 357-361.

22. Komiya, Y., Shimomura, Y., Higurashi, T., *et al.*, «Patients with colorectal cancer have identical strains of Fusobacterium nucleatum in their colorectal cancer and oral cavity», en *Gut*, 68, núm. 7, 2019, págs. 1335-1337.

23. Wibowo, M. C., Yang, Z., Borry, M., *et al.*, «Reconstruction of ancient microbial genomes from the human gut», en *Nature*, 594, núm. 7862, 2021, págs. 234-239.

24. Lloyd-Price, J., Arze, C., Ananthakrishnan, A. N., *et al.*, «Multiomics of the gut microbial ecosystem in inflammatory bowel diseases», en *Nature*, 569, núm. 7758, 2019, págs. 655-662.

25. Gomez, A., Petrzelkova, K. J., Burns, M. B., *et al.*, «Gut Microbiome of Coexisting BaAka Pygmies and Bantu Reflects Gradients of Traditional Subsistence *Patterns*», en *Cell Reports*, 14, núm. 9, 2016, págs. 2142-2153.

26. Hansen, M. E. B., Rubel, M. A., Bailey, A. G., *et al.*, «Population structure of human gut bacteria in a diverse cohort from rural Tanzania and Botswana», en *Gen Biology*, 20, núm. 1, 2019, pág. 16.

27. Granato, E. T., Meiller-Legrand, T. A., Foster, K. R., «The Evolution and Ecology of Bacterial Warfare», en *Current Biology*, 29, núm. 11, 2019, págs. R521-R537.

28. Czaran, T. L., Hoekstra, R. F., Pagie, L., «Chemical warfare between microbes promotes biodiversity», en *Proceedings of the National Academy of Sciences of the United States of America*, 99, núm 2, 2002, págs. 786-790.

29. Niehus, R., Oliveira, N. M., Li, A., Fletcher, A. G., Foster, K. R., «The evolution of strategy in bacterial warfare via the regulation of bacteriocins and antibiotics», en *Elife*, 10, 2010.

30. Dunbar, R. I., Shultz, S., «Understanding primate brain evolution», en *Philosophical Transactions of the Royal Society B: Biological Sciences*, 362, núm. 1480, 2007, págs. 649-658.

31. Raichle, M. E., Gusnard, D. A., «Appraising the brain's energy budget», en *Proceedings of the National Academy of Sciences of the United States of America*, 99, núm. 16, 2002, págs. 10237-10239.

32. Obregon-Tito, A. J., Tito, R. Y., Metcalf, J., *et al.*, «Subsistence strategies in traditional societies distinguish gut microbiomes», en *Nature Communications*, 6, núm. 6505, 2015.

3. Cómo nos matan los microbios

1. Aurna, Li., *et al.*, «The excavation of the Neolithic site at Hamin Mangha in Horqin Left Middle Banner, Inner Mongolia in 2011», en *Chinese Archaeology*, 14, núm. 1, 2014, págs. 10-17.

2. Maritz, J. M., Sullivan, S. A., Prill, R. J., Aksoy, E., Scheid, P., Carlton, J. M., «Filthy lucre: A metagenomic pilot study of microbes found on circulating currency in New York City», en *PLOS one*, 12, núm. 4, 2017, pág. e0175527.

3. Meyer, C., Lohr, C., Gronenborn, D., Alt, K. W., «The massacre mass grave of Schöneck-Kilianstädten reveals new insights into collective violence in Early Neolithic Central Europe», en *Proceedings of the National Academy of Sciences of the United States of America*, 112, núm. 36, 2015, págs. 11217-11222.

4. Stone, A. C., Wilbur, A. K., Buikstra, J. E., Roberts, C. A., «Tuberculosis and leprosy in perspective», en *American Journal Physical Anthropology*, 140, suplemento 49, 2009, págs. 66-94.

5. Shriner, D., Rotimi, C. N., «Whole-Genome-Sequence-Based Haplotypes Reveal Single Origin of the Sickle Allele during the Holocene Wet Phase», en *The American Journal of Human Genetics*, 102, núm. 4, 2018, págs. 547-556.

6. Van Doorn, H. R., «Emerging infectious diseases», en *Medicine*, 42, núm. 1, 2014, págs. 60-63.

7. Frith, J., «History of Tuberculosis. Part 1—Phthisis, consumption and the White Plague», en *Journal of Military and Veterans' Health*, 22, 2014.

8. The top 10 causes of death, 2020, WHO, <www.who.int/newsroom/fact-sheets/detail/ the-top-10-causes-of-death>.

9. Jones, D. S., Podolsky, S. H., Greene, J. A., «The burden of disease and the changing task of medicine», en *New England Journal of Medicine*, 366, núm. 25, 2012, págs. 2333-2338.

10. The top 10 causes of death, 2020, WHO, <www.who.int/newsroom/fact-sheets/detail/the-top-10-causes-of-death>.

11. Warren, J. R., Marshall, B., «Unidentified curved bacilli on gastric epithelium in active chronic gastritis», en *Lancet*, 1, núm. 8336, 1983, págs. 1273-1275.

12. Blaser, M., «Antibiotic overuse: Stop the killing of beneficial bacteria», en *Nature*, 476, núm. 7361, 2011, págs. 393-394.

13. Lebwohl, B., Blaser, M. J., Ludvigsson, J. F., *et al.*, «Decreased risk of celiac disease in patients with *Helicobacter pylori* colonization», en *American Journal of Epidemiology*, 178, núm. 12, 2013, págs. 1721-1730.

14. Barberis, I., Bragazzi, N. L., Galluzzo, L., Martini, M., «The history of tuberculosis: from the first historical records to the isolation of Koch's bacillus», en *Journal of Preventive and Medical Hygene*, 58, núm. 1, 2017, págs. E9-E12.

15. Scott, A. J., Alexander, J. L., Merrifield, C. A., *et al.*, «International Cancer Microbiome *Consortium consensus* statement on the role of the human microbiome in carcinogenesis», en *Gut*, 68, núm. 9, 2019, págs. 1624-1632.

16. Chuang, H. L., Chiu, C. C., Lo, C., *et al.*, «Circulating gut microbiota-related metabolites influence endothelium plaque lesion formation in ApoE knockout rats», en *PLOS one*, 17, núm 5, 2022, pág. e0264934.

17. Libby, P., «The changing landscape of atherosclerosis», en *Nature*, 592, núm. 7855, 2021, págs. 524-533.

18. Luo, T., Guo, Z., Liu, D., *et al.*, «Deficiency of PSRC1 accelerates aterosclerosis by increasing TMAO production via manipulating gut microbiota and flavin monooxygenase 3», en *Gut Microbes*, 14, núm. 1, 2022, pág. 2077602.

19. Visconti, A., Le Roy, C. I., Rosa, F., *et al.*, «Interplay between the human gut microbiome and host metabolism», en *Nature Communication*, 10, núm. 1, 2019, pág. 4505.

4. Inflamación

1. Vogt, T. C., «How Many Years of Life Did the Fall of the Berlin Wall Add? A Projection of East German Life Expectancy», en *Gerontology*, 59, núm. 3, 2013, págs. 276-282.

2. Kramer, U., Schmitz, R., Ring, J., Behrendt, H., «What can reunification of East and West Germany tell us about the cause of the allergy epidemic?», en *Clinical and Experimental Allergy*, 45, núm. 1, 2015, págs. 94-107.

3. Allergy Prevalence: Useful facts and figures, Allergy UK, 2022. <www.allergyuk.org/about-allergy/statistics-and-figures/>.

4. Muraro, A., Worm, M., Alviani, C., *et al.*, «EAACI guidelines: Anaphylaxis (2021 update)», en *Allergy*, 77, núm. 2, 2022, págs. 357-377.

5. Correale, J., Equiza, T. R., «Regulatory B cells, helminths, and multiple sclerosis», en *Methods and Molecular Biology*, 1190, 2014, págs. 257-269.

6. Tanasescu, R., Tench, C. R., Constantinescu, C. S., *et al.*, «Hookworm Treatment for Relapsing Multiple Sclerosis: A Randomized Double-Blinded Placebo-Controlled Trial», en *JAMA Neurology*, 77, núm. 9, 2020, págs. 1089-1098.

7. Wolday, D., Gebrecherkos, T., Arefaine, Z. G., *et al.*, «Efecto of co-infection with intestinal parasites on COVID-19 severity: A prospective observational cohort study», en *eClinicalMedicine*, 39, 2021, pág. 101054.

8. Elgazzar, A., Eltaweel, A., Youssef, S. A., Hany, B., Hafez, M., Moussa, H., «Efficacy and Safety of Ivermectin for Treatment and Prophylaxis of COVID-19 Pandemic», 2020. <www.researchsquare.com/article/rs-100956/v3>.

9. Strachan, D. P., «Hay fever, hygiene, and household size», en *British Medical Journal*, 299, núm. 6710, 1989, págs. 1259-1260.

10. Rook, G. A., Adams, V., Hunt, J., Palmer, R., Martinelli, R., Brunet, L. R., «Mycobacteria and other environmental organisms as immunomodulators for immunoregulatory disorders», en *Springer Seminars in Immunopathology*, 25, núm. 3-4, 2004, págs. 237-255.

11. Haahtela, T., Holgate, S., Pawankar, R., *et al.*, «The biodiversity hypothesis and allergic disease: world allergy organization position statement», en *World Allergy Organization Journal*, 6, núm. 1, 2013, pág. 3.

12. Blaser, M. J., Falkow, S., «What are the consequences of the disappearing human microbiota?», en *Nature Reviews Microbiology*, 7, núm. 12, 2009, págs. 887-894.

13. Bao, R., Hesser, L. A., He, Z., Zhou, X., Nadeau, K. C., Nagler, C.

R., «Fecal microbiome and metabolome differ in healthy and food-allergic twins», en *Journal of Clinical Investigation*, 131, núm. 2, 2021.

14. Stein, M. M., Hrusch, C. L., Gozdz, J., *et al.*, «Innate Immunity and Asthma Risk in Amish and Hutterite Farm Children», en *New England Journal of Medicine*, 375, núm. 5, 2016, págs. 411-421.

15. Kim, J. H., Kim, K., Kim, W., «Gut microbiota restoration through fecal microbiota transplantation: a new atopic dermatitis therapy», en *Experimental & Molecular Medicine*, 53, núm. 5, 2021, págs. 907-916.

16. Rachid, R., «Evaluating the Safety and Efficacy of Oral Encapsulated Fecal Microbiota Transplant in Peanut Allergic Patients», 2021. <clinicaltrials.gov/ct2/show/NCT02960074>.

5. Sexo, bichos y estradiol

1. Johnson, K. V., «Gut microbiome composition and diversity are related to human personality traits», en *Human Microbes Journal*, 15, 2020.

2. Sharon, G., Segal, D., Ringo, J. M., Hefetz, A., Zilber-Rosenberg, I., Rosenberg, E., «Commensal bacteria play a role in mating preference of *Drosophila melanogaster*», en *Proceedings of the National Academy of Sciences of the United States of America*, 107, núm. 46, 2010, págs. 20051-20056.

3. Ehman, K. D., Scott, M. E., «Female mice mate preferentially with non-parasitized males», en *Parasitology*, 125, núm. Pt 5, 2002, págs. 461-466.

4. Boulet, M., Charpentier, M. J., Drea, C. M., «Decoding an olfactory mechanism of kin recognition and inbreeding avoidance in a primate», en *BMC Evolutionary Biology*, 9, 2009, pág. 281.

5. Kavaliers, M., Ossenkopp, K. P., Choleris, E., «Social neuroscience of disgust», en *Genes, Brain and Behavior*, 18, núm. 1, 2019, pág. e12508.

6. Zhou, W., Qi, D., Swaisgood, R. R., *et al.*, «Symbiotic bacteria mediate volatile chemical signal synthesis in a large solitary mammal species», en *The ISME Journal*, 15, núm. 7, 2021, págs. 2070-2080.

7. Lam, T. H., Verzotto, D., Brahma, P., *et al.*, «Understanding the microbial basis of body odor in pre-pubescent children and teenagers», en *Microbiome*, 6, núm. 1, 2018, pág. 213.

8. McLaughlin, J., Watterson, S., Layton, A. M., Bjourson, A. J., Barnard, E., McDowell, A., «*Propionibacterium acnes* and Acne Vulgaris: New Insights from the Integration of Population Genetic, Multi-Omic, Biochemical and Host-Microbe Studies», en *Microorganisms*, 7, núm. 5, 2019.

9. Dreno, B., Dagnelie, M. A., Khammari, A., Corvec, S., «The Skin Microbiome: A New Actor in Inflammatory Acne», en *American Journal of Clinical Dermatology*, 21, suplemento 1, 2020, págs. 18-24.

10. Gurtler, A., Laurenz, S., «The impact of clinical nutrition on inflammatory skin diseases», en *Journal der Deutschen Dermatologischen Gesellschaft*, 20, núm. 2, 2022, págs. 185-202.

11. Rainer, B. M., Thompson, K. G., Antonescu, C., *et al.*, «Impact of lifestyle and demographics on the gut microbiota of acne patients and the response to minocycline», en *Journal Dermatological Treatment*, 32, núm. 8, 2021, págs. 934-935.

12. Huang, Y., Liu, L., Chen, L., Zhou, L., Xiong, X., Deng, Y., «Gender-Specific Differences in Gut Microbiota Composition Associated with Microbial Metabolites for Patients with Acne Vulgaris», en *Annals of Dermatology*, 33, núm. 6, 2021, págs. 531-540.

13. Farahani, L., Tharakan, T., Yap, T., Ramsay, J. W., Jayasena, C. N., Minhas, S., «The semen microbiome and its impact on sperm function and male fertility: A systematic review and meta-analysis», en *Andrology*, 9, núm. 1, 2021, págs. 115-144.

14. Nelson, D. E., Dong, Q., Van der Pol, B., *et al.*, «Bacterial communities of the coronal sulcus and distal urethra of adolescent males», en *PLOS one*, 7, núm. 5, 2012, pág. e36298.

15. Ratten, L. K., Plummer, E. L., Murray, G. L., *et al.*, «Sex is associated with the persistence of non-optimal vaginal microbiota following treatment for bacterial vaginosis: a prospective cohort study», en *British Journal of Obstetrics and Gynaecology*, 128, núm. 4, 2021, págs. 756-767.

16. Malki, K., Shapiro, J. W., Price, T. K., *et al.*, «Genomes of Gardnerella Strains Reveal an Abundance of Prophages within the Bladder Microbiome», en *PLOS one*, 11, núm. 11, 2016, pág. e0166757.

17. Grainha, T., Jorge, P., Alves, D., Lopes, S. P., Pereira, M. O., «Unraveling *Pseudomonas aeruginosa* and *Candida albicans* Communication in Coinfection Scenarios: Insights Through Network Analysis», en *Frontiers in Cellular and Infection Microbiology*, 10, 2020, pág. 550505.

18. Kort, R., Caspers, M., van de Graaf, A., van Egmond, W., Keijser, B., Roeselers, G., «Shaping the oral microbiota through intimate kissing», en *Microbiome*, 2, 2014, pág. 41.

19. Centers for Disease Control and Prevention, «1 in 5 people in the U.S. have a sexually transmitted infection», 2021. <www.cdc.gov/nchhstp/newsroom/2021/2018-STI-incidence-prevalence-estimates.html>.

20. Kaiser Family Foundation, «The Global HIV/AIDS Epidemic»,

2021. <www.kff.org/global-health-policy/fact-sheet/the-global-hivaids-epi demic/>.

21. Xie, Y., Sun, J., Wei, L., *et al.*, «Altered gut microbiota correlate with different immune responses to HAART in HIV-infected individuals», en *BMC Microbiology*, 21, núm. 1, 2021, pág. 11.

22. Foessleitner, P., Petricevic, L., Boerger, I., *et al.*, «HIV infection as a risk factor for vaginal dysbiosis, bacterial vaginosis, and candidosis in pregnancy: A matched case-controlstudy», en *Birth*, 48, núm. 1, 2021, págs. 139-146.

23. Warrier, V., Zhang, X., Reed, P., *et al.*, «Genetic correlates of phenotypic heterogeneity in autism», en *Nature Genetics*, 54, 2022, págs. 1293-1304.

24. Willsey, H. R., Willsey, A. J., Wang, B., State, M. W., «Genomics, convergent neuroscience and progress in understanding autism spectrum disorder», en *Nature Reviews Neuroscience*, 23, núm. 6, 2022, págs. 323-341.

25. OMS, «Adolescent and young adult health», 2021. <www.who.int/news-room/fact-sheets/detail/adolescents-health-risks-and-solutions>.

26. Kageyama, D., Narita, S., Watanabe, M., «Insect Sex Determination Manipulated by Their Endosymbionts: Incidences, Mechanisms, and Implications», en *Insects*, 3, núm. 1, 2012, págs. 161-199.

27. Weger, B. D., Gachon, F., «Microbiota and the clock: sexual dimorphism matters!», en *Aging* (Albany, Nueva York), 11, núm. 12, 2019, págs. 3893-3894.

28. Thion, M. S., Low, D., Silvin, A., *et al.*, «Microbiome Influences Prenatal and Adult Microglia in a Sex-Specific Manner», en *Cell*, 172, núm. 3, 2018, págs. 500-16e16.

29. Uzan-Yulzari, A., Turta, O., Belogolovski, A., *et al.*, «Neonatal antibiotic exposure impairs child growth during the first six years of life by perturbing intestinal microbial colonization», en *Nature Communications*, 12, núm. 1, 2021, pág. 443.

30. Huttenhower, C., Gevers, D., Knight, R., *et al.*, «Structure, function and diversity of the healthy human microbiome», en *Nature*, 486, núm. 7402, 2012, págs. 207-214.

31. Zhang, X., Zhong, H., Li, Y., *et al.*, «Sex- and age-related trajectories of the adult human gut microbiota shared across populations of different ethnicities», en *Nature Aging*, 1, núm. 1, 2021, págs. 87-100.

32. Coombes, Z., Yadav, V., McCoubrey, L. E., *et al.*, «Progestogens Are Metabolized by the Gut Microbiota: Implications for Colonic Drug Delivery», en *Pharmaceutics*, 12, núm. 8, 2020.

33. Hua, X., Cao, Y., Morgan, D. M., *et al.*, «Longitudinal analysis of the impact of oral contraceptive use on the gut microbiome», en *Journal of Medical Microbiology*, 71, núm. 4, 2022.

34. Tayachew, B., Vanden Brink, H., Garcia-Reyes, Y., *et al.*, «Combined Oral Contraceptive Treatment Does Not Alter the Gut Microbiome but Affects Amino Acid Metabolism in Sera of Obese Girls With Polycystic Ovary Syndrome», en *Frontiers in Physiology*, 13, 2022, pág. 887077.

35. Balle, C., Konstantinus, I. N., Jaumdally, S. Z., *et al.*, «Hormonal contraception alters vaginal microbiota and cytokines in South African adolescents in a randomized trial», en *Nature Communications*, 11, núm. 1, 2020, pág. 5578.

36. Chen, K. L. A., Liu, X., Zhao, Y. C., *et al.*, «Long-Term Administration of Conjugated Estrogen and Bazedoxifene Decreased Murine Fecal ß-Glucuronidase Activity Without Impacting Overall Microbiome Community», en *Scientific Reports*, 8, núm. 1, 2018, pág. 8166.

37. Li, D., Liu, R., Wang, M., *et al.*, «3ß-Hydroxysteroid dehydrogenase expressed by gut microbes degrades testosterone and is linked to depression in males», en *Cell Host & Microbe*, 30(3), 2022, págs. 329-339 e5.

38. Liu, S., Cao, R., Liu, L., *et al.*, «Correlation Between Gut Microbiota and Testosterone in Male Patients With Type 2 Diabetes Mellitus», en *Front Endocrinol*, Lausana, 13, 2022, pág. 836485.

39. Organización de las Naciones Unidas, «World Fertility and Family Planning», 2020. <www.un.org/development/desa/pd/sites/www.un.org.development.desa.pd/files/files/documents/2020/Aug/un_2020_worldfertilityfamilyplanning_highlights.pdf>.

40. Levine, H., Jorgensen, N., Martino-Andrade, A., *et al.*, «Temporal trends in sperm count: a systematic review and meta-regression analysis», en *Human Reproduction Update*, 23, núm. 6, 2017, págs. 646-659.

41. Zhang, T., Sun, P., Geng, Q., *et al.*, «Disrupted spermatogenesis in a metabolic syndrome model: the role of vitamin A metabolism in the gut», en *Gut-Testis Axis*, 71, núm. 1, 2021, págs. 78-87.

42. Yassour, M., Jason, E., Hogstrom, L. J., *et al.*, «Strain-Level Analysis of Mother-to-Child Bacterial Transmission during the First Few Months of Life», en *Cell Host & Microbe*, 24, núm. 1, 2018, págs. 146-154 e4.

43. Koedooder, R., Singer, M., Schoenmakers, S., *et al.*, «The vaginal microbiome as a predictor for outcome of in vitro fertilization with or without intracytoplasmic sperm injection: a prospective study», en *Human Reproduction*, 34, núm. 6, 2019, págs. 1042-1054.

44. Campisciano, G., Iebba, V., Zito, G., *et al.*, «*Lactobacillus iners* and *gasseri*, *Prevotella bivia* and HPV Belong to the Microbiological Sig-

nature Negatively Affecting Human Reproduction», en *Microorganisms*, 9, núm. 1, 2020.

45. Hao, Y., Feng, Y., Yan, X., *et al.*, «Gut microbiota-testis axis: FMT improves systemic and testicular micro-environment to increase semen quality in type 1 diabetes», en *Molecular Medicine*, 28, núm. 1, 2022, pág. 45.

6. El Big Bang

1. De Goffau, M. C., Lager, S., Sovio, U., *et al.*, «Human placenta has no microbiome but can contain potential pathogens», en *Nature*, 572, núm. 7769, 2019, págs. 329-334.

2. Yang, H., Guo, R., Li, S., *et al.*, «Systematic analysis of gut microbiota in pregnant women and its correlations with individual heterogeneity», en *NPJ Biofilms and Microbiomes*, 6, núm. 1, 2020, pág. 32.

3. Kok, D. E., Steegenga, W. T., McKay, J. A., «Folate and epigenetics: why we should not forget bacterial biosynthesis», en *Epigenomics*, 10, núm. 9, 2018, págs. 1147-1150.

4. Koren, O., Goodrich, J. K., Cullender, T. C., *et al.*, «Host remodeling of the gut microbiome and metabolic changes during pregnancy», en *Cell*, 150, núm. 3, 2012, págs. 470-480.

5. Crusell, M. K. W., Hansen, T. H., Nielsen, T., *et al.*, «Gestational diabetes is associated with change in the gut microbiota composition in third trimester of pregnancy and postpartum», en *Microbiome*, 6, núm. 1, 2018, pág. 89.

6. Lv, L. J., Li, S. H., Li, S. C., *et al.*, «Early-Onset Preeclampsia Is Associated With Gut Microbial Alterations in Antepartum and Postpartum Women», en *Frontiers in Cellular Infection and Microbiology*, 9, 2019, pág. 224.

7. Chu, D. M., Ma, J., Prince, A. L., Antony, K. M., Seferovic, M. D., Aagaard, K. M., «Maturation of the infant microbiome community structure and function across multiple body sites and in relation to mode of delivery», en *Nature Medicine*, 23, núm. 3, 2017, págs. 314-326.

8. Morais, J., Marques, C., Teixeira, D., *et al.*, «Extremely preterm neonates have more *Lactobacillus* in meconium than very preterm neonates–the *in utero* microbial colonization hypothesis», en *Gut Microbes*, 12, núm. 1, 2020, pág. 1785804.

9. Rackaityte, E., Halkias, J., Fukui, E. M., *et al.*, «Viable bacterial colonization is highly limited in the human intestine *in utero*», en *Nature Medicine*, 26, núm. 4, 2020, págs. 599-607.

10. Bi, Y., Tu, Y., Zhang, N., *et al.*, «Multiomics analysis reveals the presence of a microbiome in the gut of fetal lambs», en *Gut*, 70, núm. 5, 2021, págs. 853-864.

11. Cobo, T., Vergara, A., Collado, M. C., *et al.*, «Characterization of vaginal microbiota in women with preterm labor with intra-amniotic inflammation», en *Scientific Reports*, 9, núm. 1, 2019, pág. 18963.

12. Blostein, F., Gelaye, B., Sanchez, S. E., Williams, M. A., Foxman, B., «Vaginal microbiome diversity and preterm birth: results of a nested case-control study in Peru», en *Annals of Epidemiology*, 41, 2020, págs. 28-34.

13. Dinsdale, N. K., Castaño-Rodríguez, N., Quinlivan, J. A., Mendz, G. L., «Comparison of the Genital Microbiomes of Pregnant Aboriginal and Non-aboriginal Women», en *Frontiers in Cellular and Infection Microbiology*, 10, 2020, pág. 523764.

14. «Stemming the global caesarean section epidemic», en *Lancet*, 392, núm. 10155, 2018, pág. 1279.

15. Sandall, J., Tribe, R. M., Avery, L., *et al.*, «Short-term and long-term effects of caesarean section on the health of women and children», en *Lancet*, 392, núm. 10155, 2018, págs. 1349-1357.

16. Obermajer, T., Grabnar, I., Benedik, E., *et al.*, «Microbes in Infant Gut Development: Placing Abundance Within Environmental, Clinical and Growth Parameters», en *Scientific Reports*, 7, núm. 1, 2017, pág. 11230.

17. Diaz Heijtz, R., Wang, S., Anuar, F., *et al.*, «Normal gut microbiota modulates brain development and behavior», en *Proceeding of the National Academy of Sciences of the United States of America*, 108, núm. 7, 2011, págs. 3047-3052.

18. Chen, Y., «Global infant formula products market: estimations and forecasts for production and consumption: China», en *Gira*, 2017.

19. Xu, J., Lawley, B., Wong, G., *et al.*, «Ethnic diversity in infant gut microbiota is apparent before the introduction of complementary diets», en *Gut Microbes*, 11, núm. 5, 2020, págs. 1362-1373.

20. Zheng, W., Zhao, W., Wu, M., *et al.*, «Microbiota-targeted maternal antibodies protect neonates from enteric infection», en *Nature*, 577, núm. 7791, 2020, págs. 543-548.

21. Fehr, K., Moossavi, S., Sbihi, H., *et al.*, «Breastmilk Feeding Practices Are Associated with the Co-Occurrence of Bacteria in Mothers' Milk and the Infant Gut: the CHILD Cohort Study», en *Cell Host & Microbe*, 28(2), 2020, págs. 285-297 e4.

7. Conciencia simbiótica

1. Wang, P., Su, X., Mao, Q., Liu, Y., «The surgical removal of a live tapeworm with an interesting pathologic finding most likely representing the migration path: a case report of cerebral sparganosis», en *Clinics*, São Paulo, 67, 7, 2012, págs. 849-851.

2. Tahoun, A., Mahajan, S., Paxton, E., *et al.*, «Salmonella transforms follicle-associated epithelial cells into M cells to promote intestinal invasion», en *Cell Host & Microbe*, 12, núm. 5, 2012, págs. 645-656.

3. World Stroke Association, «Learn about stroke», 2022. <www.world-stroke.org/world-stroke-day-campaign/why-stroke-matters/learn-about-stroke>.

4. Walker, M., Uranga, C., Levy, S. H., Kelly, C., Edlund, A., «Thrombus-associated microbiota in acute ischemic stroke patients», en *Surgical Neurology International*, 13, 2022, pág. 247.

5. Schwedhelm, E., von Lucadou, M., Peine, S., *et al.*, «Trimethyllysine, vascular risk factors and outcome in acute ischemic stroke (MARK-STROKE)», en *Amino Acids*, 53, núm. 4, 2021, págs. 555-561.

6. Xu, K., Gao, X., Xia, G., *et al.*, «Rapid gut dysbiosis induced by stroke exacerbates brain infarction in turn», en *Gut*, 70, núm. 8, 2021.

7. Stanley, D., Mason, L. J., Mackin, K. E., *et al.*, «Translocation and dissemination of commensal bacteria in post-stroke infection», en *Nature Medicine*, 22, núm. 11, 2016, págs. 1277-1284.

8. Nelson, J. W., Phillips, S. C., Ganesh, B. P., Petrosino, J. F., Durgan, D. J., Bryan, R. M., «The gut microbiome contributes to blood-brain barrier disruption in spontaneously hypertensive stroke prone rats», en *Federation of American Societies for Experimental Biology Journal*, 35, núm. 2, 2021, pág. e21201.

9. Benakis, C., Brea, D., Caballero, S., *et al.*, «Commensal microbiota affects ischemic stroke outcome by regulating intestinal gammadelta T cells», en *Nature Medicine*, 22, núm. 5, 2016, págs. 516-523.

10. Fuertig, R., Azzinnari, D., Bergamini, G., *et al.*, «Mouse chronic social stress increases blood and brain kynurenine pathway activity and fear behaviour: Both effects are reversed by inhibition of indoleamine 2,3-dioxygenase», en *Brain, Behavior, and Immunity*, 54, 2016, págs. 59-72.

11. Kaelberer, M. M., Rupprecht, L. E., Liu, W. W., Weng, P., Bohorquez, D. V., «Neuropod Cells: The Emerging Biology of Gut-Brain Sensory Transduction», en *Annual Review of Neuroscience*, 43, 2020, págs. 337-353.

12. Rao, S., Schieber, A. M. P., O'Connor, C. P., Leblanc, M., Michel, D., Ayres, J. S., «Pathogen-Mediated Inhibition of Anorexia Promotes Host Survival and Transmission», en *Cell*, 168, núm. 3, 2017, págs. 503-516 e12.

13. Valles-Colomer, M., Falony, G., Darzi, Y., *et al.*, «The neuroactive potential of the human gut microbiota in quality of life and depression», en *Nature Microbiology*, 4, núm. 4, 2019, págs. 623-632.

14. Kiraly, D. D., Walker, D. M., Calipari, E. S., *et al.*, «Alterations of the Host Microbiome Affect Behavioral Responses to Cocaine», en *Scientific Reports*, 6, 2016, pág. 5455.

15. Needham, B. D., Funabashi, M., Adame, M. D., *et al.*, «A gut-derived metabolite alters brain activity and anxiety behaviour in mice», en *Nature*, 602, núm. 7898, 2022, págs. 647-653.

16. Dunphy-Doherty, F., O'Mahony, S. M., Peterson, V. L., *et al.*, «Post-weaning social isolation of rats leads to long-termdisruption of the gut microbiota-immune-brain axis», en *Brain, Behavior, and Immunity*, 68, 2018, págs. 261-273.

17. Roman-Urrestarazu, A., van Kessel, R., Allison, C., Matthews, F. E., Brayne, C., Baron-Cohen, S., «Association of Race/Ethnicity and Social Disadvantage with Autism Prevalence in 7 Million School Children in England», en *JAMA Pediatrics*, 175(6), 2021, pág. e210054-e.

18. Van 't Hof, M., Tisseur, C., van Berckelear-Onnes, I., *et al.*, «Age at autism spectrum disorder diagnosis: A systematic review and meta-analysis from 2012 to 2019», en *Autism*, 25, núm. 4, 2021, págs. 862-873.

19. Kanner, L., «Autistic disturbances of affective contact», en *Nervous Child*, 2, 1943, págs. 217-250.

20. Holingue, C., Kalb, L. G., Musci, R., *et al.*, «Characteristics of the autism spectrum disorder gastrointestinal and related behaviors inventory in children», en *Autism Research*, 15, núm. 6, 2022, págs. 1142-1155.

21. Lou, M., Cao, A., Jin, C., *et al.*, «Deviated and early unsustainable stunted development of gut microbiota in children with autism spectrum disorder», en *Gut*, 71, núm. 8, 2022, págs. 1588-1599.

22. Bermudez-Martin, P., Becker, J. A. J., Caramello, N., *et al.*, «The microbial metabolite p-Cresol induces autistic-like behaviors in mice by remodeling the gut microbiota», en *Microbiome*, 9, núm. 1, 2021, pág. 157.

23. Xiao, L., Yan, J., Yang, T., *et al.*, «Fecal Microbiome Transplantation from Children with Autism Spectrum Disorder Modulates Tryptophan and Serotonergic Synapse Metabolism and Induces Altered Behaviors in Germ-Free Mice», en *mSystems*, 6, núm. 2, 2021.

24. Al-Haddad, B. J. S., Jacobsson, B., Chabra, S., *et al.*, «Long-term

Risk of Neuropsychiatric Disease After Exposure to Infection *In Utero*», en *JAMA Psychiatry*, 76, núm. 6, 2019, págs. 594-602.

25. Kim, S., Kim, H., Yim, Y. S., *et al.*, «Maternal gut bacteria promote neurodevelopmental abnormalities in mouse offspring», en *Nature*, 549, núm. 7673, 2017, págs. 528-532.

26. Agusti, A., Campillo, I., Balzano, T., *et al.*, «Bacteroides uniformis CECT 7771 Modulates the Brain Reward Response to Reduce Binge Eating and Anxiety-Like Behavior in Rat», en *Molecular Neurobiology*, 58, núm. 10, 2021, págs. 4959-4979.

27. Han, N. D., Cheng, J., Delannoy-Bruno, O., *et al.*, «Microbial liberation of N-methylserotonin from orange fiber in gnotobiotic mice and humans», en *Cell*, 185(14), 2022, págs. 2495-2509 e11.

28. Mortas, H., Bilici, S., Karakan, T., «The circadian disruption of night work alters gut microbiota consistent with elevated risk for future metabolic and gastrointestinal pathology», en *Chronobiology International*, 37, núm. 7, 2020, págs. 1067-1081.

29. Serger, E., Luengo-Gutierrez, L., Chadwick, J. S., *et al.*, «The gut metabolite indole-3 propionate promotes nerve regeneration and repair», en *Nature*, 607, núm. 7919, 2022, págs. 585-592.

30. Tu, K. W., Chiu, M. C., Lin, W. J., Hsueh, Y. P., Lin, C. C., Chou, J. Y., «Possible impacts of the predominant *Bacillus* bacteria on the *Ophiocordyceps unilateralis s. l.* in its infected ant cadavers», en *Scientific Reports*, 11, núm. 1, 2021, pág. 22695.

31. Public Health England, «Prescribed medicines review: summary», 2020. <www.gov.uk/government/publications/prescribed-medicines-review-report/prescribed-medicines-review-summary>.

32. Office for Health Improvement and Disparities, «COVID-19 mental health and wellbeing surveillance: report», 2022. <www.gov.uk/government/publications/covid-19-mental-health-and-wellbeing-surveillance-report>.

8. Cómo vivir hasta los cien años

1. «The Wilde Medal and Lecture of the Manchester Literary and Philosophical Society», *British Medical Journal*, 1, núm. 2104, 1901, págs. 1027-1028.

2. Bloom, D. E., Chatterji, S., Kowal, P., *et al.*, «Macroeconomic implications of population ageing and selected policy responses», en *Lancet*, 385, núm. 9968, 2015, págs. 649-657.

3. Fontana, L., Partridge, L., Longo, V. D., «Extending healthy life span—from yeast to humans», en *Science*, 328, núm. 5976, 2010, págs. 321-326.

4. Lee, P. G., Cigolle, C., Blaum, C., «The co-occurrence of chronic diseases and geriatric syndromes: the health and retirement study», en *Journal of the American Geriatrics Society*, 57, núm. 3, 2009, págs. 511-516.

5. Deelen, J., Beekman, M., Capri, M., Franceschi, C., Slagboom, P. E., «Identifying the genomic determinants of aging and longevity in human population studies: progress and challenges», en *BioEssays: news and reviews in molecular, cellular and developmental biology*, 35, núm. 4, 2013, págs. 386-396.

6. Lopez-Otin, C., Kroemer, G., «Hallmarks of health», en *Cell*, 184, núm. 7, 2021, págs. 1929-1939.

7. Bikov, A., Szabo, H., Piroska, M., *et al.*, «Gut Microbiome in Patients with Obstructive Sleep Apnoea», en *Applied Sciences*, 12, núm 4, 2022, pág. 2007.

8. Huffnagle, G. B., Dickson, R. P., Lukacs, N. W., «The respiratory tract microbiome and lung inflammation: a two-way street», en *Mucosal Immunology*, 10, núm. 2, 2017, págs. 299-306.

9. Tanne, J. H., «Don't vape, CDC says, as US lung disease epidemic grows», en *British Medical Journal*, 366, 2019, pág. l5479.

10. OMS, «Tobacco», 2022. <www.who.int/news-room/fact-sheets/detail/tobacco>.

11. Sapkota, A. R., Berger, S., Vogel, T. M., «Human pathogens abundant in the bacterial metagenome of cigarettes», en *Environmental Health Perspectives,* 118, núm. 3, 2010, págs. 351-356.

12. Turek, E. M., Cox, M. J., Hunter, M., *et al.*, «Airway microbial communities, smoking and asthma in a general population sample», en *eBioMedicine*, 71, 2021, pág. 103538.

13. Huang, C., Shi, G., «Smoking and microbiome in oral, airway, gut and some systemic diseases», en *Journal of Translational Medicine*, 17, núm. 1, 2019, pág. 225.

14. Collins, L., «Was Jeanne Calment the Oldest Person Who Ever Lived—or a Fraud?», en *New York Times*, 10 de febrero, 2020.

15. Biagi, E., Candela, M., Fairweather-Tait, S., Franceschi, C., Brigidi, P., «Aging of the human metaorganism: the microbial counterpart», en *Age*, 34, núm. 1, 2012, págs. 247-267.

16. Zwielehner, J., Liszt, K., Handschur, M., Lassl, C., Lapin, A., Haslberger, A. G., «Combined PCR-DGGE fingerprinting and quantita-

tive-PCR indicates shifts in fecal population sizes and diversity of Bacteroides, bifidobacteria and Clostridium cluster IV in institutionalized elderly», en *Experimental Gerontology*, 44, núms. 6-7, 2009, págs. 440-446.

17. Jeffery, I. B., Lynch, D. B., O'Toole, P. W., «Composition and temporal stability of the gut microbiota in older persons», en *The ISME Journal*, 10, núm. 1, 2016, págs. 170-182.

18. Sato, Y., Atarashi, K., Plichta, D. R., *et al.*, «Novel bile acid biosynthetic pathways are enriched in the microbiome of centenarians», en *Nature*, 599, núm. 7885, 2021, págs. 456-464.

19. Zhang, R., Hou, A., «Host-Microbe Interactions in *Caenorhabditis elegans*», en *ISRN Microbiology*, 2013, 2013, pág. 356451.

20. Man, A. L., Gicheva, N., Nicoletti, C., «The impact of ageing on the intestinal epithelial barrier and immune system», en *Cellular Immunology*, 289, núms. 1-2, 2014, págs. 112-118.

21. Cevenini, E., Monti, D., Franceschi, C., «Inflamm-ageing», en *Current Opinion in Clinical Nutrition & Metabolic Care*, 16, núm. 1, 2013, págs. 14-20.

22. Kibe, R., Kurihara, S., Sakai, Y., *et al.*, «Upregulation of colonic luminal polyamines produced by intestinal microbiota delays senescence in mice», en *Scientific Reports,* 4, 2014, pág. 4548.

23. Gremer, L., Scholzel, D., Schenk, C., *et al.*, «Fibril structure of amyloid-ß(1-42) by cryo-electron microscopy», en *Science*, 358, núm. 6359, 2017, págs. 116-119.

24. Liu, P., Wu, L., Peng, G., *et al.*, «Altered microbiomes distinguish Alzheimer's disease from amnestic mild cognitive impairment and health in a Chinese cohort», en *Brain, Behavior, and Immunity*, 80, 2019, págs. 633-643.

25. Harach, T., Marungruang, N., Duthilleul, N., *et al.*, «Reduction of Abeta amyloid pathology in APPPS1 transgenic mice in the absence of gut microbiota», en *Scientific Reports*, 7, 2017, pág. 41802.

26. Chen, C., Liao, J., Xia, Y., *et al.*, «Gut microbiota regulate Alzheimer's disease pathologies and cognitive disorders via PUFA-associated neuroinflammation», en *Gut*, 71, núm. 11, 2022, págs. 2233-2252.

27. Chorell, E., Andersson, E., Evans, M. L., *et al.*, «Bacterial Chaperones CsgE and CsgC Differentially Modulate Human α-Synuclein Amyloid Formation via Transient Contacts», en *PLOS one*, 10, núm. 10, 2015, pág. e0140194.

28. Blacher, E., Bashiardes, S., Shapiro, H., *et al.*, «Potential roles of gut microbiome and metabolites in modulating ALS in mice», en *Nature*, 572, núm. 7770, 2019, págs. 474-480.

9. El microbioma global

1. Magnabosco, C., Lin, L. H., Dong, H., *et al.*, «The biomass and biodiversity of the continental subsurface», en *Nature Geoscience*, 11, núm. 10, 2018, págs. 707-717.

2. Cavicchioli, R., Ripple, W. J., Timmis, K. N., *et al.*, «Scientists' warning to humanity: microorganisms and climate change», en *Nature Reviews Microbiology*, 17, núm. 9, 2019, págs. 569-586.

3. National Commission on the BP Deepwater Horizon Oil Spill and Offshore Drilling, United States of America, «Deep Water: The gulf oil disaster and the future of offshore drilling», 2011. <www.govinfo.gov/content/pkg/GPO-OILCOMMISSION/pdf/GPO-OILCOMMISSION.pdf>.

4. Hamdan, L. J., Salerno, J. L., Reed, A., Joye, S. B., Damour, M., «The impact of the Deepwater Horizon blowout on historic shipwreck-associated sediment microbiomes in the northern Gulf of Mexico», en *Scientific Reports*, 8, núm 1, 2018, pág. 9057.

5. Chernikova, T. N., Bargiela, R., Toshchakov, S. V., *et al.*, «Hydrocarbon-Degrading Bacteria *Alcanivorax* and *Marinobacter* Associated With Microalgae *Pavlova lutheri* and *Nannochloropsis oculata*», en *Frontiers in Microbiology*, 11, 2020, pág. 572931.

6. Campanale, C., Massarelli, C., Savino, I., Locaputo, V., Uricchio, V. F., «A Detailed Review Study on Potential Effects of Microplastics and Additives of Concern on Human Health», en *International Journal of Environmental Research and Public Health*, 17, núm. 4, 2020.

7. Oliveri Conti, G., Ferrante, M., Banni, M., *et al.*, «Micro- and nano-plastics in edible fruit and vegetables. The first diet risks assessment for the general population», en *Environmental Research*, 187, 2020, pág. 109677.

8. Qiao, J., Chen, R., Wang, M., *et al.*, «Perturbation of gut microbiota plays an important role in micro/nanoplastics-induced gut barrier dysfunction», en *Nanoscale*, 13, núm. 19, 2021, págs. 8806-8816.

9. Tamargo, A., Molinero, N., Reinosa, J. J., *et al.*, «PET microplastics affect human gut microbiota communities during simulated gastrointestinal digestion, first evidence of plausible polymer biodegradation during human digestion», en *Scientific Reports*, 12, núm. 1, 2022, pág. 528.

10. Wen, S., Zhao, Y., Liu, S., Yuan, H., You, T., Xu, H., «Microplastics-perturbed gut microbiota triggered the testicular disorder in male mice: Via fecal microbiota transplantation», en *Environmental Pollution*, 309, 2022, pág. 119789.

11. Yoshida, S., Hiraga, K., Takehana, T., *et al.*, «A bacterium that degrades and assimilates poly(ethylene terephthalate)», en *Science*, 351, núm. 6278, 2016, págs. 1196-1199.

12. Elhacham, E., Ben-Uri, L., Grozovski, J., Bar-On, Y. M., Milo, R., «Global human-made mass exceeds all living biomass», en *Nature*, 588(7838), 2020, págs. 442-444.

13. Liang, Y., Zhan, J., Liu, D., *et al.*, «Organophosphorus pesticide chlorpyrifos intake promotes obesity and insulin resistance through impacting gut and gut microbiota», en *Microbiome*, 7, núm. 1, 2019, pág. 19.

14. Rothschild, D., Weissbrod, O., Barkan, E., *et al.*, «Environment dominates over host genetics in shaping human gut microbiota», en *Nature*, 555, núm. 7695, 2018, págs. 210-215.

15. Goodrich, J. K., Davenport, E. R., Beaumont, M., *et al.*, «Genetic Determinants of the Gut Microbiome in UK Twins», en *Cell Host & Microbe*, 19, núm. 5, 2016, págs. 731-743.

16. Ou, J., Carbonero, F., Zoetendal, E. G., *et al.*, «Diet, microbiota, and microbial metabolites in colon cancer risk in rural Africans and African Americans», en *The American Journal of Clinical Nutrition*, 98, núm. 1, 2013, págs. 111-120.

17. Truong, D. T., Tett, A., Pasolli, E., Huttenhower, C., Segata, N., «Microbial strain-level population structure and genetic diversity from metagenomes», en *Genome Research*, 27, núm. 4, 2017, págs. 626-638.

18. Wibowo, M. C., Yang, Z., Borry, M., *et al.*, «Reconstruction of ancient microbial genomes from the human gut», en *Nature*, 594, núm. 7862, 2021, págs. 234-239.

19. Yatsunenko, T., Rey, F. E., Manary, M. J., *et al.*, «Human gut microbiome viewed across age and geography», en *Nature*, 486, núm. 7402, 2012, págs. 222-227.

20. Smits, S. A., Leach, J., Sonnenburg, E. D., *et al.*, «Seasonal cycling in the gut microbiome of the Hadza hunter-gatherers of Tanzania», en *Science*, 357, núm. 6353, 2017, págs. 802-806.

21. Hansen, M. E. B., Rubel, M. A., Bailey, A. G., *et al.*, «Population structure of human gut bacteria in a diverse cohort from rural Tanzania and Botswana», en *Genome Biology*, 20, núm. 1, 2019, pág. 16.

22. Pasolli, E., Asnicar, F., Manara, S., *et al.*, «Extensive Unexplored Human Microbiome Diversity Revealed by Over 150,000 Genomes from Metagenomes Spanning Age, Geography, and Lifestyle», en *Cell*, 176(3), 2019, págs. 649-662 e20.

23. Tamburini, F. B., Maghini, D., Oduaran, O. H., *et al.*, «Short- and

long-read metagenomics of urban and rural South African gut microbiomes reveal a transitional composition and undescribed taxa», en *Nature Communications*, 13, núm. 1, 2022, pág. 926

24. United Nations News: <www.un.org/development/desa/en/news/population/2018-revision-of-world-urbanization-prospects.html>.

25. Ruiz-Calderon, J. F., Cavallin, H., Song, S. J., *et al.*, «Walls talk: Microbial biogeography of homes spanning urbanization», en *Science Advances*, 2(2), 2016, pág. e1501061.

26. Danko, D., Bezdan, D., Afshin, E. E., *et al.*, «A global metagenomic map of urban microbiomes and antimicrobial resistance», en *Cell*, 184(13), 2021, págs. 3376-3393 e17.

27. Lax, S., Smith, D. P., Hampton-Marcell, J., *et al.*, «Longitudinal analysis of microbial interaction between humans and the indoor environment», en *Science*, 345, núm. 6200, 2014, págs. 1048-1052.

28. De Clercq, N. C., Frissen, M. N., Levin, E., *et al.*, «The effect of having Christmas dinner with in-laws on gut microbiota composition», en *Human Microbiome Journal*, 13, 2019, pág. 100058.

29. Brito, I. L., Yilmaz, S., Huang, K., *et al.*, «Mobile genes in the human microbiome are structured from global to individual scales», en *Nature*, 535, núm. 7612, 2016, págs. 435-439.

30. Brand, E. C., Klaassen, M. A. Y., Gacesa, R., *et al.*, «Healthy Cotwins Share Gut Microbiome Signatures With Their Inflammatory Bowel Disease Twins and Unrelated Patients», en *Gastroenterology*, 160, núm. 6, 2021, págs. 1970-1985.

31. World Migration Report 2020, International Organization for Migration, <worldmigrationreport.iom.int/wmr-2020-interactive/>.

32. Maskarinec, G., Noh, J. J., «The effect of migration on cancer incidence among Japanese in Hawaii», en *Ethnicity & Disease*, 14, núm. 3, 2004, págs. 431-439.

10. Guerra contra los microbios

1. Murray, C. K., Hinkle, M. K., Yun, H. C., «History of infections associated with combat-related injuries», en *The Journal of Trauma and Acute Care Surgery*, 64, núm. 3, 2008, págs. S221-S231.

2. Murray, C. K., «Epidemiology of Infections Associated With Combat-Related Injuries in Iraq and Afghanistan», en *The Journal of Trauma and Acute Care Surgery*, 64, núm. 3, 2008.

3. Bentley, R., «Different roads to discovery; Prontosil (hence sulfa

drugs) and penicillin (hence ß-lactams)», en *Journal of Industrial Microbiology and Biotechnology*, 36, núm. 6, 2009, págs. 775-786.

4. Discovery and Development of Penicillin, The National Historic Chemical Landmarks program of the American Chemical Society, 1999. <www.acs.org/education/whatischemistry/landmarks/flemingpenicillin.html>.

5. Summers, W. C., «Cholera and plague in India: the bacteriophage inquiry of 1927-1936», en *Journal of the History of Medicine and Allied Sciences*, 48, núm. 3, 1993, págs. 275-301.

6. Newton, P. N., Timmermann, B., «Fake penicillin, The Third Man, and Operation Claptrap», en *British Medical Journal*, 355, 2016, pág. i6494.

7. Centers for Disease Control and Prevention (CDC), «*Acinetobacter baumannii* infections among patients at military medical facilities treating injured U.S. service members, 2002-2004», *Morbidity and Mortality Weekly Report*, 53, núm. 45, 2004, págs. 1063-1066.

8. Johnstone, P., Matheson, A. S., «An invisible enemy: Panton-Valentine leucocidin *Staphylococcus aureus* on deployed troops», en *Journal of the Royal Naval Medical Service*, 99, núm. 1, 2013, págs. 9-12.

9. Alhasson, F., Das, S., Seth, R., *et al.*, «Altered gut microbiome in a mouse model of Gulf War Illness causes neuroinflammation and intestinal injury via leaky gut and TLR4 activation», en *PLOS one*, 12, núm. 3, 2017, pág. e0172914.

10. Bose, D., Saha, P., Mondal, A., *et al.*, «Obesity Worsens Gulf War Illness Symptom Persistence Pathology by Linking Altered Gut Microbiome Species to Long-Term Gastrointestinal, Hepatic, and Neuronal Inflammation in a Mouse Model», en *Nutrients*, 12, núm. 9, 2020.

11. Koch, A., Brierley, C., Maslin, M. M., Lewis, S. L., «Earth system impacts of the European arrival and Great Dying in the Americas after 1492», en *Quaternary Science Reviews*, 207, 2019, págs. 13-36.

12. Linden, O., Jerneloev, A., Egerup, J., «The Environmental Impacts of the Gulf War 1991: International Institute for Applied Systems Analysis», 2004.

13. Figures at a Glance, 2022, United Nations High Commissioner for Refugees, <www.unhcr.org/uk/figures-at-a-glance.html>.

14. Häsler, R., Kautz, C., Rehman, A., *et al.*, «The antibiotic resistome and microbiota landscape of refugees from Syria, Iraq and Afghanistan in Germany», en *Microbiome*, 6, núm. 1, 2018, pág. 37.

15. Conclusiones de una reunión del gabinete de guerra celebrada el 14 de marzo, 1945.

16. Landecker, H., «Antimicrobials before antibiotics: war, peace, and disinfectants», en *Palgrave Communications*, 5, núm. 1, 2019, pág. 45.

17. Moore, P. R., Evenson, A., *et al.*, «Use of sulfasuxidine, streptothricin, and streptomycin in nutritional studies with the chick», en *Journal of Biological Chemistry*, 165, núm. 2, 1946, págs. 437-441.

18. Siegel, P. B., «Evolution of the modern broiler and feed efficiency», en *Annual Review of Animal Biosciences*, 2, 2014, págs. 375-385.

19. Kirchhelle, C., «Toxic confusion: the dilemma of antibiotic regulation in West German food production (1951-1990)», en *Endeavour*, 40, núm. 2, 2016, págs. 114-127.

20. Woods, A., «Science, disease and dairy production in Britain c.1927 to 1980», en *The Agricultural History Review*, 62, núm. 2, págs. 294-314.

21. Kirchhelle, C., «Pharming animals: a global history of antibiotics in food production (1935-2017)», en *Palgrave Communications*, 4, núm. 1, 2018, pág. 96.

22. Lulijwa, R., Rupia, E., Alfaro, A., «Antibiotic use in aquaculture, policies and regulation, health and environmental risks: a review of the top 15 major producers», en *Reviews in Aquaculture*, 12, 2019.

23. Newey, S., «Bird flu outbreak worsening cost of living crisis», en *The Telegraph*, 3 de agosto, 2022. <https://www.telegraph.co.uk/global-health/science-and-disease/unprecedented-bird-flu-outbreak-exacerbating-food-insecurity/>.

24. Malan-Muller, S., Valles-Colomer, M., Foxx, C. L., *et al.*, «Exploring the relationship between the gut microbiome and mental health outcomes in a posttraumatic stress disorder cohort relative to trauma-exposed controls», en *European Neuropsychopharmacology*, 56, 2022, págs. 24-38

11. Una vida biótica

1. Essa, A., Walfisch, A., Sheiner, E., Sergienko, R., Wainstock, T., «Delivery mode and future infectious morbidity of the offspring: a sibling analysis», en *Archives of Gynecology and Obstetrics*, 302, núm. 5, 2020, págs. 1135-1141.

2. Mandal, M. D., Mandal, S., «Honey: its medicinal property and antibacterial activity», en *Asian Pacific Journal of Tropical Biomedicine*, 1, núm. 2, 2011, págs. 154-160.

3. Wang, J., Xu, C., Wong, Y. K., *et al.*, «Artemisinin, the Magic Drug Discovered from Traditional Chinese Medicine», en *Engineering*, 5, núm. 1, 2019, págs. 32-39.

4. Hall, B. G., Barlow, M., «Evolution of the serine beta-lactamases: past, present and future», en *Drug Resistance Updates*, 7, núm. 2, 2004, págs. 111-123.

5. Santiago-Rodriguez, T. M., Fornaciari, G., Luciani, S., *et al.*, «Gut Microbiome of an 11th Century A.D. Pre-Columbian Andean Mummy», en *PLOS one*, 10, núm. 9, 2015, pág. e0138135.

6. Starr, M. P., Reynolds, D. M., «Streptomycin resistance of coliform bacteria from turkeys fed streptomycin», en *Nations Health, American Journal of Public Health*, 41, núm. 11, parte 1, 1951, págs. 1375-1380.

7. Agencia Europea del Medicamento, «Sales of veterinary antimicrobial agents in 31 European countries in 2019 and 2020: Trends from 2010 to 2020», *Eleventh ESVAC report*, 2020.

8. Klein, E. Y., Van Boeckel, T. P., Martinez, E. M., *et al.*, «Global increase and geographic convergence in antibiotic consumption between 2000 and 2015», en *Proceedings of the National Academy of Sciences of the Unites States of America*, 115, núm. 15, 2018, págs. E3463-E3470.

9. Lubbert, C., Baars, C., Dayakar, A., *et al.*, «Environmental pollution with antimicrobial agents from bulk drug manufacturing industries in Hyderabad, South India, is associated with dissemination of extended-spectrum beta-lactamase and carbapenemase-producing pathogens», en *Infection*, 45, núm. 4, 2017, págs. 479-491.

10. Kraupner, N., Hutinel, M., Schumacher, K., *et al.*, «Evidence for selection of multi-resistant *E. coli* by hospital effluent», en *Environment International*, 150, 2021, pág. 106436.

11. Public Health England, «Health matters: antimicrobial resistance», 2015. <www.gov.uk/government/publications/health-matters-antimicrobial-resistance>.

12. Clardy, J., Fischbach, M. A., Currie, C. R., «The natural history of antibiotics», en *Current Biology*, 19, núm. 11, 2009, págs. R437-R441.

13. Nguyen, L. H., Ortqvist, A. K., Cao, Y., *et al.*, «Antibiotic use and the development of inflammatory bowel disease: a national case-control study in Sweden», en *The Lancet Gastroenterology & Hepatology*, 5, 11, 2020, págs. 986-995.

14. Wan, Q. Y., Zhao, R., Wang, Y., Wu, Y., Wu, X. T., «Antibiotic use and risk of colorectal cancer: a meta-analysis of 412,450 participants», en *Gut*, 69, núm. 11, 2020, págs. 2059-2060.

15. Song, M., Nguyen, L. H., Emilsson, L., Chan, A. T., Ludvigsson, J. F., «Antibiotic Use Associated with Risk of Colorectal Polyps in a Nationwide Study», en *Clinical Gastroenterology and Hepatology*, 19(7), 2021, págs. 1426-1435 e6.

16. Yang, B., Hagberg, K. W., Chen, J., *et al.*, «Associations of antibiotic use with risk of primary liver cancer in the Clinical Practice Research Datalink», en *British Journal of Cancer*, 115, núm. 1, 2016, págs. 85-89.

17. Velicer, C. M., Heckbert, S. R., Lampe, J. .W., Potter, J. D., Robertson, C. A., Taplin, S. H., «Antibiotic use in relation to the risk of breast cancer», en *Journal of the American Medical Association*, 291, núm. 7, 2004, págs. 827-835.

18. Hagan, T., Cortese, M., Rouphael, N., *et al.*, «Antibiotics-Driven Gut Microbiome Perturbation Alters Immunity to Vaccines in Humans», en *Cell*, 178(6), 2019, págs. 1313-1328. e13.

19. Zarrinpar, A., Chaix, A., Xu, Z. Z., *et al.*, «Antibiotic-induced microbiome depletion alters metabolic homeostasis by affecting gut signaling and colonic metabolism», en *Nature Communications*, 9, núm. 1, 2018, pág. 2872.

20. Anthony, W. E., Wang, B., Sukhum, K. V., *et al.*, «Acute and persistent effects of commonly used antibiotics on the gut microbiome and resistome in healthy adults», en *Cell Reports*, 39, núm. 2, 2022, pág. 110649.

21. Torres-Barceló, C., Gurney, J., Gougat-Barberá, C., Vasse, M., Hochberg, M. E., «Transient negative effects of antibiotics on phages do not jeopardise the advantages of combination therapies», en *Federation of European Microbiological Societies, Microbiology Ecology*, 94, núm. 8, 2018.

22. Rogawski, E. T., Platts-Mills, J. A., Seidman, J. C., *et al.*, «Use of antibiotics in children younger than two years in eight countries: a prospective cohort study», en *Bulletin of the World Health Organization*, 95, núm. 1, 2017, págs. 49-61.

23. Centers for Disease Control and Prevention, «Antibiotic Use in the United States», 2020. Update: Progress and Opportunities, <www.cdc.gov/ antibiotic-use/stewardship-report/2020.html>.

24. Tzialla, C., Borghesi, A., Perotti, G. F., Garofoli, F., Manzoni, P., Stronati, M., «Use and misuse of antibiotics in the neonatal intensive care unit», en *Journal of Maternal-Fetal Neonatal Medicine*, 25, núm. 4, 2012, págs. 35-37.

25. Zhong, Y., Zhang, Y., Wang, Y., Huang, R., «Maternal antibiotic exposure during pregnancy and the risk of allergic diseases in childhood: A meta-analysis», en *Pediatric Allergy and Immunology*, 32, núm. 3, 2021, págs. 445-456.

26. Zhang, Z., Wang, J., Wang, H., *et al.*, «Association of infant antibiotic exposure and risk of childhood asthma: A meta-analysis», en *The World Allergy Organization Journal*, 14, núm. 11, 2021, pág. 100607.

27. Sultan, A. A., Mallen, C., Muller, S., *et al.*, «Antibiotic use and the

risk of rheumatoid arthritis: a population-based case-control study», en *BioMed Central Medicine*, 17, núm. 1, 2019, pág. 154.

28. Fan, H., Gilbert, R., O'Callaghan, F., Li, L., «Associations between macrolide antibiotics prescribing during pregnancy and adverse child outcomes in the UK: population based cohort study», en *British Medical Journal*, 368, 2020, pág. m331.

29. Korpela, K., Salonen, A., Virta, L. J., *et al.*, «Intestinal microbiome is related to lifetime antibiotic use in Finnish pre-school children», en *Nature Communications*, 7, 2016, pág. 10410.

30. Oliveira, R. A., Cabral, V., Xavier, K. B., «Microbiome-diet interactions drive antibiotic efficacy», en *Nature Microbiology*, 6, núm. 7, 2021, págs. 824-825.

31. Korpela, K., Zijlmans, M. A., Kuitunen, M., *et al.*, «Childhood BMI in relation to microbiota in infancy and lifetime antibiotic use», en *Microbiome*, 5, núm. 1, 2017, pág. 26

32. OMS, «Immunization», 2019. <www.who.int/news-room/facts-in-pictures/detail/immunization>.

33. Lewnard, J. A., Lo, N. C., Arinaminpathy, N., Frost, I., Laxminarayan, R., «Childhood vaccines and antibiotic use in low- and middle-income countries», en *Nature*, 581, núm. 7806, 2020, págs. 94-99.

34. Lynn, M. A., Tumes, D. J., Choo, J. M., *et al.*, «Early-Life Antibiotic-Driven Dysbiosis Leads to Dysregulated Vaccine Immune Responses in Mice», en *Cell Host & Microbe*, 23, núm. 5, 2018, págs. 653-660.e5.

35. Roy, A., Eisenhut, M., Harris, R. J., *et al.*, «Effect of BCG vaccination against Mycobacterium tuberculosis infection in children: systematic review and meta-analysis», en *British Medical Journal*, 349, 2014, pág. g4643.

12. Los medicamentos no funcionan

1. IMS Institute for Healthcare Informatics, «Global Medicines Use in 2020», 2021.

2. IQVIA institute, «Global Medicine Spending and Usage Trends: outlook to 2025», 2021.

3. Wouters, O. J., McKee, M., Luyten, J., «Estimated Research and Development Investment Needed to Bring a New Medicine to Market, 2009-2018», en *Journal of the American Medical Association*, 323, núm. 9, 2020, págs. 844-853.

4. National Center for Health Statistics, Centers for Disease Control

and Prevention, «Wide-ranging online data for epidemiologic research (WONDER)», Atlanta, GA: CDC, 2020. <wonder.cdc.gov>.

5. United States Bankruptcy Court, Southern District of New York, Mediator's Fourth Interim Report, 2022.

6. Xu, Y., Xie, Z., Wang, H., *et al.*, «Bacterial Diversity of Intestinal Microbiota in Patients with Substance Use Disorders Revealed by 16S rRNA Gene Deep Sequencing», en *Scientific Reports*, 7, núm. 1, 2017, pág. 3628.

7. Zhang, J., Deji, C., Fan, J., *et al.*, «Differential alteration in gut microbiome profiles during acquisition, extinction and reinstatement of morphine-induced CPP», en *Progress in Neuro-Psychopharmacology and Biological Psychiatry*, 104, 2021, pág. 110058.

8. Zhang, L., Meng, J., Ban, Y., *et al.*, «Morphine tolerance is attenuated in germfree mice and reversed by probiotics, implicating the role of gut microbiome», en *Proceeding of the National Academy of Sciences of the United States of America*, 116, núm. 27, 2019, págs. 13523-13532.

9. Simpson, S., Kimbrough, A., Boomhower, B., *et al.*, «Depletion of the Microbiome Alters the Recruitment of Neuronal Ensembles of Oxycodone Intoxication and Withdrawal», en *eNeuro*, 7, núm. 3, 2020, págs. 0312-0319.

10. Lee, K., Vuong, H. E., Nusbaum, D. J., Hsiao, E. Y., Evans, C. J., Taylor, A. M. W., «The gut microbiota mediates reward and sensory responses associated with regimen-selective morphine dependence», en *Neuropsychopharmacology*, 43, núm. 13, 2018, págs. 2606-2614.

11. El-Salhy, M., Winkel, R., Casen, C., Hausken, T., Gilja, O. H., Hatlebakk, J. G., «Efficacy of Fecal Microbiota Transplantation for Patients With Irritable Bowel Syndrome at 3 Years After Transplantation», en *Gastroenterology*, 163, núm. 4, 2022, págs. 982-994.e14.

12. Shen, S., Lim, G., You, Z., *et al.*, «Gut microbiota is critical for the induction of chemotherapy-induced pain», en *Nature Neuroscience*, 20, núm. 9, 2017, págs. 1213-1216.

13. Rebello, D., Wang, E., Yen, E., Lio, P. A., Kelly, C. R., «Hair Growth in Two Alopecia Patients after Fecal Microbiota Transplant», en *ACG Case Report Journal*, 4, 2017, pág. e107-e.

14. Yu, T., Guo, F., Yu, Y., *et al.*, «*Fusobacterium nucleatum* Promotes Hemoresistance to Colorectal Cancer by Modulating Autophagy», en *Cell*, 170, núm. 3, 2017, págs. 548-563.e16.

15. Sivan, A., Corrales, L., Hubert, N., *et al.*, «Commensal *Bifidobacterium* promotes antitumor immunity and facilitates anti-PD-L1 efficacy», en *Science*, 350, núm. 6264, 2015, págs. 1084-1089.

16. Abrahami, D., McDonald, E. G., Schnitzer, M. E., Barkun, A. N., Suissa, S., Azoulay, L., «Proton pump inhibitors and risk of gastric cancer: population-based cohort study», en *Gut*, 71, núm. 1, 2022, págs. 16-24.

17. Xia, B., Yang, M., Nguyen, L. H., *et al.*, «Regular Use of Proton Pump Inhibitor and the Risk of Inflammatory Bowel Disease: Pooled Analysis of 3 Prospective Cohorts», en *Gastroenterology*, 161, núm. 6, 2021, págs. 1842-1852e10.

18. Moledina, D. G., Perazella, M. A., «Proton Pump Inhibitors and CKD», en *Journal of the American Society of Nephrology*, 27, núm. 10, 2016, págs. 2926-2928.

19. Yang, M., He, Q., Gao, F., *et al.*, «Regular use of proton-pump inhibitors and risk of stroke: a population-based cohort study and meta-analysis of randomized-controlled trials», en *BioMed Central Medicine*, 19, núm. 1, 2021, pág. 316.

20. Torres-Bondia, F., Dakterzada, F., Galván, L., *et al.*, «Proton pump inhibitors and the risk of Alzheimer's disease and non-Alzheimer's dementias», en *Scientific Reports*, 10, núm. 1, 2020, pág. 21046.

13. La cafetería del microbioma

1. Hutchinson, C., «Concluding remarks, Coldspring Harbor Symposium», en *Quantitative Biology*, 22, 1957, págs. 415-427.

2. Zuo, T., Zhang, F., Lui, G. C. Y., *et al.*, «Alterations in Gut Microbiota of Patients with COVID-19 During Time of Hospitalization», en *Gastroenterology*, 159(3), 2020, págs. 944-955.e8.

3. «The 2021 Uber Eats Cravings Report», 2021. <www.uber.com/newsroom/the- 2021-uber-eats-cravings-report/>.

4. Zarrinpar, A., Chaix, A., Xu, Z. Z., *et al.*, «Antibiotic-induced microbiome depletion alters metabolic homeostasis by affecting gut signaling and colonic metabolism», en *Nature Communications*, 9, núm. 1, 2018, pág. 2872.

5. Moran-Ramos, S., Macias-Kauffer, L., López-Contreras, B. E., *et al.*, «A higher bacterial inward BCAA transport driven by *Faecalibacterium prausnitzii* is associated with lower serum levels of BCAA in early adolescents», en *Molecula Medicine*, 27, núm. 1, 2021, pág. 108.

6. Jung, M. J., Lee, J., Shin, N. R., *et al.*, «Chronic Repression of mTOR Complex 2 Induces Changes in the Gut Microbiota of Diet-induced Obese Mice», en *Scientific Reports*, 6, 2016, pág. 30887.

7. Kenny, D. J., Plichta, D. R., Shungin, D., *et al.*, «Cholesterol Me-

tabolism by Uncultured Human Gut Bacteria Influences Host Cholesterol Level», en *Cell Host & Microbe*, 28, núm. 2, 2020, págs. 245-257.e6.

8. Seidelmann, S. B., Claggett, B., Cheng, S., *et al.*, «Dietary carbohydrate intake and mortality: a prospective cohort study and meta-analysis», en *The Lancet Public Health*, 3, núm. 9, 2018, págs. e419-e428.

9. Miesen, P., van Rij, R. P., «Crossing the Mucosal Barrier: A Commensal Bacterium Gives Dengue Virus a Leg-Up in the Mosquito Midgut», en *Cell Host & Microbe*, 25, núm. 1, 2019, págs. 1-2.

10. Liu, R., Hong, J., Xu, X., *et al.*, «Gut microbiome and serum metabolome alterations in obesity and after weight-loss intervention», en *Nature Medicine*, 23, núm. 7, 2017, págs. 859-868.

11. Tan, H-E., Sisti, A. C., Jin, H., *et al.*, «The gut-brain axis mediates sugar preference», en *Nature*, 580, núm. 7804, 2020, págs. 511-516.

12. Ervin, B. R., Ogden, C. L., «Consumption of Added Sugars Among U.S. Adults, 2005-2010», en *National Center for Health Statistics Data Brief*, 2013.

13. Suez, J., Korem, T., Zeevi, D., *et al.*, «Artificial sweeteners induce glucose intolerance by altering the gut microbiota», en *Nature*, 514, núm. 7521, 2014, págs. 181-186.

14. O'Keefe, S. J., Li, J. V., Lahti, L., *et al.*, «Fat, fibre and cancer risk in African Americans and rural Africans», en *Nature Communications*, 6, 2015, pág. 6342.

15. Katsirma, Z., Dimidi, E., Rodriguez-Mateos, A., Whelan, K., «Fruits and their impact on the gut microbiota, gut motility and constipation», en *Food & Function Journal*, 12, núm. 19, 2021, págs. 8850-8866.

16. Wastyk, H. C., Fragiadakis, G. K., Perelman, D., *et al.*, «Gut-microbiota-targeted diets modulate human immune status», en *Cell*, 184, núm. 16, 2021, págs. 4137-4153.e14.

17. Lin, H. C., Peng, C. H., Huang, C. N., Chiou, J. Y., «Soy-Based Foods Are Negatively Associated with Cognitive Decline in Taiwan's Elderly», en *Journal of Nutritional Science and Vitaminology*, Tokio, 64, núm. 5, 2018, págs. 335-339.

18. Rowland, I. R., Wiseman, H., Sanders, T. A., Adlercreutz, H., Bowey, E. A., «Interindividual variation in metabolism of soy isoflavones and lignans: influence of habitual diet on equol production by the gut microflora», en *Nutrition and Cancer*, 36, núm. 1, 2000, págs. 27-32.

19. Iino, C., Shimoyama, T., Iino, K., *et al.*, «Daidzein Intake Is Associated with Equol Producing Status through an Increase in the Intestinal Bacteria Responsible for Equol Production», en *Nutrients*, 11, núm. 2, 2019, pág. 433.

20. Chassaing, B., Koren, O., Goodrich, J. K., *et al.*, «Dietary emulsifiers impact the mouse gut microbiota promoting colitis and metabolic syndrome», en *Nature*, 519, núm. 7541, 2015, págs. 92-96.

21. Naimi, S., Viennois, E., Gewirtz, A. T., Chassaing, B., «Direct impact of commonly used dietary emulsifiers on human gut microbiota», en *Microbiome*, 9, núm. 1, 2021, pág. 66.

22. Ostrowski, M. P., La Rosa, S. L., Kunath, B. J., *et al.*, «Mechanistic insights into consumption of the food additive xanthan gum by the human gut microbiota», en *Nature Microbiology*, 7, núm. 4, 2022, págs. 556-569.

23. Carmody, R. N., Bisanz, J. E., Bowen, B. P., *et al.*, «Cooking shapes the structure and function of the gut microbiome», en *Nature Microbiology*, 4, núm. 12, 2019, págs. 2052-2063.

24. Diederen, K., Li, J. V., Donachie, G. E., *et al.*, «Exclusive enteral nutrition mediates gut microbial and metabolic changes that are associated with remission in children with Crohn's disease», en *Science Reports*, 10, núm. 1, 2020, pág. 18879.

25. Le Roy, C. I., Wells, P. M., Si, J., Raes, J., Bell, J. T., Spector, T. D., «Red Wine Consumption Associated with Increased Gut Microbiota α-Diversity in 3 Independent Cohorts», en *Gastroenterology*, 158(1), 2020, págs. 270-272.e2.

26. Leclercq, S., Matamoros, S., Cani, P. D., *et al.*, «Intestinal permeability, gut-bacterial dysbiosis, and behavioral markers of alcohol-dependence severity», en *Proceedings of the National Academy of Sciences of the United States of America*, 111, núm. 42, 2014, págs. E4485-E4493.

27. Piacentino, D., Grant-Beurmann, S., Vizioli, C., *et al.*, «Gut microbiome and metabolome in a non-human primate model of chronic excessive alcohol drinking», en *Translational Psychiatry*, 11, núm. 1, 2021, pág. 609.

28. Duan, Y., Llorente, C., Lang, S., *et al.*, «Bacteriophage targeting of gut bacterium attenuates alcoholic liver disease», en *Nature*, 575, núm. 7783, 2019, págs. 505-511.

29. LaMotte, S., «Woman claims her body brews alcohol, has DUI charge dismissed», 2016. <edition.cnn.com/2015/12/31/health/auto-brewery-syndrome-dui-womans-body-brews-own-alcohol/index.html>.

30. Kaji, H., Asanuma, Y., Yahara, O., *et al.*, «Intragastrointestinal alcohol fermentation syndrome: report of two cases and review of the literature», en *Journal of the Forensic Science Society*, 24, núm. 5, 1984, págs. 461-471.

31. Singh, G. M., Micha, R., Khatibzadeh, S., Lim, S., Ezzati, M., Mozaffarian, D., «Estimated Global, Regional, and National Disease Burdens

Related to Sugar-Sweetened Beverage Consumption in 2010», en *Circulation*, 132, núm. 8, 2015, págs. 639-666.

14. Fenotipos extremos

1. Organización Mundial de la Salud, «Obesity and overweight», 2021. <www.who.int/news-room/fact-sheets/detail/obesity-and-overweight>.

2. McCarthy, H., Potts, H. W. W., Fisher, A., «Physical Activity Behavior Before, During, and After COVID-19 Restrictions: Longitudinal Smartphone-Tracking Study of Adults in the United Kingdom», en *Journal of Medical Internet Research*, 23, núm. 2, 2021, pág. e23701.

3. «COVID-19 and Obesity: The 2021 Atlas: The cost of not addressing the global obesity crisis», worldobesity.org, 2021.

4. Perino, A., Velázquez-Villegas, L. A., Bresciani, N., *et al.*, «Central anorexigenic actions of bile acids are mediated by TGR5», en *Nature Metabolism*, 3, núm. 5, 2021, págs. 595-603.

5. Psichas, A., Sleeth, M. L., Murphy, K. G., *et al.*, «The short chain fatty acid propionate stimulates GLP-1 and PYY secretion via free fatty acid receptor 2 in rodents», en *International Journal of Obesity*, 39, núm. 3, 2015, págs. 424-429.

6. Vatanen, T., Kostic, A. D., d'Hennezel, E., *et al.*, «Variation in Microbiome LPS Immunogenicity Contributes to Autoimmunity in Humans», en *Cell*, 165, núm. 4, 2016, págs. 842-853.

7. Rouland, M., Beaudoin, L., Rouxel, O., *et al.*, «Gut mucosa alterations and loss of segmented filamentous bacteria in type 1 diabetes are associated with inflammation rather than hyperglycaemia», en *Gut*, 71, núm. 2, 2022, págs. 296-308.

8. Vatanen, T., Franzosa, E. A., Schwager, R., *et al.*, «The human gut microbiome in early-onset type 1 diabetes from the TEDDY study», en *Nature*, 562, núm. 7728, 2018, págs. 589-594.

9. Vehik, K., Lynch, K. F., Wong, M. C., *et al.*, «Prospective virome analyses in young children at increased genetic risk for type 1 diabetes», en *Nature Medicine*, 25, núm. 12, 2019, págs. 1865-1872.

10. International Diabetes Federation, «About Diabetes», 2021. <idf.org/aboutdiabetes/what-is-diabetes/facts-figures.html>.

11. Chen, Z., Radjabzadeh, D., Chen, L., *et al.*, «Association of Insulin Resistance and Type 2 Diabetes With Gut Microbial Diversity: A Microbiome-Wide Analysis From Population Studies», en *JAMA Network Open*, 4, núm. 7, 2021, pág. e2118811-e.

12. Yuan, J., Hu, Y. J., Zheng, J., *et al.*, «Long-term use of antibiotics and risk of type 2 diabetes in women: a prospective cohort study», en *International Journal of Epidemiology*, 49, núm. 5, 2020, págs. 1572-1581.

13. Zarrinpar, A., Chaix, A., Xu, Z. Z., *et al.*, «Antibiotic-induced microbiome depletion alters metabolic homeostasis by affecting gut signaling and colonic metabolism», en *Nature Communications*, 9, núm. 1, 2018, pág. 2872.

14. Trehan, I., Goldbach, H. S., LaGrone, L. N., *et al.*, «Antibiotics as part of the management of severe acute malnutrition», en *The New England Journal of Medicine*, 368, núm. 5, 2013, págs. 425-435.

15. Ferguson, J., «Maternal microbial molecules affect offspring health», en Science, 367, núm. 6481, 2020, págs. 978-979.

16. Ohland, C. L., Pankiv, E., Baker, G., Madsen, K. L., «Western diet-induced anxiolytic effects in mice are associated with alterations in tryptophan metabolism», en Nutritional Neuroscience, 19, núm. 8, 2016, págs. 337-345.

17. Demir, M., Lang, S., Hartmann, P., *et al.*, «The fecal mycobiome in non-alcoholic fatty liver disease», en *Journal of Hepatology*, 76, núm. 4, 2022, págs. 788-799.

18. Yuan, J., Chen, C., Cui, J., *et al.*, «Fatty Liver Disease Caused by High-Alcohol-Producing *Klebsiella pneumoniae*», en *Cell Metabolism*, 30, núm. 6, 2019, pág. 1172.

19. Koopen, A., Witjes, J., Wortelboer, K., *et al.*, «Duodenal *Anaerobutyricum soehngenii* infusion stimulates GLP-1 production, ameliorates glycaemic control and beneficially shapes the duodenal transcriptome in metabolic syndrome subjects: a randomised double-blind placebo-controlled cross-over study», en *Gut*, 71, núm. 8, 2022, págs. 1577-1587.

20. Mocanu, V., Zhang, Z., Deehan, E. C., *et al.*, «Fecal microbial transplantation and fiber supplementation in patients with severe obesity and metabolic syndrome: a randomized double-blind, placebo-controlled phase 2 trial», en *Nature Medicine*, 27, núm. 7, 2021, págs. 1272-1279.

21. Matsumoto, M., Inoue, R., Tsukahara, T., *et al.*, «Voluntary running exercise alters microbiota composition and increases n-butyrate concentration in the rat cecum», en *Bioscience, Biotechnology and Biochemistry*, 72, núm. 2, 2008, págs. 572-576.

22. McNamara, M. P., Cadney, M. D., Castro, A. A., *et al.*, «Oral antibiotics reduce voluntary exercise behavior in athletic mice», en *Behavioural Processes*, 199, 2022, pág. 104650.

23. Munukka, E., Ahtiainen, J. P., Puigbó, P., *et al.*, «Six-Week Endurance Exercise Alters Gut Metagenome That Is Not Reflected in Systemic

Metabolism in Over-weight Women», en Frontiers in Microbiology, 9, 2018.

24. Grossman, J. A., Arigo, D., Bachman, J. L., «Meaningful weight loss in obese postmenopausal women: a pilot study of high-intensity interval training and wearable technology», en Menopause, 25, núm. 4, 2018, págs. 465-470.

25. Mazier, W., Le Corf, K., Martinez, C., *et al.*, «A New Strain of *Christensenella minuta* as a Potential Biotherapy for Obesity and Associated Metabolic Diseases», en *Cells*, 10, núm. 4, 2021.

26. Carlsson, L. M. S., Sjoholm, K., Jacobson, P., *et al.*, «Life Expectancy after Bariatric Surgery in the Swedish Obese Subjects Study», en *The New England Journal of Medicine*, 383, núm. 16, 2020, págs. 1535-1543.

27. Tao, W., Artama, M., von Euler-Chelpin, M., *et al.*, «Colon and rectal cancer risk after bariatric surgery in a multicountry Nordic cohort study», en *International Journal of Cancer*, 147, núm. 3, 2020, págs. 728-735.

28. Raglan, O., MacIntyre, D. A., Mitra, A., *et al.*, «The association between obesity and weight loss after bariatric surgery on the vaginal microbiota», en *Microbiome*, 9, núm. 1, 2021, pág. 124.

29. West, K. A., Kanu, C., Maric, T., *et al.*, «Longitudinal metabolic and gut bacterial profiling of pregnant women with previous bariatric surgery», en *Gut*, 69, núm. 8, 2020, págs. 1452-1459.

30. Institute for Fiscal Studies, «Living standards, poverty and inequality in the UK: 2021». <ifs.org.uk/publications/15512>.

31. Khan Mirzaei, M., Khan, M. A. A., Ghosh, P., *et al.*, «Bacteriophages Isolated from Stunted Children Can Regulate Gut Bacterial Communities in an Age-Specific Manner», en *Cell Host Microbe*, 27(2), 2020, págs. 199-212.e5.

32. Mirzaei, M. K., Maurice, C. F., «Ménage à trois in the human gut: interactions between host, bacteria and phages», en *Nature Reviews Microbiology*, 15, núm. 7, 2017, págs. 397-408.

33. Vonaesch, P., Morien, E., Andrianonimiadana, L., *et al.*, «Stunted childhood growth is associated with decompartmentalization of the gastrointestinal tract and overgrowth of oropharyngeal taxa», en *Proceedings of the National Academy of Sciences of the United States of America*, 115(36), 2018, págs. E8489-e98.

34. Smith, M. I., Yatsunenko, T., Manary, M. J., *et al.*, «Gut microbiomes of Malawian twin pairs discordant for kwashiorkor», en *Science*, 339, núm 6119, 2013, págs. 548-554.

35. Blanton, L. V., Barratt, M. J., Charbonneau, M. R., Ahmed, T., Gordon, J. I., «Childhood undernutrition, the gut microbiota, and microbiota-directed therapeutics», en *Science*, 352, núm. 6293, 2016, pág. 1533.

36. Raman, A. S., Gehrig, J. L., Venkatesh, S., *et al.*, «A sparse covarying unit that describes healthy and impaired human gut microbiota development», en *Science*, 365, núm. 6449, 2019.

37. Chen, R. Y., Ahmed, T., Gordon, J. I., «A Microbiota-Directed Food Intervention for Undernourished Children. Reply», en *The New England Journal of Medicine*, 386, núm. 15, 2022, pág. 1484.

15. Hackear el simbionte

1. Haiser, H. J., Gootenberg, D. B., Chatman, K., Sirasani, G., Balskus, E. P., Turnbaugh, P. J., «Predicting and manipulating cardiac drug inactivation by the human gut bacterium *Eggerthella lenta*», en *Science*, 341, núm. 6143, 2013, págs. 295-298.

2. Huang, J., Liu, D., Wang, Y., *et al.*, «Ginseng polysaccharides alter the gut microbiota and kynurenine/tryptophan ratio, potentiating the antitumour effect of antiprogrammed cell death 1/programmed cell death ligand 1 (anti- PD-1/PD-L1) immunotherapy», en *Gut*, 71, núm. 4, 2022, págs. 734-745.

3. de Groot, S., Pijl, H., van der Hoeven, J. J. M., Kroep, J. R., «Effects of short-term fasting on cancer treatment», en *Journal of Experimental & Clinical Cancer Research*, 38, núm. 1, 2019, pág. 209.

4. Vernieri, C., Fucà, G., Ligorio, F., *et al.*, «Fasting-Mimicking Diet Is Safe and Reshapes Metabolism and Antitumor Immunity in Patients with Cancer», en *Cancer Discovery*, 12, núm. 1, 2022, págs. 90-107.

5. Ferrere, G., Tidjani Alou, M., Liu, P., *et al.*, «Ketogenic diet and ketone bodies enhance the anticancer effects of PD-1 blockade», en *The Journal of Clinical Investigation Insight*, 6, núm. 2, 2021.

6. Haq, S., Wang, H., Grondin, J., *et al.*, «Disruption of autophagy by increased 5-HT alters gut microbiota and enhances susceptibility to experimental colitis and Crohn's disease», en *Science Advances*, 7, núm. 45, 2021, pág. eabi6442.

7. Vervier, K., Moss, S., Kumar, N., *et al.*, «Two microbiota subtypes identified in irritable bowel syndrome with distinct responses to the low FODMAP diet», en *Gut*, 71, núm. 9, 2021, págs. 1821-1830.

8. Hill, C., Guarner, F., Reid, G., *et al.*, «The International Scientific Association for Probiotics and Prebiotics consensus statement on the

scope and appropriate use of the term probiotic», en *Nature Reviews Gastroenterology & Hepatology*, 11, núm. 8, 2014, págs. 506-514.

9. Buziau, A. M., Soedamah-Muthu, S. S., Geleijnse, J. M., Mishra, G. D., «Total Fermented Dairy Food Intake Is Inversely Associated with Cardiovascular Disease Risk in Women», en *Journal of Nutrition*, 149, núm. 10, 2019, págs. 1797-1804.

10. «Kefir market size, share and COVID-19 impact analysis», en *Fortune Business Insights*, 2020. <www.fortunebusinessinsights.com/kefir-market-102463>.

11. Canale, F. P., Basso, C., Antonini, G., *et al.*, «Metabolic modulation of tumours with engineered bacteria for immunotherapy», en *Nature*, 598, núm. 7882, 2021, págs. 662-666.

12. Song, L., Xie, W., Liu, Z., *et al.*, «Oral delivery of a *Lactococcus lactis* strain secreting bovine lactoferricin-lactoferrampin alleviates the development of acute colitis in mice», en *Applied Microbiology and Biotechnology*, 103, núm. 15, 2019, págs. 6169-6186.

13. Cubillos-Ruiz, A., Alcantar, M. A., Donghia, N. M., Cardenas, P., Avila-Pacheco, J., Collins, J. J., «An engineered live biotherapeutic for the prevention of antibiotic-induced dysbiosis», en *Nature Biomedical Engineering*, 6, núm. 7, 2022, págs. 910-921.

14. Hwang, I. Y., Koh, E., Wong, A., *et al.*, «Engineered probiotic *Escherichia coli* can eliminate and prevent *Pseudomonas aeruginosa* gut infection in animal models», en *Nature Communications*, 8, núm. 1, 2017, pág. 15028.

15. Salminen, S., Collado, M. C., Endo, A., *et al.*, «The International Scientific Association of Probiotics and Prebiotics (ISAPP) consensus statement on the definition and scope of postbiotics», en *Nature Reviews Gastroenterol & Hepatology*, 18, núm. 9, 2021, págs. 649-667.

16. Scheiman, J., Luber, J. M., Chavkin, T. A., *et al.*, «Meta-omics analysis of elite athletes identifies a performance-enhancing microbe that functions via lactate metabolism», en *Nature Medicine*, 25, núm. 7, 2019, págs. 1104-1109.

17. Zhao, X., Zhang, Z., Hu, B., Huang, W., Yuan, C., Zou, L., «Response of Gut Microbiota to Metabolite Changes Induced by Endurance Exercise», en *Frontiers in Microbiology*, 9, 2018, pág. 765.

16. El producto del billón de dólares

1. 64 «Microbiome Biotechs Raise $1.6 Billion in Investments», *Cipherbio*, 2021. <blog.cipherbio.com/microbiome/>.

2. Wang, T., Narayanaswamy, R., Ren, H., Gillespie, J. W., Petrenko, V. A., Torchilin, V. P., «Phage-derived protein-mediated targeted chemotherapy of pancreatic cancer», en *Journal of Drug Targeting*, 26, núm. 5-6, 2018, págs. 505-515.

3. Gibson, D. G., Glass, J. I., Lartigue, C., *et al.*, «Creation of a bacterial cell controlled by a chemically synthesized genome», en *Science*, 329, núm. 5987, 2010, págs. 52-56.

4. Hutchison, C. A. III, Chuang, R. Y., Noskov, V. N., *et al.*, «Design and synthesis of a minimal bacterial genome», en *Science*, 351, núm. 6280, 2016, pág. aad6253.

5. Wang, T., Narayanaswamy, R., Ren, H., Gillespie, J. W., Petrenko, V. A., Torchilin, V. P., «Phage-derived protein-mediated targeted chemotherapy of pancreatic cancer», en *Journal of Drug Targeting*, 26, núm. 5-6, 2018, págs. 505-515.

6. Lewin, H. A., «Memories of Carl from an improbable friend», en *RiboNucleic Acid Biology*, 11, núm. 3, 2014, págs. 273-278.

GLOSARIO

Abiosis: Ausencia de vida.

ADN: El ácido desoxirribonucleico es un material que se replica a sí mismo y que está presente en casi todos los organismos vivos como el elemento principal de los cromosomas; porta la información genética.

Aeróbico: Que puede sobrevivir y crecer en un entorno con oxígeno.

Amensalismo: Asociación entre organismos de dos especies distintas en la que una permanece inalterable mientras inhibe o destruye a la otra.

Anaeróbico: Que solo puede sobrevivir en un entorno sin oxígeno.

Apoptosis: Proceso de muerte celular programada.

ARN: El ácido ribonucleico es una molécula polimérica esencial en diversas funciones biológicas de codificación, descodificación, regulación y expresión de los genes.

Arqueas: Dominio antiguo de organismos unicelulares; carecen de núcleo y, por lo tanto, son procariotas.

Biodisponibilidad: Alude a la proporción de un medicamento activo o metabolito administrado que llega a la circulación sistémica; la medicación intravenosa ha de tener una biodisponibilidad del cien por cien.

Biopelícula: Conjunto de microorganismos en el que las células se adhieren las unas a las otras y, con frecuencia, también a una superficie; estas células adherentes se incrustan en una matriz extracelular viscosa.

Clado: Grupo de organismos compuesto por un antepasado común y todos sus descendientes lineales.

Comensalismo: Interacción biológica a largo plazo que confiere beneficios a los miembros de una especie y ni beneficia ni perjudica a los de la otra.

Comorbilidad: Presencia de dos o más enfermedades en una persona o paciente.

Epigenética: Cómo las células controlan la actividad de los genes sin mutar permanentemente ni cambiar la secuencia de ADN.

Especie: ¡Un concepto sorprendentemente difícil de definir en microbiología! Se suele aceptar como un grupo monofilético de aislamientos bacterianos con genomas que presentan al menos un 95 por ciento de identidad promedio de nucleótidos (o ANI, por sus siglas en inglés) entre pares.

Eucariota: Organismo con células complejas, o una sola célula con estructuras complejas en su interior.

Exposoma: La medida de todas las exposiciones de un individuo a lo largo de una vida y la relación de estas con la salud.

Fago: Virus que solo ataca y mata a bacterias.

Familia: Grupo taxonómico de uno o más géneros, sobre todo cuando comparten un atributo común; por ejemplo, Ruminococcaceae.

Fenotipo: Rasgos observables de un individuo.

Filo: Nivel de clasificación taxonómica por debajo del reino y por encima de la clase. En 2021, el International Committee on Systematics of Prokaryotes (ICSP) votó para incluir el rango de filo por debajo del taxón. Oficialmente, los Firmicutes son ahora Bacillota; las Proteobacteria son Pseudomonadota; las Actinobacteria son Actinomycetota y los Bacteroidetes son Bacteroidota. Sin embargo, como todos los estudios que he comentado usan el rango de filo, he usado este rango descriptivo en todo el libro.

Filogenómica: Análisis que incluye datos del genoma y reconstrucciones evolutivas.

Filosimbiosis: El grado de similitud entre los microbiomas de distintas especies que se correlaciona significativamente con su historia evolutiva.

Flagelos: Proyecciones vellosas que otorgan movilidad a los microorganismos.

Género: Categoría taxonómica principal por encima de la especie y por debajo de la familia, denotada por un nombre en latín, en mayúsculas y en cursiva; por ejemplo, *Lactobacillus.*

Genoma: Todas las instrucciones de ADN en el interior de una célula.

Genómica: Ámbito interdisciplinar de la biología que se centra en la estructura, función, evolución, cartografía y edición de los genomas.

Helminto: Invertebrado que se caracteriza por su cuerpo alargado, plano o redondo, como la tenia, que actúa como un parásito... ¡Una pesadilla hecha realidad!

Holobionte: Comunidad entre un huésped y la multitud de especies que viven en o alrededor de este, y que, juntos, forman una unidad ecológica.

Hongos: Cualquier miembro del grupo de organismos eucariotas que incluye microorganismos como las levaduras y los mohos, además de las setas.

Línea GEM: Una descripción teórica de las interacciones entre el genoma, el exposoma y el microbioma durante la vida de un individuo o a lo largo de generaciones.

Lipopolisacárido: Molécula de gran tamaño compuesta de lípidos y de polisacáridos que actúa como una toxina bacteriana.

Metaboloma: Conjunto completo de elementos regulados metabólicamente en una célula, tejido u organismo.

Metagenoma: Colección de genomas y de genes de la microbiota.

Metagenómica: El estudio de la estructura y la función de secuencias de nucleótidos enteras aisladas y analizadas de todos los organismos que hay en un órgano, una comunidad o un entorno.

Metataxonoma: Secuenciación del gen 16S rRNA, que se usa para definir la microbiota.

Micelio: Estructura similar a las raíces de los hongos, compuesta por una masa de hifas filamentosas y ramificadas.

Microbio: Microorganismo o ser vivo muy pequeño que solo se puede ver bajo el microscopio.

Microbioma: Caracterización de un hábitat completo, incluyendo todos los microbios, sus genomas y las condiciones ambientales que los rodean.

Microbiota: Análisis cuantitativo y cualitativo de los microorganismos presentes en un entorno definido.

Nematodos: Las lombrices del filo Nematoda que acostumbran a aparecer como parásitos en animales y plantas o como formas de vida independientes en el suelo, el agua dulce o entornos marinos.

Neurotransmisores: Mensajeros químicos que transmiten señales entre las células nerviosas o entre las células nerviosas y un órgano diana (como un músculo o una glándula).

Patógeno: Microbio o «germen» con el potencial de causar enfermedades.

Percepción de cuórum: Regulación de la expresión genética en bacterias como respuesta a las fluctuaciones de la densidad de población celular. Se lleva a cabo mediante un sistema de señales químicas.

Posbiótico: Preparación de microorganismos inanimados o de sus componentes que confiere beneficios para la salud del huésped.

Prebiótico: Sustrato que usan selectivamente los microorganismos huéspedes y que confiere beneficios para la salud.

Probiótico: Organismos vivos que, cuando se administran en cantidades suficientes, confieren beneficios para la salud del huésped.

Procariota: Organismo unicelular microscópico que carece tanto de un núcleo diferenciado con membrana como de otros orgánulos especializados.

Proteoma: La totalidad de proteínas que es, o puede ser, expresada por una célula, tejido u organismo.

Simbionte: Organismo que vive en simbiosis con otro.

Simbiótico: Mezcla que comprende microorganismos y sustratos utilizados selectivamente por microorganismos huéspedes que confiere beneficios para la salud del huésped.

Taxón: Grupo taxonómico de cualquier rango, como especie, familia o clase.

TMF: Trasplante de microbiota fecal, o la administración de una solución de la materia fecal de un donante en el tracto intestinal de un receptor.

Transcriptoma: Todas las moléculas de ARN mensajero, o ARNm, expresadas por un organismo.

Virus: Agente infeccioso submicroscópico que se replica únicamente en el interior de las células vivas de un organismo.

Xenometabolito: Sustancia química detectada en el interior de un organismo que no se ha producido de forma natural o que no sería de esperar en ese organismo.

Zoonosis: Enfermedad infecciosa que se transmite entre especies, en concreto de animales a humanos y viceversa.

AGRADECIMIENTOS

Antes que nada, gracias, mamá y papá, por los bichos y por seguir creyendo en mí cuando la química dejó de hacerlo. Como ya he explicado, debo a mi microbioma todo mi desempeño académico.

Por suerte, James Harding no se tuvo que someter a un TMF para prepararse para este libro, que no se habría hecho realidad de no ser por él y el equipo de Tortoise Media. Tenéis mi eterna gratitud. Muchas de las ideas del libro surgieron durante conversaciones con mis excelentes colegas en el Imperial College London. Quiero dar las gracias especialmente a Jeremy Nicholson, Elaine Holmes, Sanjay Purkayastha, Julian Marchesi y Ben Mullish, por su sabiduría y su buen humor, y a todos mis tutores pasados, que me infundieron la pasión que siento por este tema tan complejo. También quiero transmitir mi agradecimiento a todos los doctorandos con los que he tenido la suerte de trabajar durante estos años. Gracias también a Steve O'Keefe, Wouter de Jong, John Alverdy y el resto de mis colaboradores internacionales, que tienen mentes mucho más agudas que la mía. Sois una fuente de inspiración constante.

También he de dar las gracias a todas las personas que han confiado sus preciosos tejidos a mi investigación, así como a los pacientes a los que aún tengo la suerte de atender en el Imperial College NHS Trust. Estoy profundamente agradecido a Heather y a Ray, que tuvieron la generosidad de permitirme contar sus historias en este libro. Por desgracia, Ray falleció en 2021, y este libro es un tributo a él.

Para terminar, y por si aún no se ha dado cuenta, este libro es para mis hijos, Jacomo y Liberty. Espero que esto aclare algunas cosas. Y ellos no serían posibles de no haber sido por Sophie, a quien se lo debo todo. Eres mi mundo.

ÍNDICE ANALÍTICO Y ONOMÁSTICO

Los números en cursiva indican ilustraciones.